エレクトリック・ギター・レストア

ラッカーナッツ
中野　伸司 著

目　次

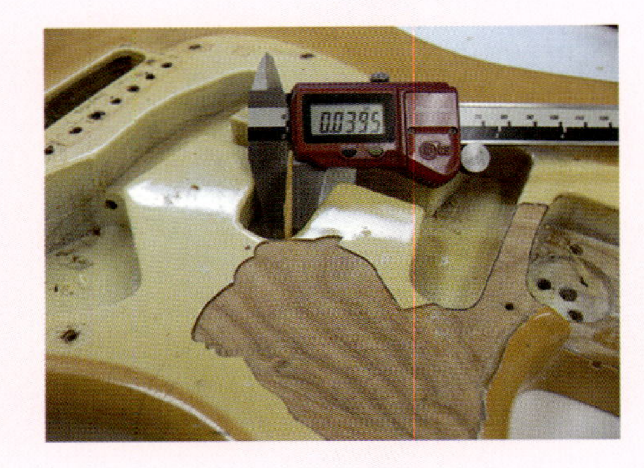

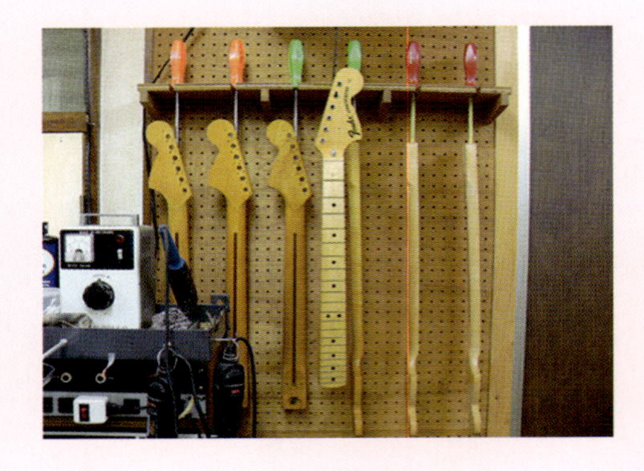

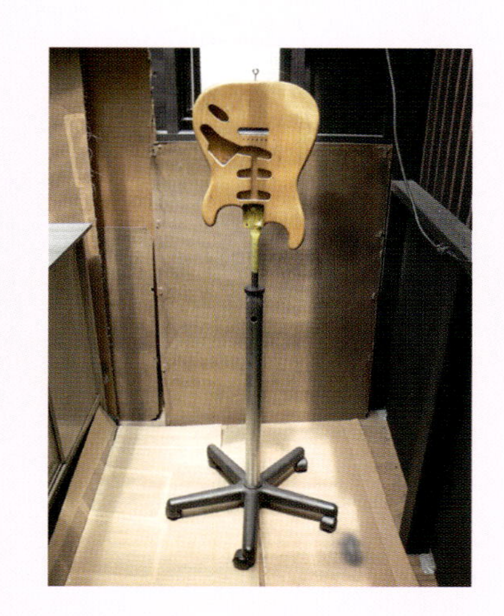

序　文

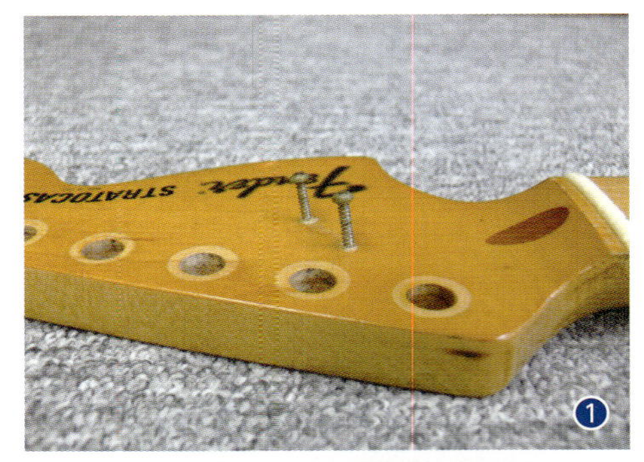

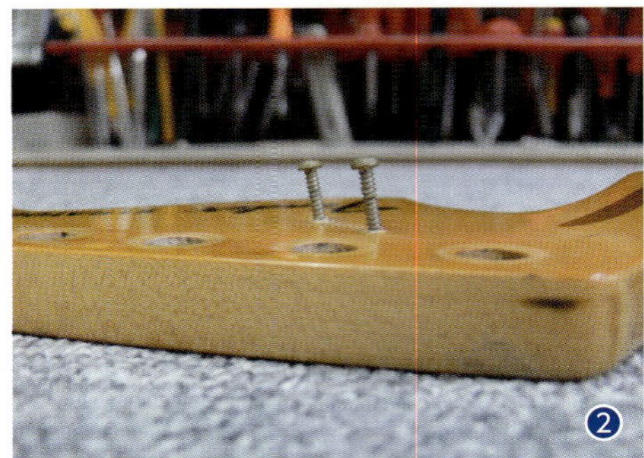

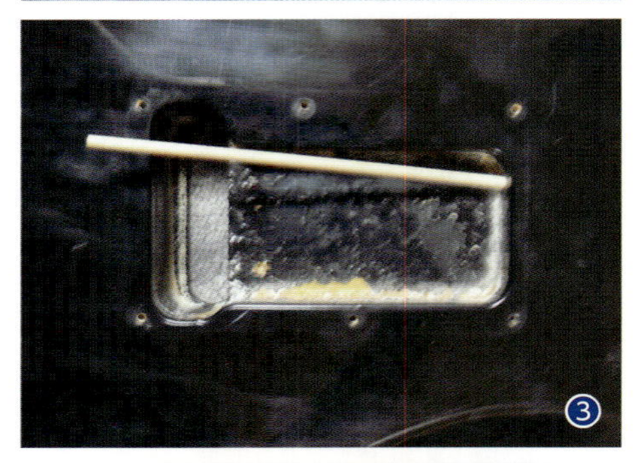

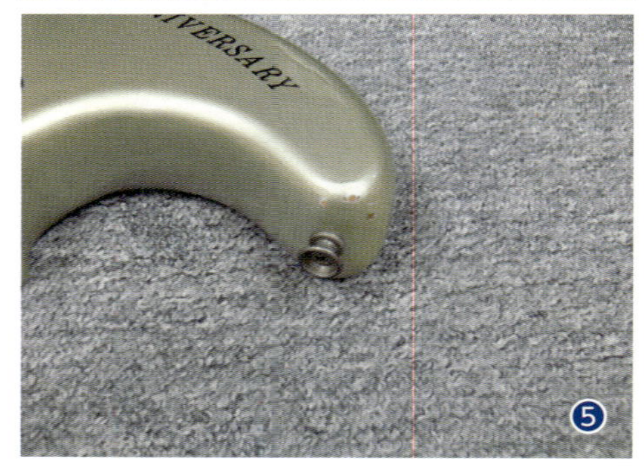

近年、1950〜60年代のエレクトリックギターの市場価格が高騰し、オリジナル性を保ったオールドギターは非常に入手しづらくなった。また、ギター修理工の視点から見ると、現在製造されているギターが有名・無名メーカーを問わず、オールドバイオリンのように数百年以上の使用に耐えうるとは思えない。そこでこの本を書く上で、もし自分でギターを購入して使用するなら、どのギターがベストな選択となるかと考えた結果、ネックの強度・クオリティ・購入価格を考慮し、1970年代のものという結論に至った。ギターにある程度興味のある方なら、1970年代のギターなんて最悪と鼻で笑われるかもしれないが、この本を読み進めていただければ一般に言われているギターの常識というものが、かなり不確かということがお分かりになるはずである（1950〜60年代のギターは、その出来ゆえあまり修理するところがないという、この本を書くにあたり不都合（？）な部分もある）。

巷間で言われているのは、まず、木の材料の良し悪しということなのだが、これは主に乾燥工程の問題であり、1970年代のネック材に使用されているメイプルはボウリング場の床に使用可能なほどの良質なハードロックメイプルが使われている。また、ボディがアッシュで重いという理由のみで敬遠されているが、これは音の好みの問題で、音の良し悪しの問題ではない。軽いほうが良いのであれば、材料を選んでボディを作ればいいだけの話である。

それではなぜ、1970年代のギターが低評価に甘んじているのかというと、主に2つの点が挙げられる。1点目は写真❶〜⓬を見ていただければ一目瞭然で、パーツの取り付け（ネジの穴あけ）、いわゆる組み込み精度がデタラメだからである。2点目は第3章で詳しく述べるが、塗装があまりにも厚過ぎるということである。何事にも適材適所という表現があるが、当時のポリエステル塗装はギターには不向きである。これはひとえに製造コスト偏重の結果であり、メーカーサイドはコストを下げ、より多くの利益・利潤の追求が至上命題である以上、仕方の無いことであるが、裏を返せばこの2点を改善することにより、単なる工業製品から一生使用するに値する楽器へ生まれ変わることが出来る。

なお、この本の主旨として、レストアを通じてギターがどのように成り立っているかについて、より理解を深めることにも役立つことが出来れば幸いに思う。また、この本を読んで作業をされるのであれば、各章で説明が前後する場合があるので、すべて読み終えた後で慎重に作業されることをお勧めする。

最後に、オールドギターはパーツ・ネジのみならず設計もメトリック（ミリ規格）ではなく、インチで成り立っている。1インチ＝25.4mmで、文中では1″と表記しており0.5″は1/2″でもあるので132、133

ページのインチ・メトリック対照表と、不明な用語があった場合には巻末の索引・用語解説も併せて読み進めてほしい。

それでは以下の不具合をどのように改善していくのかをお楽しみいただきたい。

・1979年アニバーサリー（写真❶、❷）

ストリングリテーナーのネジが垂直からかけ離れていると言ってもいいほど、斜めにあけられている。

・1978年ブラック（写真❸）

スプリングホルダー取り付けネジが斜めにあけられている（写真はやり直すために穴埋めをしている）。

・1976年サンバースト（写真❹）

１フレット上で弦の乗っている場所が６弦側に寄り過ぎている。これはいわゆるセンターずれを避けるための弦溝の切り方であるが、つじつまを合わせるためのやり方で根本的に無理のある方法。これについては第１章で述べる。

・1980年アニバーサリー（写真❺、❻）

何を基準に取り付けられたのか分からないストラップボタン。

・1972年サンバースト（写真❼、❽）

乾燥が進んだアルダー材の場合ルータービットが摩耗していると、写真のように加工中に材料が割れてしまう。バックプレートがこれを隠してしまうため、そのまま塗装し出荷したものと思われるが、バックキャビティですらこの出来で、ピックガード下のキャビティが欠けている場合もある。このストラトは1972年初頭のワンストリングガイドのもので、この頃から既に加工・アッセンブル作業が悪化していることが分かる。

・1976年オリンピックホワイト（写真❾、❿）

1975～76年になると設備の老朽化・メンテナンス不足も相まって、上記1972年製と比べてもさらなる悪化が見てとれる。製品として論外としか述べようが無いが、塗膜厚に至っては0.0395″（″＝インチ,以下省略）で１mmオーバーとなりボディ厚が設計値より２mm以上厚い（第６章参照）。

・1977年ウォルナット（写真⓫、⓬）

ほぼ３弦の下にトラスロッドナットがあると言ってもおかしくない製造不良品。ちなみにネックグリップ部のトラスロッドの埋木は正常だったので、いかに当時の作業が荒かったかという代表例。直して直せないことはないのだが、トラスロッドを一度外さないと無理なので、これくらい程度が悪いとレストアには向かない。よくもまあ、これを完成させて、工場から出荷して、代理店で検品して、販売店で売ったと考えると脱帽モノである（つまり誰一人として消費者の立場に立っていない）。

❻

❼

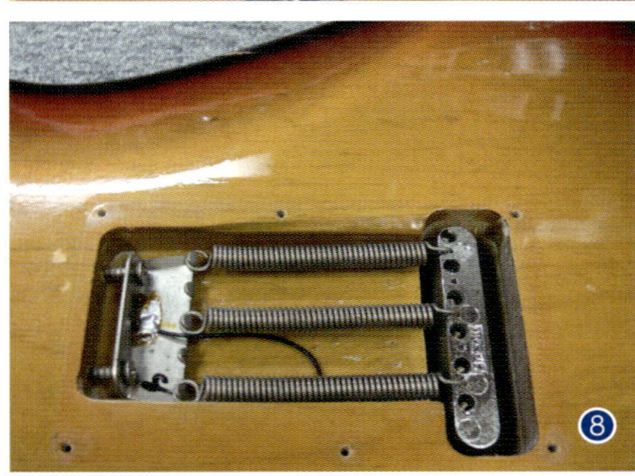
❽

❾

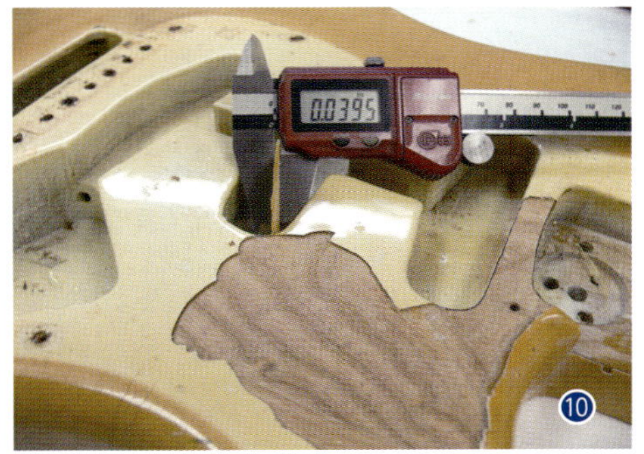

❿

⓫

⓬

ギターのパーツと各部名称

本書では、エレクトリックギター発祥の地アメリカにおいて一般的に表記されるパーツ名称を採用している。一例として、弦を巻くためのパーツをチューナーという名称で統一している。フェンダー社(以下フェンダー)では古くからキーと呼んでいるが、一般的にはペグ、マシンヘッド、チューニングマシン、チューニングキー、チューニングペグ、ストリングチューナー、糸巻きなど、ざっと挙げただけでも９つの名称が存在する。これは他のパーツでも同じことが言え、全メーカー共通の名称が存在しないことによる。

第１章　ギターの構造

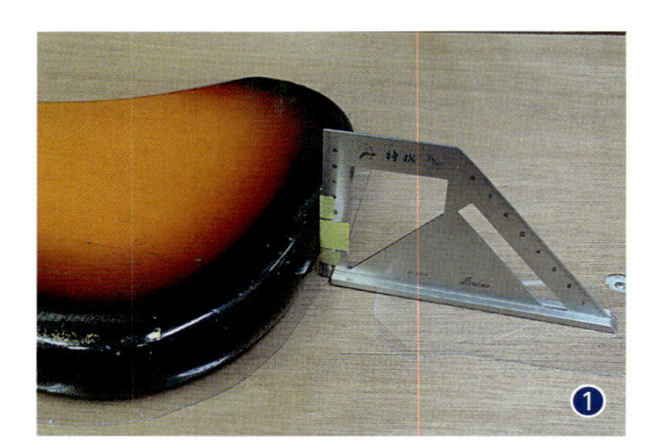

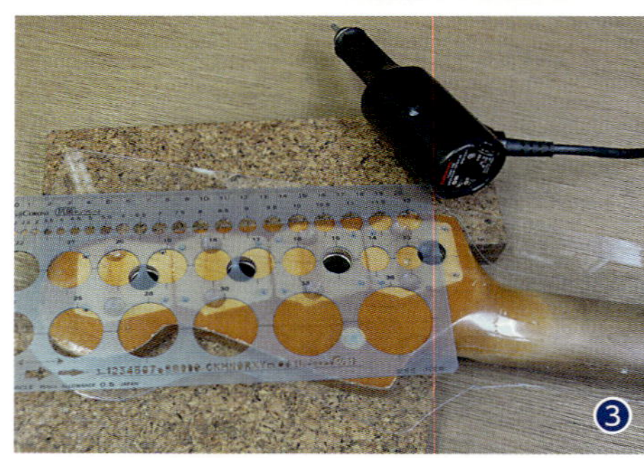

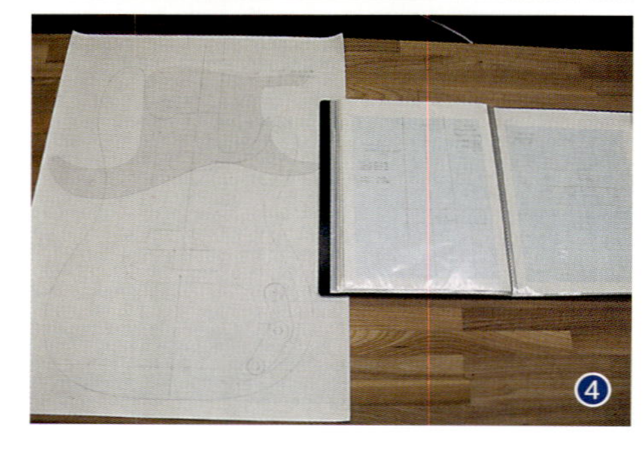

私たちの周りにある家電にしろ車にしろ、年月が経つと必ず不具合が生じる。これらを修理するためには、ある程度の知識・智恵が必要となってくるのだが、ことギターに関しては、それを持ち合わせていない方が自己流で修理されている場合が多々ある。また、これらをネット上で披露され不確かな意見が多数述べられている。しかしながらここでよく考えていただきたいのは、何かを修理しようというのであれば基礎というものがあり、それらを知らないのであれば、手を下すのはやめておいたほうが良いのではないかということである。一例を挙げると、フレットの位置出しで、理論的には弦長を 17.817 で割り、残った数をさらに 17.817 で割っていくという方法で１フレットから算出していくのだが（この公式により 12F が弦長の半分になる）、ある時期のギブソンはこの公式に縛られずにハイポジションのほうが理論値よりも長くなっている。また、この方法こそがオールドギブソンの評価が高い一因にもなっているように思える。これらを知らずして倍音についての能書きを延々と述べられても全くのナンセンスである。つまり上記のような理由で、まず必要となってくるのはギターの構造と設計になるわけであるが、文章ですべて説明すると非常に難解になるので、実際に組み込み状態の良い 1966 年プレシジョンベースと組み込み状態の悪い 1977 年プレシジョンベースで写真を追って説明する。

なお、第１章の趣旨として修理のアウトラインを把握しやすくするために、ベースでの説明となることをご容赦いただきたい。

ボディトップの目立たないところに薄い両面テープを貼り、0.5 mm 厚の塩ビ板で型を取る。筆者の作業のほとんどのジグ製作は、この透明の塩ビ板が基になっている。スコヤの先には斜めに研いだ針が接着されており、外周はこれでトレースしていく（写真❶）。

コントロールキャビティとピックアップ（以下P.U.）キャビティは、ならい加工出来るルータービットでボディ本体をジグに抜いていく（写真❷。ビットのベアリングのほうが若干大きいので、ボディは影響を受けない）。

ネックも同様に作業し、ドレメルのエングレーバー（電磁ペン）を使用し型取りする（写真❸）。

型取りした塩ビ板から方眼紙で図面を起こすと、かなり正確にジグが出来るので、この方法をお勧めする。なお、この作業で基準線となる中心線（センター）が割り出せる（写真❹）。

ここでセンター出しについて説明するが、これをメーカーでも修理業者でも完全に理解出来ていない方が結構いるので、分かりやすいように極端な図で説明する。また、現在製造されている高額なギターでもこれがうまく出来ていないものが多数あるので、お手持ちのギター・ベース

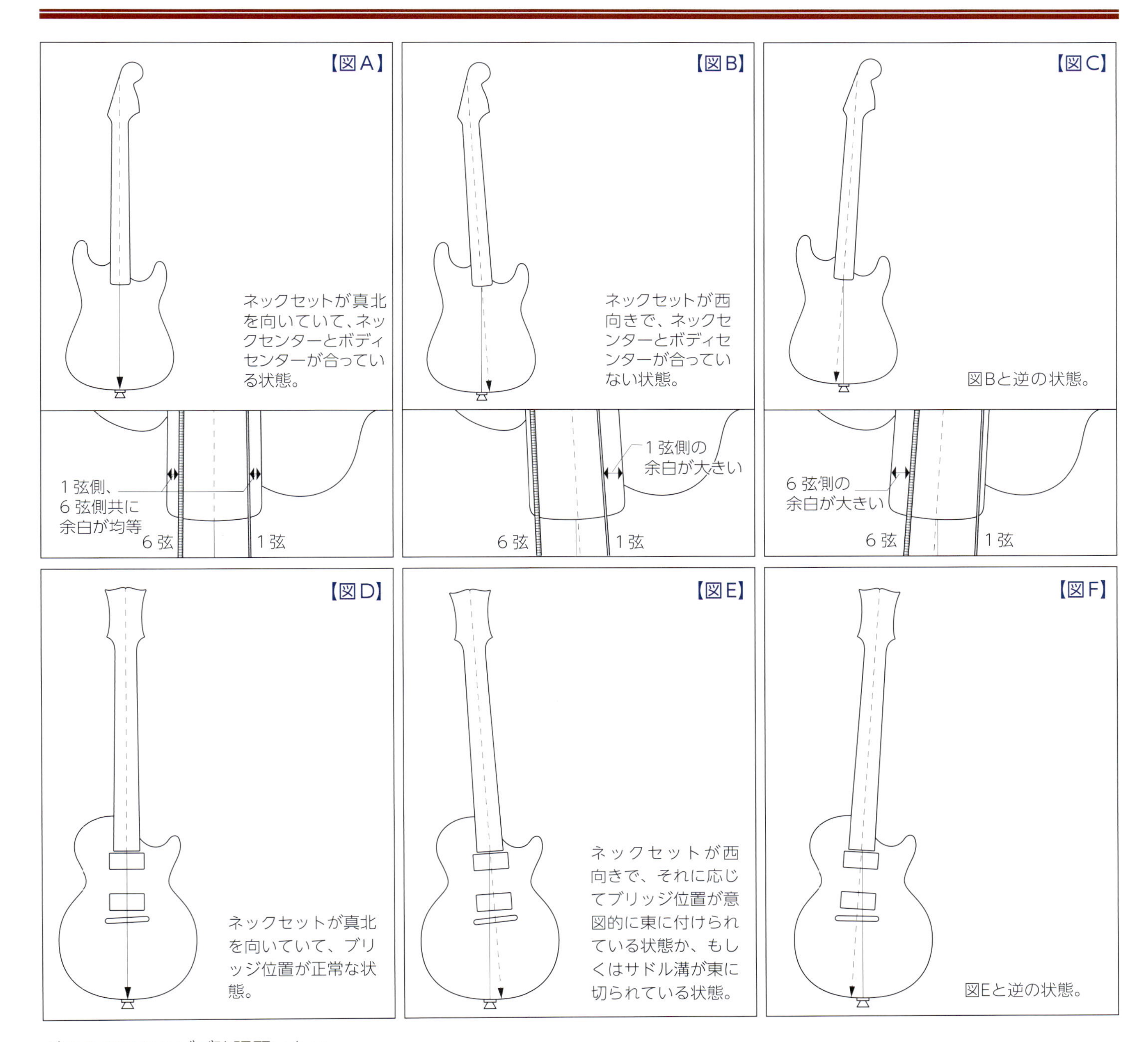

があるのであればご確認願いたい。

【図A、B、C】がセンターずれの説明なのだが、その他のパターンも存在する。とくにギブソン等のセットネックの場合に多く、【図D、E、F】のようになる。

以上のように、ネックセンターとボディセンターをある程度無視しても、後でブリッジ位置を決めてしまえば一見不具合はなくなる。しかしながらボディを先に製作し、ボディセンターにP.U.キャビティをあけてしまうと弦に対してP.U.がずれてしまう。これに対しても、P.U.キャビティを大きくあけて後からP.U.エスカッション、もしくはピックガード(以下P.G.)を移動させてしまえば良いという考え方もあるのだが、これは製造公差も何もない、かなり出たとこ勝負の製造方法である。また、【図E、F】のようにネックセットに応じてP.U.キャビティを後で加工した上でブリッジ、テールピースを取り付けるという製造方法も存在する。

写真❺はベースでのセンターずれ。ネックセットボルトが緩み、【図C】の状態になっている典型例。

⑤

これらのことから結論として、ボディセンターとネックセンターがきちんと合っていないと、その他の作業も信用出来なくなり、ギターとしての機能を十分に発揮出来ないばかりかバランスの悪いものになってしまうということが言える。

ネックセットが確実に出来ているかを事前に確かめる方法は、ナットからブリッジまで弦を張った状態をシミュレートするジグを作って写真❻のようにあててみる。その結果、ブリッジ位置もオクターブポイントも正しく、ネックセットは適切なので(不適切であれば第４章で述べるようにやり直す)P.G.とP.U.を取り付け直す。ちなみに1977年という年はそれまでの手作業のオーバーアームルーター加工から、初期の(原始的な？)NC(数値制御)の工作機械で製造されるようになった関係で、ストラトキャスター(以下ストラト)を含めほとんどが新たに設計をプログラミング入力されているため、ボディ加工自体は割と精度が出ているが、組み込みは相も変わらず1972年以降悪い(NCマシンについては第３章で述べる)。

修正前のP.G.とP.U.取り付け穴

写真❼、❽のように、P.G.とP.U.は悪い意味で適当に取り付けされたとしか思えないほどずれている。工程的にP.G.の位置が決まったのであればP.U.を取り付ける。写真❾のようにアフターマーケット用の少し大きめのカバーを加工し、木ネジで位置出しをする。純正品(ジェニュインパーツ)と違い、アフターマーケットのパーツはハムバッキングP.U.のカバー同様、サイズが多少違うものが多々存在し、実際に使用出来なくてもこのようなときに十分使うことが出来るので、合わないからといって捨てずに取っておくと良いこともある。

矢印部分が修正前のP.U.取り付け穴

せっかくここまでやったので動きの渋いチューナーの取り付けやり直しをするのだが、これは1970年代のみならず、ベースに限っては1960年代から現在に至るまで、適切に取り付けられているものはほとんど存在しない。主な理由は、作業者の習熟不足とパーツ自体のバラツキ(主に取り付けネジ穴)による取り付けジグ化が出来ないといったところである。つまりは現物合わせで取り付けるしかないので、作業者の能力に左右される割合が大きい(写真❿、⓫、詳しいチューナー取り付け方法は第２章参照)。

すべて分解したついでにP.U.の直流抵抗値、インダクタンスを1966年、1977年各コイル別々に計測しておく。筆者は以前から音の違いを数値で確認しており、1977年製は極性が違うのみで各コイルともにほぼ同じものとなっているが、1966年製はその他の1960年代製同様、

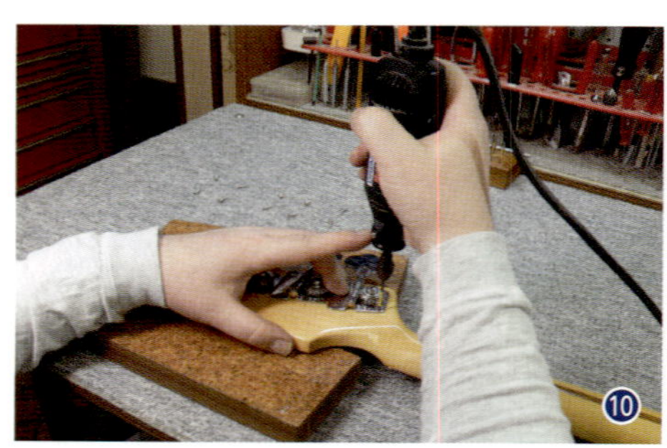

左手中指でパーツを固定し、人差し指をドレメルに添える

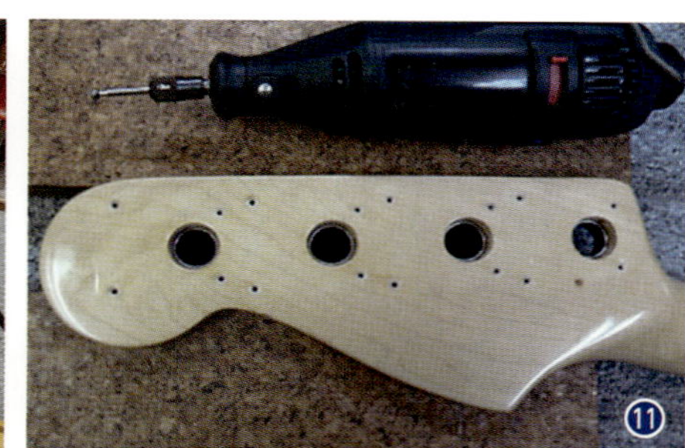

ネジ穴面取り後

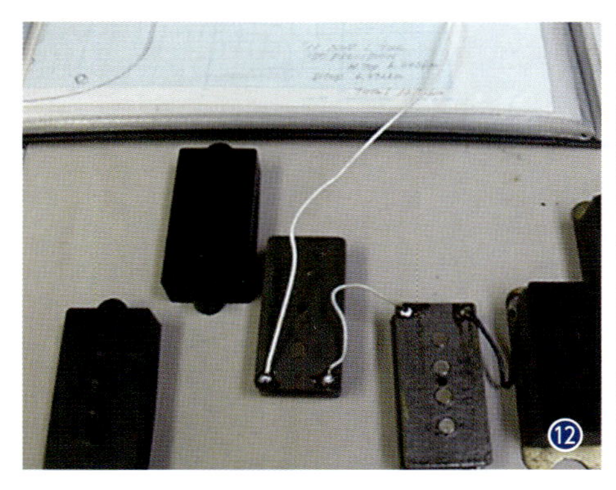

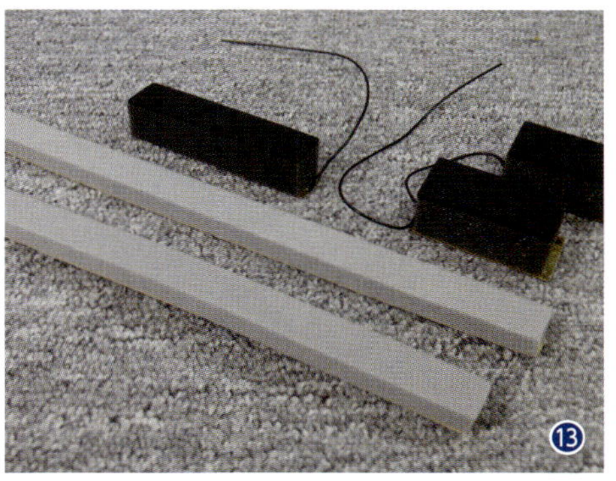

各コイルのターン数が明らかに違っている(写真⑫)。多分にレオ・フェンダー氏の仕様と思われるが、現在のメーカー純正、アフターマーケットのP.U.に限らず、これが再現出来ていない。つまりノイズ成分を消すのであれば各コイルのターン数を同じにすることが常識となっているが、サウンドの良さを追求した結果、このような差異のあるコイル構成になっていると思われる。筆者の私見としてオールドP.U.の良さはこのあたりにあると思うのだが、これもいつのまにか簡略化されて手間をかけなくなった結果であるように思う。なお、P.U.下の酸化して腐っているP.U.高さ調整用のクッションも除去し現行のパーツに交換する(写真⑬)。大抵の修理は元の溶けてベタベタになったクッション材の上にスポンジを追加しているだけなので、手抜き修理と言わざるを得ない。もし自分がこのようなベースを所有していて、そうなっている現実を見るとうんざりする。

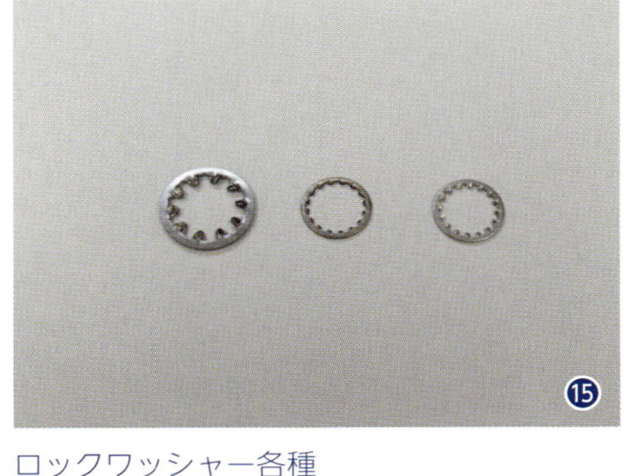

ロックワッシャー各種

左. アメリカ製 内径 9.8mm、厚み 1.7mm
中. アメリカ製 内径 9.8mm、厚み 0.94mm
右. 日本製　　 内径 9.4mm、厚み 0.9mm

年式によっては上の写真⑭のようにポットシャフトがプラスチックであったり、ノブの穴が深い場合もあるので、ノブとP.G.が干渉する場合がある(もしくはその逆もある)。それらを避けるためにはP.G.下の

ストリングリテーナー取り付け位置不良

P.U.ポールピースと弦のずれが解消

再組み込み終了

ロックワッシャー(写真⑮)の厚みを変更するか自作の革製のスペーサーを追加し、ノブを取り付ける。ノブを浮かせてサイドのネジのみで固定する方法は、緩みやすくなってしまう場合があったり、緩んだときに不快に干渉したりするので上記の方法がお勧めである。

弦を張って終わりと行きたいところだったが、ストリングリテーナー(ストリングガイド)が、かなり２弦寄りに取り付けされているので、これも埋めてあけ直し作業終了(写真⑯〜⑱)。以上が一般的な組み込みやり直しの作業なのだが、配線作業をやり直さなかっただけましである。なぜなら当時の配線はその他の作業に比べると適切で、むしろその後の配線修理がでたらめのオンパレードなのだから(写真⑲)。

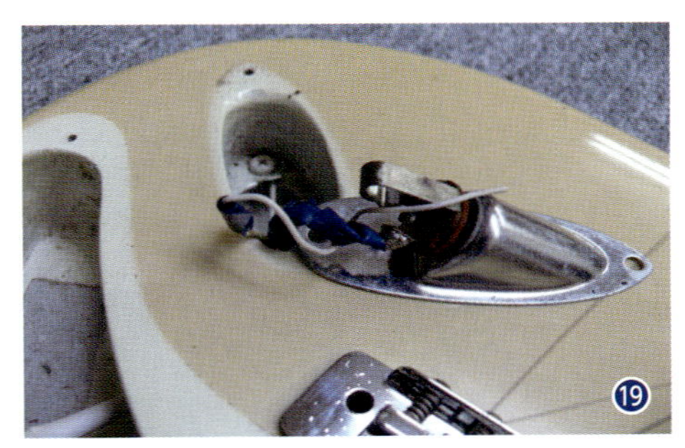

1980年アニバーサリー　継ぎ足し配線

第2章　ネック

#1　ネック塗装剥離

長年の使用によりフレット・ナットもすり減り、エッジ部の塗装も剥がれてしまっている1978年製のストラトを例にネックのレストアを述べる。

通常はフレット交換時に指板面の塗装を剥がすのみで（修理料金の兼ね合いもあるので）全体を剥がすことは無い。しかし塗装全体が劣化しているのでヘッドトップのみを残し、それ以外の塗装を剥離する。使用する工具はスクレイパーとノミ２種類でサンドペーパーはほとんど使用しない。これによりオリジナルのヒール部スタンプがすべて残せる上、一応リフィニッシュとなってしまうのだが、オリジナルの厚いポリエステル塗装よりギター塗装に向いているラッカーを使用するので質は向上する。平面もしくはそれに近い所（グリップ部）はスクレイパーか平ノミを使い、ヘッドバック→グリップ部、ヒール→グリップ部の部分は丸ノミを使用し、剥がすというより硬いポリエステルを少しずつ割っていくという感じで作業する（写真❶〜❸）。

ここで1978年製について解説すると、今までの修理歴の中で最もネックセットがうまく出来ていないものが多数見受けられる。理由とし

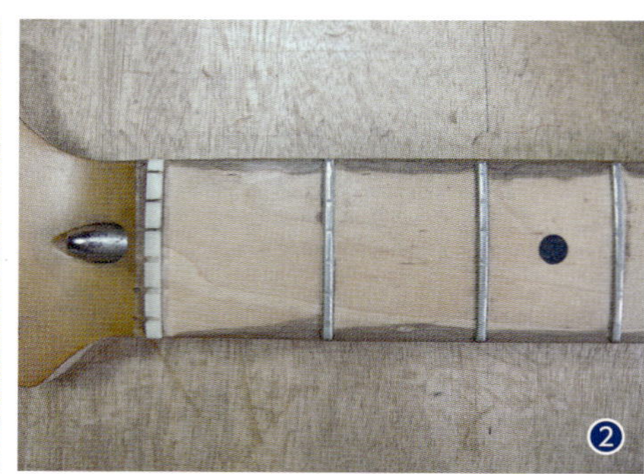

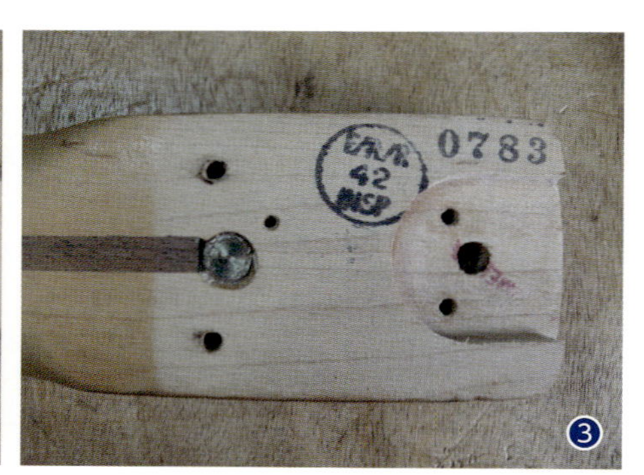

剥離中（❶、❷、❸）

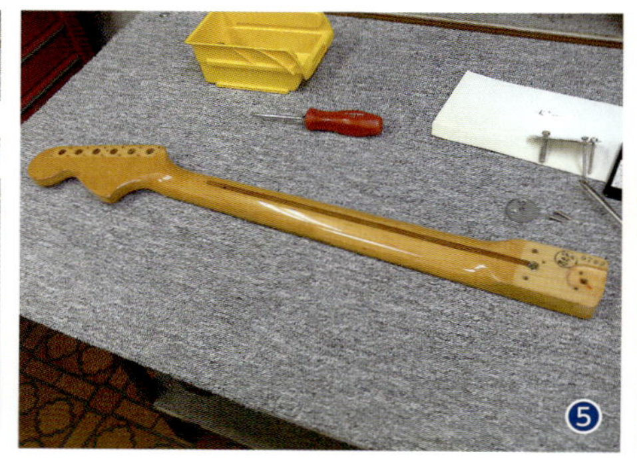

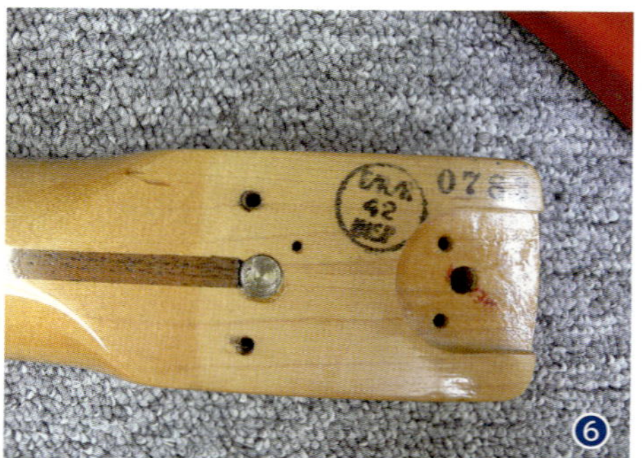

塗装後（❹、❺、❻）

ては、ネック側の3点留めのボルトの受けパーツが適切に取り付け出来ていないことにより、【図A】のような状態になっているからである。

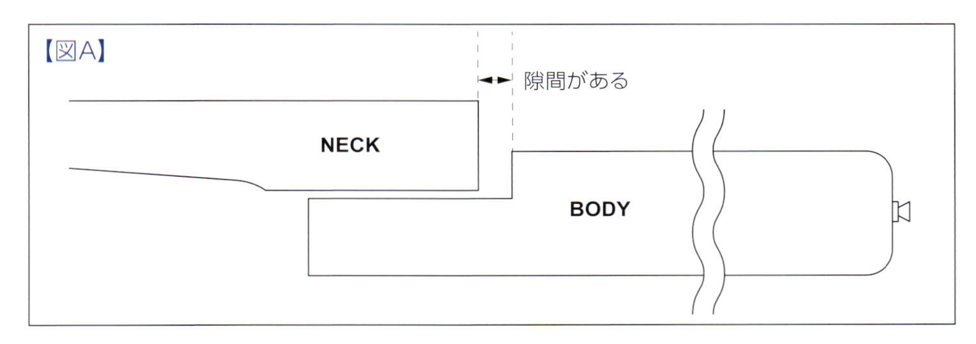

1976年中頃まではこのパーツを取り付けるためのザグリが円形で、パーツは付くようにしか付かないのでズレは生じないのだが、加工工程と組み込み中に写真❽のようにヒールエンド部が欠ける場合があり形状を変更したのであろう（実際に欠けたまま出荷されたものも多数存在する）。しかしこのことにより、パーツの取り付けがネックエンド部分寄りにも付くことになり不具合が生じている【図B】。

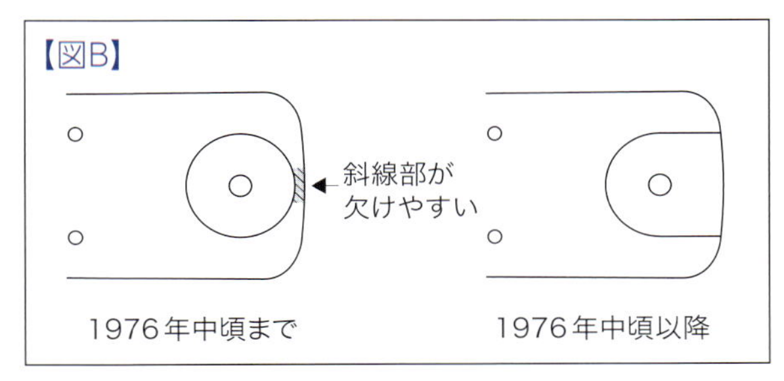

最悪なことに【図A】の隙間はP.G.取り付け時にP.G.をずらして取り付け、隙間を隠すという行為が行われており、外観上からはあまり分からない。これはP.U.キャビティのタイトな1950～60年代製では考えられないことであるが、1970年代製は塗装が厚いこともあり、塗装前のP.U.キャビティが多少ルーズ（広め）に設計されているから出来ることである。しかし、オクターブを合わせているとブリッジサドルがかなりネック寄りになり、適切な調整が出来ない。そこで塗装をする前に穴を埋めてネックを取り付け直してから次の工程に移る（第4章参照）。

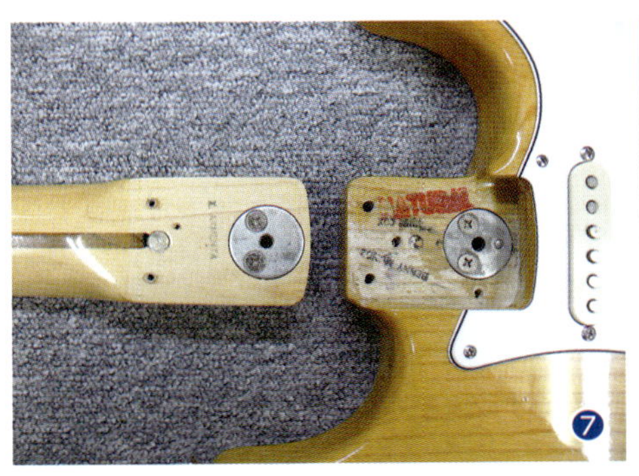
1972年製のマイクロティルト部

組み込み中にエンド部が欠けた1974年製

#2　フレット・ナット抜き

フレット打ちがうまく行えるかどうかの成否はフレット抜きにかかっていると言っても過言ではない。写真❾は1979年アニバーサリーのプロトタイプ（サンバースト）で歴史的価値を考えると大変残念な修理がなされている。

筆者はこのアニバーサリーのプロトタイプが3本存在することを確認しているが、フレット抜きがうまく行えないと写真❿のようにフレットスロットの周りがチップし、見た目も含めて適切なフレット交換が出来ない。指板面に多量にポリエステルが塗装されている場合は前処理として前項で述べた通り、まず塗装を剥がしてしまうのがベストであるが、塗装が薄ければフレットを抜いた後で塗装を剥がしてもかまわない。要はフレットを抜く工具がうまくフレットクラウンの下に入り込むことが重要である。

フェンダーのフレットはある時期から（1950年代末という説もある）1970年代まで上から打ち込むのではなく横からスライドして入れてある。これはフレット打ちをパーフェクトに行う作業は非常に難しいゆえ

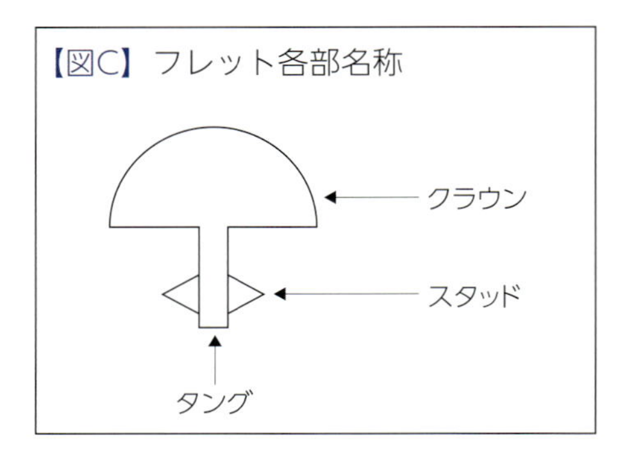

に作業者の技量に左右されなくするための工夫であると思える。

そこで下の写真⓫～⓭のようにサイドポジションマーカーを入れるためのジグを利用して、スライドさせて抜いてみたところ、指板面を見ると一度もフレットを打ったことがないフレットスロットに見えるのであるが、やはりフレットのスタッド部分はメイプルの木屑が出てくる。また、ネックエッジ部分がチップして欠ける可能性もあるので、この方法はまったくお勧め出来ない。実際の作業として筆者はローズ指板の場合、ハンダゴテでハンダを加熱してフレットに乗せ抜いている（熱伝導が速いため、加熱

⓫

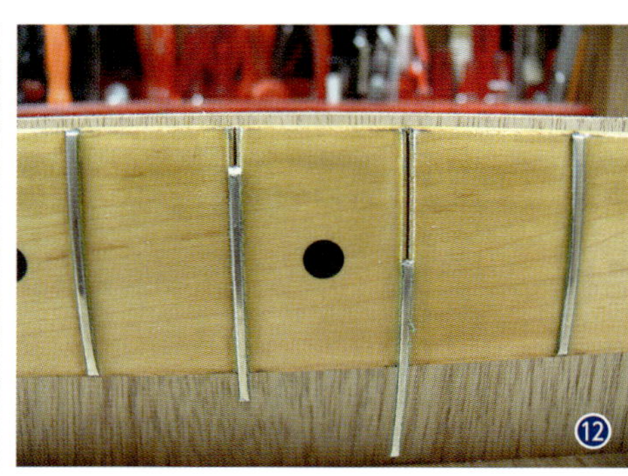
⓬

⓭

は5秒以内にとどめる）。なお、ナットは材質がプラスチックでもハンダゴテを直にあて加熱して外す。これはギター修理において指板を剥がすなどの熱をかける修理が多々あり、この方法を応用したものである。しかしメイプル指板でこれを行うと、塗装との兼ね合いもあるのだが、熱でメイプルが変色してしまう場合がある。そこでお勧めの方法が白色の濡れタオル（移染防止のため）を指板上に置き、衣類用アイロンをかける方法である。

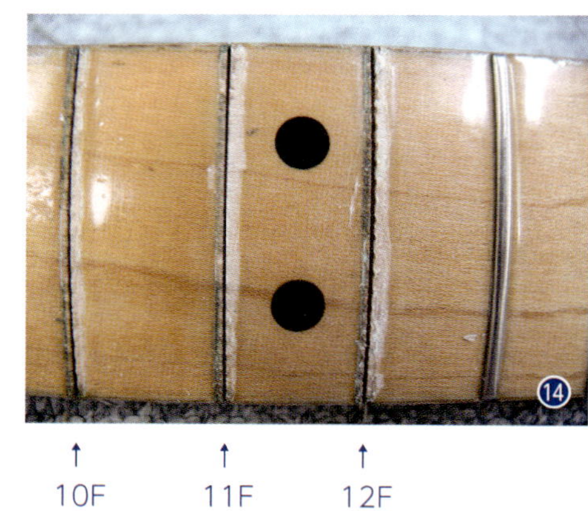
⓮

⓯

写真⓮の通りこの方法だと12フレット（フレットの位置を示す場合、以下F）では抜いたスタッド跡（スロット部のへこみ）が見えるが、副産物として10、11Fが高温の蒸気で戻っているのが分かる。フレットを抜くための工具、エンドニッパーであるが、これは市販品を自分で加工する。フレットクラウン下部にすべり込ませるために先端頭部を熱をかけないようにグラインダーで少しずつ削り、写真⓯の作業が出来るようにする。

写真⑯左のエンドニッパーはアメリカ・グロベットブランドのもので指板アールの関係から小型のほうが向いている(加工後はフレット抜き専用工具とする)。右は弦を切るためのニッパーでドイツ・クニペックス社製。20年以上使用してもまったく問題がないほど、素晴らしいクオリティなので、長く使いたい方にはお勧めである。

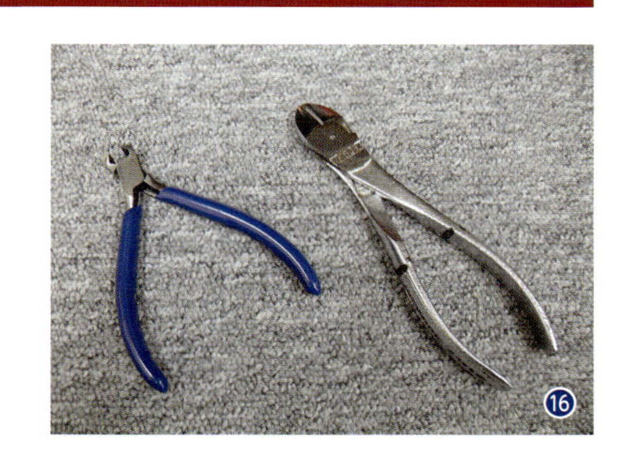
⑯

#3 指板修正

指板修正を説明する前に、指板アールと反りの問題をまず理解していただかなければ話はまったく進まない。これは説明するのが非常に難しく、リペアマンでもなぜそうなっているのかがまったくお分かりになっていない方が存在するので、読者の方々には少々頭が痛いかもしれないが、なるべく分かりやすい方法で説明しようと思う。まずトラスロッドの仕組みについては【図D】を参照していただきたい。

弦を外してトラスロッドナットを緩め、スケールをネック上に置いてみた場合、中間の7〜8F辺りに一番隙間が出来るはずである。これを順ゾリといい、逆の状態は逆ゾリという【図E】。トラスロッドナットを時計回りに締めていけば逆ゾリになるのだが、過度に逆ゾリのままだと、弦を張って弦の張力を受けても7〜8F辺りが1Fよりも高いということになる。

つまり、1Fより2Fが高く、かつ3→4F、5→6Fでも同じことが言える。これによりボディ寄りのフレットに弦が接触してローポジションの音が適切に出ない。

また、ネック製造時の要因としてストレートな指板にタイトにフレットを打ち込むとわずかながらネックは逆ゾリする。製造後の要因としては木取りの関係で木材が変化し逆ゾリすることもある(反対に順ゾリする場合もある)。このような事情で、多少トラスロッドナットを締めた状態で指板アールを切削加工するのだが、実はこれだけではなく根本的な問題が存在する。アールが一定ということが一番の問題なのである。分かりやすく説明するために極端な例になるが、アールが一定なものというと【図F】のような筒状のものになり、頂点はストレートが出ている。しかし1・6弦サイドの所にスケールをあてるとスケールは安定しない。これはナット側のほうが幅が狭く、ネックエンドのほうが広いというシミュレーションで、ネックがストレートな状態で加工しても、実は1・6弦サイドはわずかに逆ゾリしている状態になるのである。さらに指板自体の説明も述べるが、「指板サイドのハイポジション部分が薄くなっていて、オールドギターとして良くない」という一般的な意見もあるようだが、実はこれもまったく物事を理解出来ていない意見である。【図G】は分かりやすいように1960年代初期

【図D】
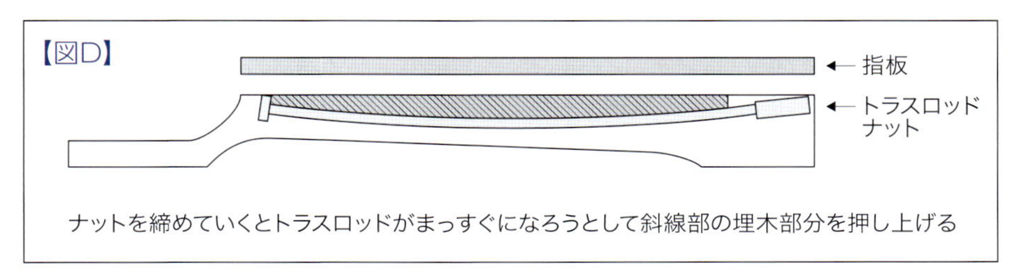

ナットを締めていくとトラスロッドがまっすぐになろうとして斜線部の埋木部分を押し上げる

【図E】
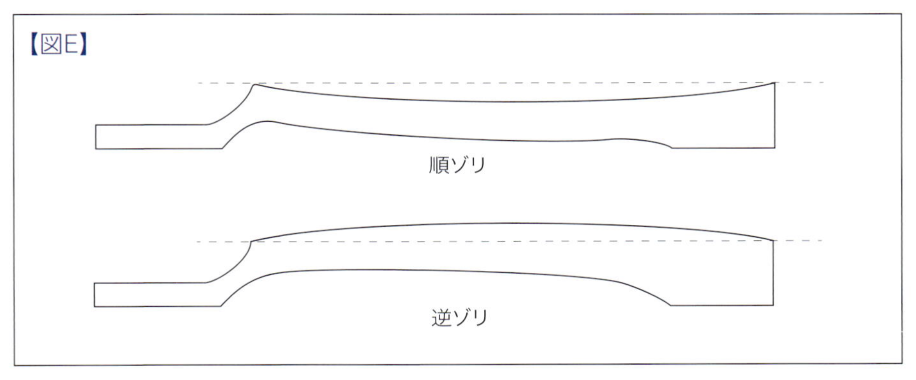

【図F】
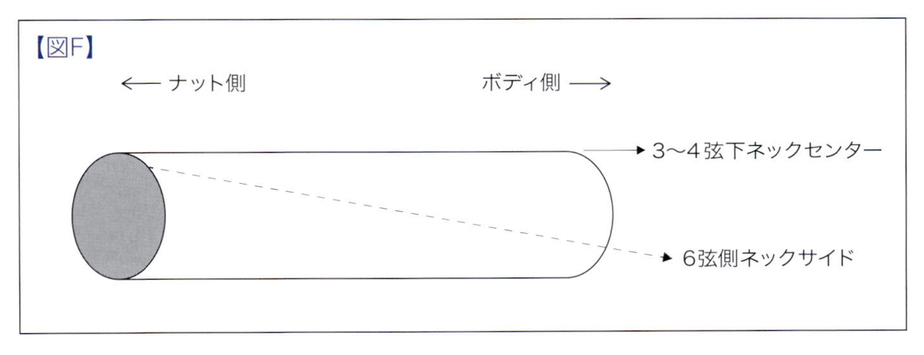

【図G】
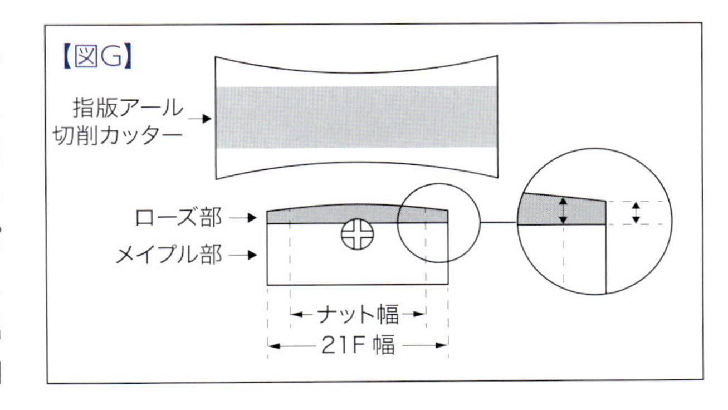

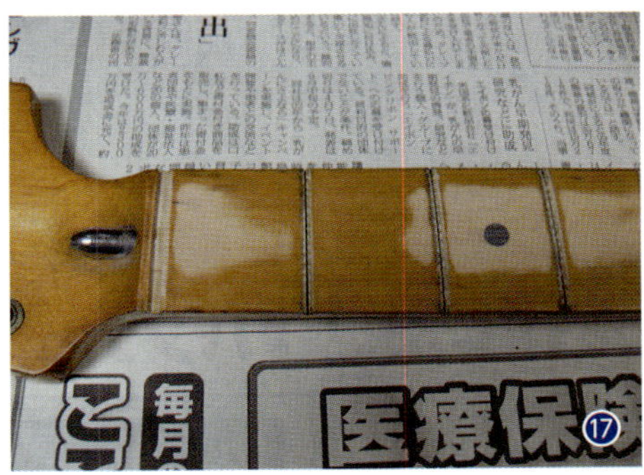

のスラブボードの指板ということで書いてあるが、図を見れば一目瞭然で、指板を横(演奏状態)から見るとハイポジションはローポジションより薄くて当然なのである(3・4弦下のセンター部の厚みは同じ)。

ここまでが指板修正の前の説明であるが、最後にもう一点気がかりな問題がある。大メーカー製にはあまり無いことなのだが、製造時に指板にポジションマーカーを接着し(当然マーカーは指板より上に出ている)指板アールの切削加工跡をマーカーの出た部分と同時にサンディングで滑らかにする加工が残っている。この際にほとんどがマシンを使用し、不慣れな作業者がアールを壊しているということがある。これは修理で不適切な指板修正が行われた場合も同様で、せっかくのアール加工が台無しになっているということも結構あるということである。

1978年製を例に実際の作業の説明をすると、前述の説明通り指板修正時にアールの付いた木製もしくはアルミ製のサンディングブロックを使用したところで、あまりベストな方法ではないということが分かっていただけたと思う。筆者はガラス板にサンドペーパーを貼ったものを使用しており、これはフレットすり合わせのときも同様に使用する。

製造後の変化が写真⑰、⑱で分かるが、ナット→1Fが削れているのはトラスロッドナットを締めることにより木部が押され、その部分が膨らんだ結果で、18F→20Fが削れてないのは、マイクロティルトの唯一と言ってもいい弊害である。これは年式を問わず、ブリッジサドルを上げるためのネック角をつける目的で、スペーサーをネックポケット奥に入れた場合にも起こる。変化の仕組みは【図H】のようになる。

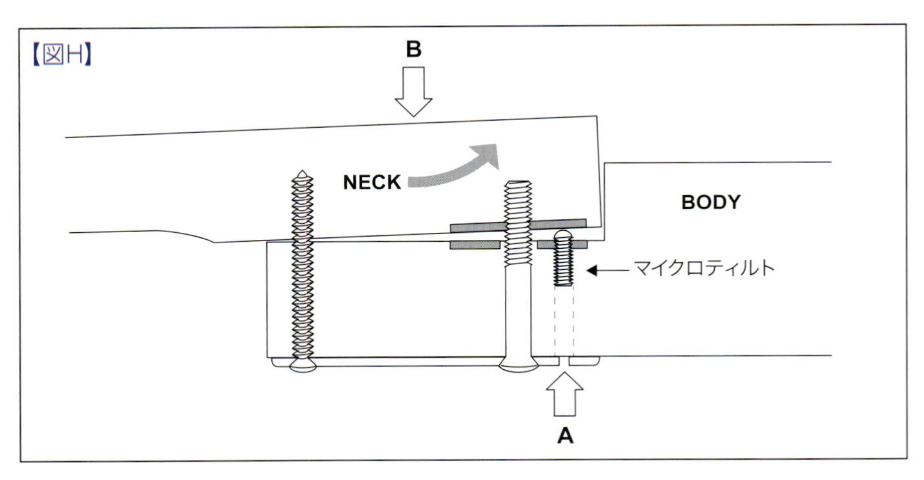

かなりの力をかけてネックセットボルトを締めるとマイクロティルトもしくはスペーサーが抵抗となり、横から見るとセットボルトがネックを引き寄せようとするので、矢印Aの力がかかる。それによりハイポジション部に順ゾリになろうという矢印Bの力が働くという仕組みである。これらもすべて修正するのであるが、前述の説明に応じて作業するとなると3つの方法がある。

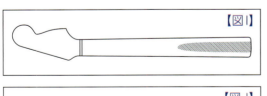

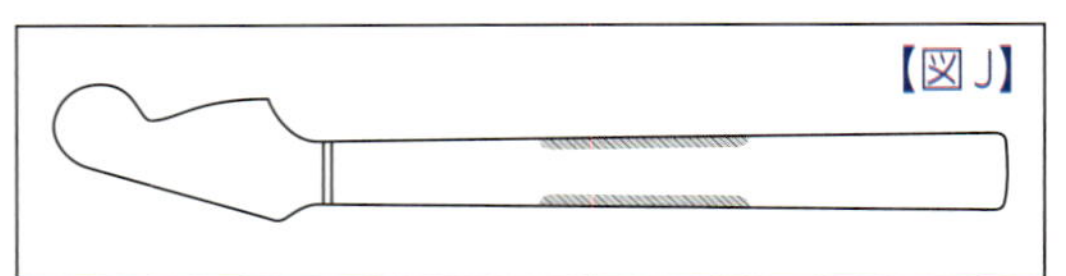

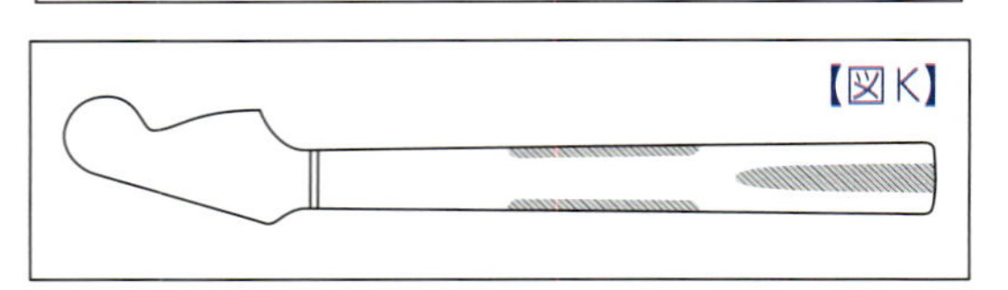

【方法1・図I】
トラスロッドナットを締め1・6弦側をストレートな状態にして斜線部を削っていく方法。いわゆる円すい指板に近い状態。
【方法2・図J】
3・4弦下をストレートな状態にして斜線部を削っていく方法。7～8F辺りのアールが理論値より多少きつくなる。
【方法3・図K】
方法1と2のコンビネーション。

フェンダーのようにアールがきつい7.25″R(184R)であれば、方法1がハイポジションのベンディング(チョーキング)時に有効であるし、アールの緩いもの(300R～400R)であればその必要性が無いので、方法2が有効であるともいえる。しかし現実的には、長年弦による張力を受けたものが多い上、順ゾリが進んでいる場合もあり、方法2と3

をとることは無いように思う。また、多種多様なギター・ベースを修理していると、トラスロッドの効くポイントがメーカー・製造時期・トラスロッドの埋木接着を必要とするローズ・エボニー指板の場合でそれぞれ違いがあることが分かる。

【図L】の斜線部の埋木の形状等によりトラスロッドの効き方が変わってくる。本来なら７・８Ｆで効いて欲しいのだが、４Ｆ辺りで効く場合が多々ある。これはトラスロッドナットがヘッド部でアジャストする場合に多いように思う。また、一般的にはトラスロッド溝に合わせて埋木を加工してから接着されていると思われているようだが、実際にはクランプなどで圧力をかけるか、もしくはハンマーで打ち込みストレートな埋木を曲げて接着するという手法が十中八九採用されている。この圧力をかけるポイントがトラスロッドの効きに大きく関係していると思われる。

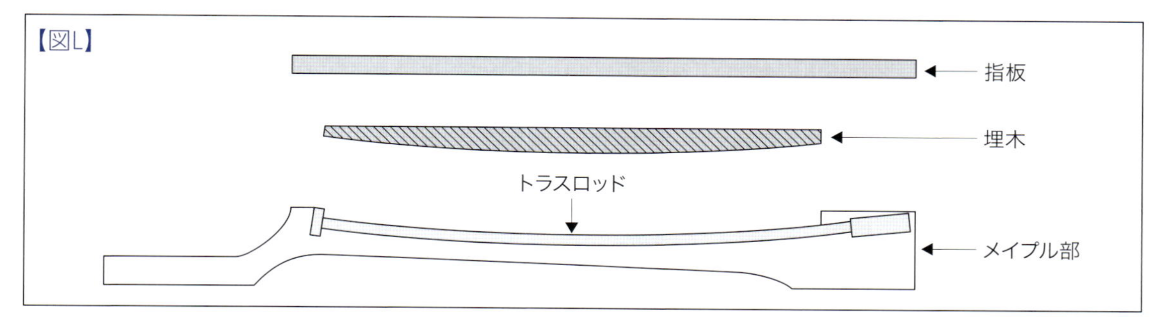

指板修正を行う際の筆者の作業手順を述べるが、デタッチャブル、セットネックに関わらず、横からサンディングせずヘッド側を自分のほうに向けて作業している。つまりナット側が手前で、ネックエンド部が奥という方法である。このほうがアールを正確に見ることが出来るので、サンディングをコントロールしやすい。さらにアールをチェックするジグ（写真⑲、アメリカのギター修理工具販売会社で入手可。自作でも可）とスケールをあててクロスチェックしながら少しずつ削って理想的な指板状態にする。

なお、サンドペーパーについてだが、メイプルワンピースであれば#120から#320という２種類で十分仕上げまで出来る。サンディングしているうちに番手が細かくなっていく（粒度が落ちる）ためで、ボディのサンディングも同様である。また、塗装しないローズ指板であれば、これに#800を追加すると美しく仕上がる。メーカーとしては3M社も素晴らしいメーカーなのだが、木工用に関しては日本のコバックス社（商品名タックロール）がベストだと思う。業務用なので量は多いが、裏のり付のロールタイプなので、少々高めの価格もまったく気にならないほど信頼性の高いサンドペーパーである（写真⑳）。

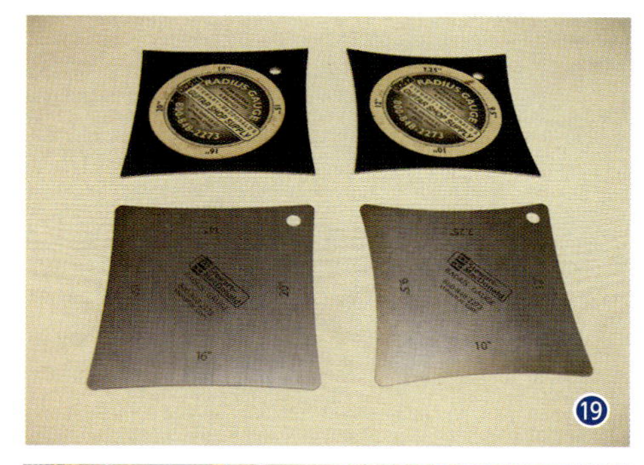
⑲

⑳

#4　フレット打ち

1980年代中頃から修理業者・メーカーを問わずに広がったフレット打ちのテクニック（？）として、瞬間接着剤を使用してフレットと木部を接着・固定するという方法が一般化した。あるギターメーカーはタングを最初から無くしてしまい、クラウンのみのフレットを瞬間接着剤で貼り付けてネックを製造しているほどである。裏を返せば、フレットを適切に打つということはとても難しく、本当に熟練しなければうまく出来ないという現実がある。瞬間接着剤の歴史は1950年代にアメリカ・イーストマン・コダック社で、主成分のシアノアクリレートを顕微鏡で見ようとしたときに、瞬間的にガラス同士を接着するという発見から生まれた。その後、日本で改良され、現在アメリカの市場で売られている有名ブランドの中身は日本製のものもあり、これを仲介しているのが筆者が日頃愛用しているスイスのヤスリメーカーであるということも大変面白い事実である（このヤスリについては重要な工具であり後述する）。

先頃、時代の流れで連邦破産法11条を申請したイーストマン・コダック社だが、1950年代に瞬間接着剤の原理を発見した技術者も、ここまでギターに文字通り浸透しているとは驚くだろう。しかしながら筆者は、フレットと木部を絶対に瞬間接着剤で固定しない。もちろんローズ、エボニー指板でフレットを抜いたときに木材がめくれたところを接着するにはこれを使用する。また、粘度の低いものは高いものに比べて添加剤の入っている量が圧倒的に少ないので（本来シアノアクリレートは粘性が低く、それでは使用しにくいので粘性を高めるために安定剤が添加されている）指などにケガをしたときに、接着することにも使える（勧めるわけではないが、治りが早い。なお、これは外科手術にも使われている。この場合ある期間で体内で分解され尿などから排出されるので、あまり弊害もない）。しかし、フレットだけではなくナットに関しては修理業者は、ほぼ100％近い確率で使用しているのだが、マホガニーなどの多孔質の木材の場合、熱をかけて外してもナットスロット底部の木材がくっついてくる場合があるので、筆者はタイトボンドをごく薄く塗布して接着している。

ここで前項の指板修正と前後するのだが、説明上ご容赦いただきたい。実際の作業としてはローズ指板の場合は【図M】のようになる。

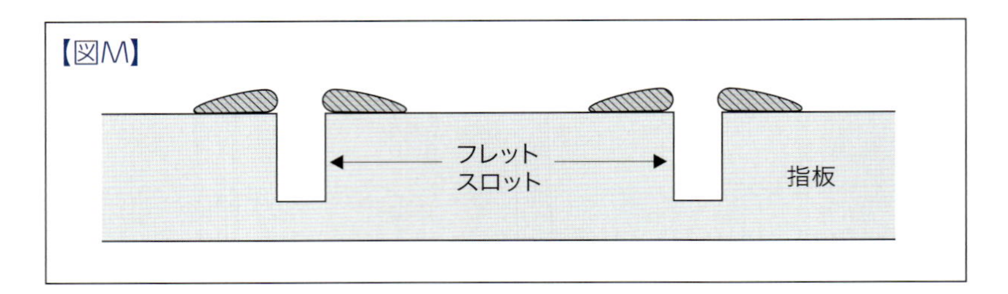

横からフレットスロットを見た図であるが指板が板目の場合、フレットのスタッドはスロットにくいつきやすいので、熱をかけて慎重に抜いてもスロット上部がめくれたり、チップしたりすることがある。そこでピンセットなどを使用し可能な限り元に戻し、図の斜線部にのみ粘度の低い瞬間接着剤を少量吸い込ませる。こうすると良い副産物としてスロットの強度が増すということがあるが、なるべくスロット内には接着剤が入らないように注意する。また、その他の方法としてフレットを打つ前に瞬間接着剤やエポキシを充填するメーカー、リペアマンもいるようだが、この方法はギターが使い捨てではないと思うのであれば絶対に行わない。そもそも300年以上経ったオールドバイオリンの修理であれば、修理方法は割と確立されており、不具合が生じたときに、将来も修理可能になるような方法でしか直さない。今後の修理のためにフレットのタングが深さ・幅ともに、十分にスロットに入らなければならないことを考慮すると、エポキシを充填するという行為は、あまりにも安易で褒められたものではない。なお、この充填で音が良くなるという意見もあるが、実際の音の良いオリジナルを保ったオールドフェンダーにエポキシや瞬間接着剤が充填されていたという事実は絶対にない。

フレットスロット内に接着剤が残っている場合、ストッパー付のノコで溝をさらうことになるが、この作業が適切に行われていない場合も少々見受けられる。1962年頃以降のラウンドローズ指板はそれ以前のスラブボード指板に比べ厚みが薄いため、あまりに深く切り込みを入れ過ぎた結果、スロットがメイプル部分に到達し指板自体が切れているものもある。写真㉑のようにマグロの切り身が並んでいるように見えるため、この状態を筆者は刺身と呼んでいるのだが、こうなってしまうと指板自体の機能が著しく損なわれるので、絶対にラウンド指板にジャンボフレット（タングの長いもの）を打ってはならない。

㉑

次にメイプルワンピースの場合であるが、これは第6章塗装と前後してしまうことをご容赦願いたい。まずサンディングシーラーの説明であるが、これは主に塗装の中塗りの目的でベースとして塗装されるものであり、塗装の肉厚を厚くし、上塗りをくいつきやすくするためにも使用される。また、材によっては導管をふさぐという意味合いもある。基本的にメイプルの場合、塗料の吸い込みが非常に少ないためにウッドシーラー、サンディングシーラーは必要ないという意見もあるのだが、それとは違う理由でフレット打ちの前処理として塗装する。これを行うとフレットスロット内部にサンディングシーラーが染み込み硬化するため、フレットを抜いてほんのわずかに広がったスロットが強化されることになる。

ここでフレット打ちの説明となる。まず下準備としてフレットを脱脂する。以前、ある塗装業者から「メイプルに塗装がうまくのらない」という意見を伺ったが、これは当然である。自動車修理の場合では塗装面をシリコンオフなどで脱脂処理しておくことは常識であり、メイプル指板面に塗装するのであれば、打ち込むフレットをパーツクリーナーで脱脂するか中性洗剤で洗わなければフレット製造後に残った油分により塗装はうまくいくはずがない。

次にフレットを曲げる作業となるが、これは実際のネックのアールよりわずかにきつめに曲げる。理由はフレットの端が浮かないようにするためである（図N～P参照）。

【図N】（ゆるく曲げた場合）　斜線部に隙間が出来る。

【図O】（多少きつく曲げた場合）　フレットがスロット中央部で保持されるため、矢印の力がかかり、フレット端部が指板に密着する。

【図P】（かなりきつく曲げた場合）　スロットの保持力が弱い場合、フレットの元に戻ろうとするスプリングバック効果により中央部に隙間が出来る。

【図P】のスロットの保持力が弱い例として、広めのスロットにスタッド幅が小さいフレットを打つとこうなるわけだが、その他に挙げられる点として弦を滑りやすくするためのスプレー式の潤滑剤を長年使用している場合もこのようになる。これは石油系の成分が木部に染み込み、木材そのものを軟化しダメージを与えることに起因している。また、市販のレモンオイルも石油系を主成分としているものもあるのでローズ指板をクリーニング・保湿するのであれば、なるべくナチュラルなオレンジオイルなどをごく少量塗布し、よく拭き取ることが重要で、もし潤滑剤をどうしても使用したいのであれば、弦とフレットの間に何かを挟んでからスプレーするか、GHS社のスティックタイプ（商品名ファストフレット）を使用するのが良い。

なお、上記以外の例として全体的に完全にフレットが収まっていない

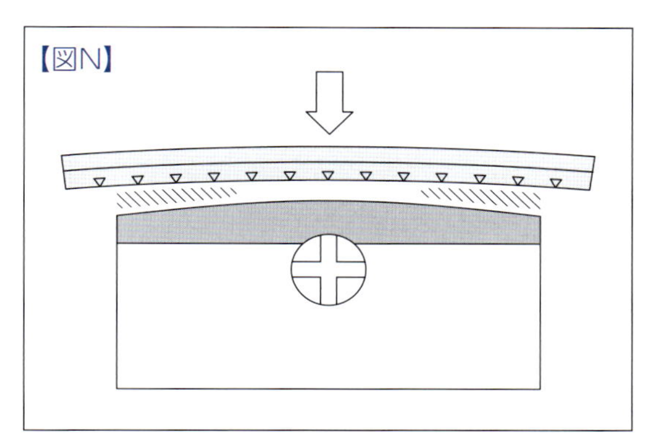

【図N】

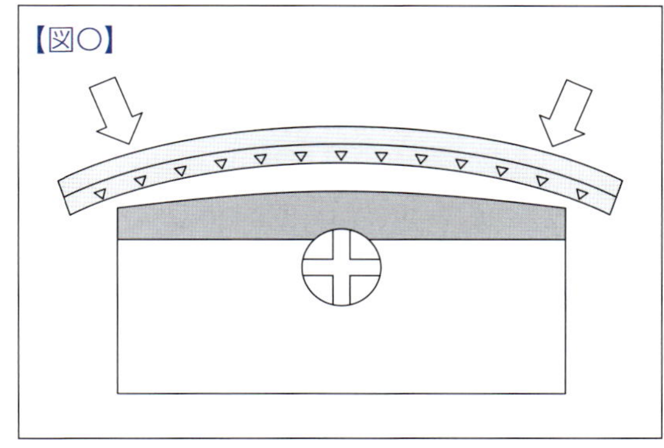

【図O】

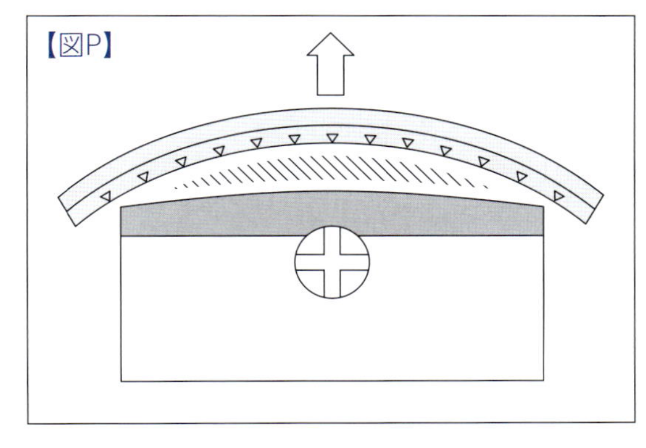

【図P】

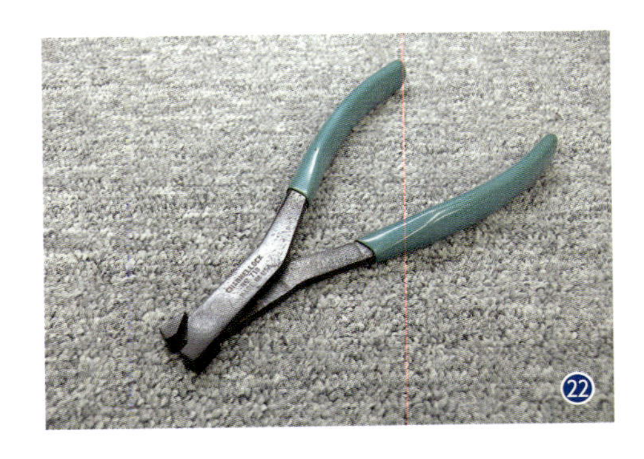

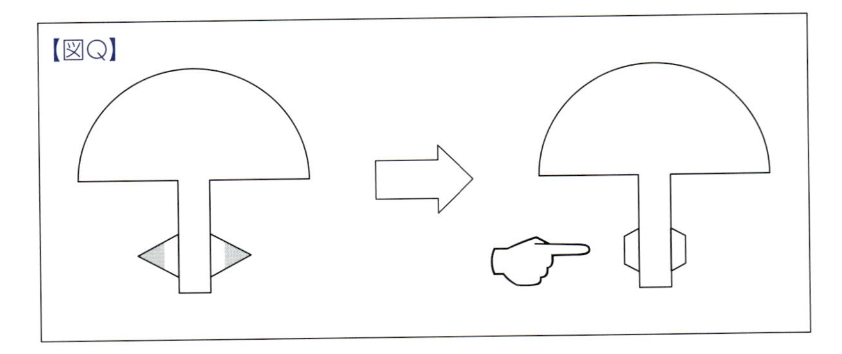

(収まりきらない)場合があるが、これはハカランダ、エボニー指板などのかなり硬い木材のときに起こる。この場合、スロットを広げるのは避けたいので、写真㉒のような工具を使用しスタッド幅を狭めると解決する【図Q】。また、このようにスタッドをつぶして狭めると曲げたフレットはアールが緩くなる傾向になるので、もう一度規定まで曲げ直す。

写真㉓左はフレットを曲げるために加工されたプライヤー。クラウン・タングともに傷を付けないように加工してある。右はフレット用の溝付きあて木。

フレットを打つ作業台は、天板の厚み、重量ともにしっかりしたものを用意する。写真㉔の作業台天板は21 mmと24 mmのプライウッドの組み合わせで合計45 mmあり、さらにその下に鉄製のフレームがある。プアな作業台では打った力が分散されてしまい、プアな結果になってしまう。基礎・土台がしっかりしていないと何事もだめという典型例である。また、1F下から12F下までネックグリップ下部の隙間は一定ではないので、写真㉕のようなテーパー状のメイプルに硬めのコルクを貼ったものを打つフレット下に押し込み、あて木を使いフレット上でずらしながらハンマーで少しずつ打っていく。フレットが大体木部に接地したところでハンマーでダイレクトに仕上げ打ちをする。フレットは鉄のハンマーで打つことにより分子レベル(?)で多少硬度が上がるようにも感じられる上に、しっかり打てるので鉄のハンマーをお勧めするのだが、何分にも程度というものがあることとフレット硬度がHV160～225くらいまで多種多様なものが存在するので、注意深くフレットを変形させせないように増し打ちする。

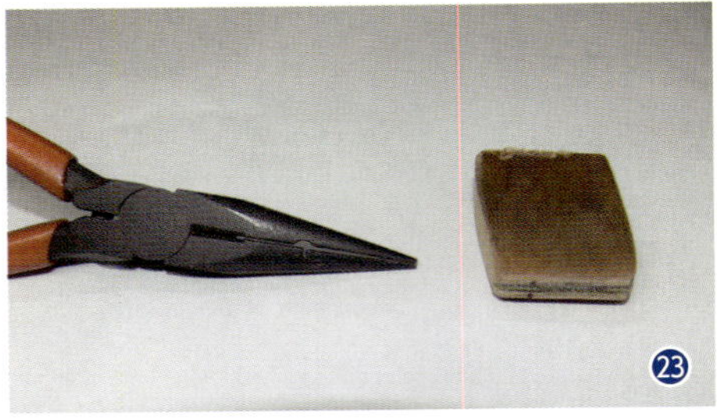

打っていく順序としては1Fからかネックエンド側からかは自由なのだが、筆者は、5F→1F、6F→最終Fというように打っている。ローポジションのほうが幅が狭いため、スタッドのかみ込む幅も狭くなるので難しいという理由から、ネックの個体差(指板材も含めて)をまず5Fで実感してから作業している。フレットを1本打ち終えた後にフレットサイドを中型のエンドニッパーで木部から1 mm弱程度残してカットし、ヘッド側とエンド側からフレットと指板の隙間をチェックする。最後に必要に応じて増し打ちし、これを繰り返す。

いずれにしてもオールドギターの修理という意味あいから言うと、これらの作業は熟達している者のみが行うべき作業であると思う。しかしギターリペアマンは最初からそのようなレベルに到達しているわけではないので、難しい問題だがオールドギター以外で経験を積むといったところも必要であろう。

最終段階として残ったフレットエッジを1・6弦側ともに1F～最終フレットにかけて直線上にヤスリを使い削り落とす方法として、次の2

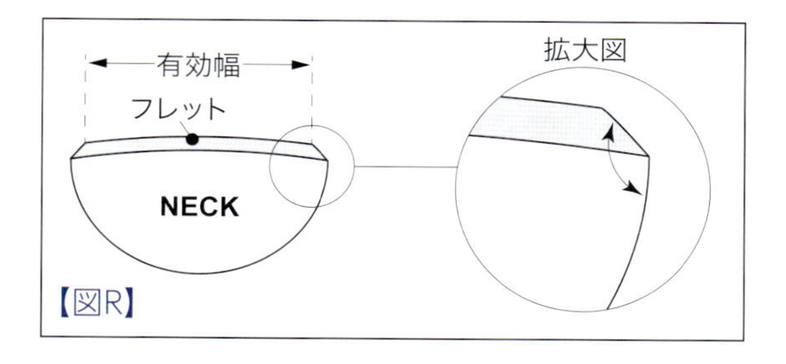

【図R】

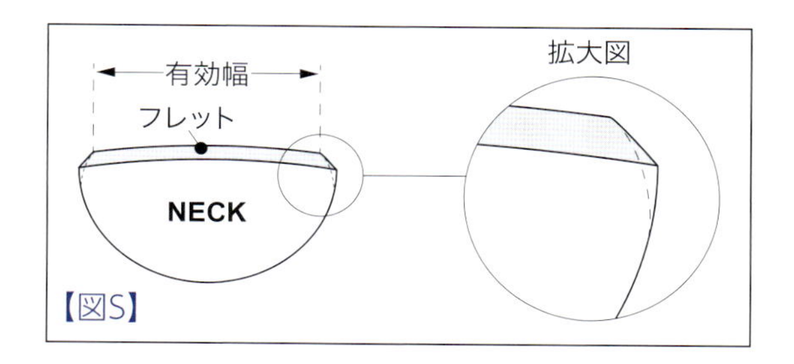

【図S】

パターンある。

【図R】は木部をまったく削らずに矢印の角度が存在する方法。【図S】は木部・フレットタングをともに点線部までわずかに削る方法である。実際のフレット上では有効に使える幅は変わらないので、使用上滑らかに感じられるこの方法を勧める。

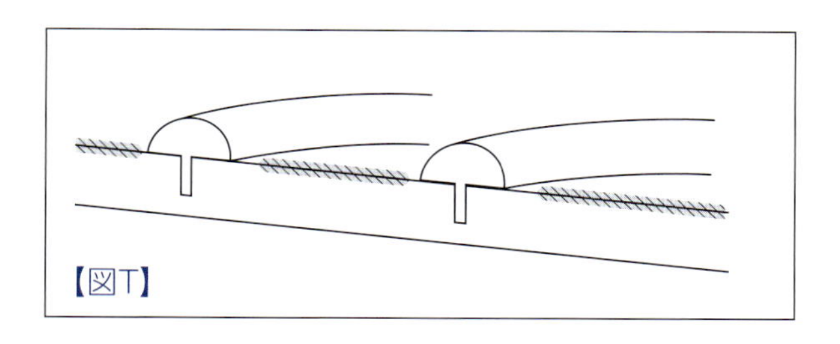
【図T】

最後に【図T】のフレット間斜線部分を、ほんのわずかにヤスリ（写真㉖左端）で丸める。ここで使用するヤスリは日本製で特殊なメッキが施してあり、目詰まりしにくく、さびにくい上、他の番手もブライト900もしくはバンクロという商品名で売られているのでお勧めする。なお、フレットサイドを削るヤスリとしてはスイス・バローベ社（アメリカではグロベットブランド）のものがベストである。筆者の使用しているほとんどのヤスリはこのバローベ社のもので、長切れし何よりも使用していてイライラすることがまったくないと言って良いほど素晴らしい製品である。以前は他メーカーで良いものも確かにあったのだが、製造国が変わったことなどにより、あまり期待出来なくなってしまった。また、確かにバローベは多少高価であるが、価格以上の製品としての質が高いので筆者は一生分をストックしている。写真㉗の板状のヤスリがネックサイドフレット用で、作業しやすいように柄の部分をグラインダーでカットしてある。

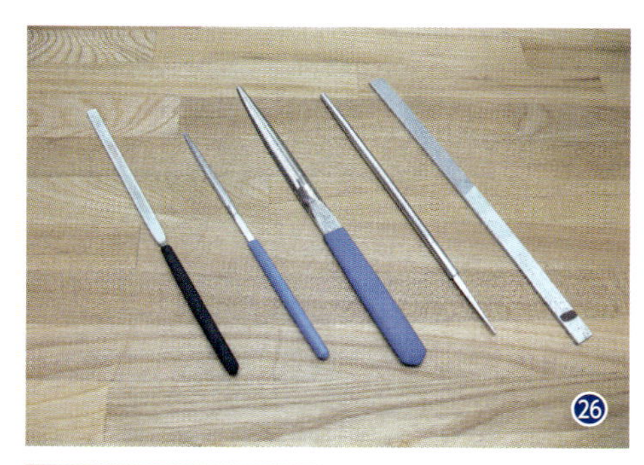
㉖

㉗

#5　チューナー取り付け

実際の作業を説明する前に、適切なネックの加工、部品の取り付けが出来ていないとどうなるのかの説明を1976年製で述べる。

筆者の見た中で特に1976年製に多いのだが、写真㉘のようにヘッドバックを見ると1～3弦のブッシュにはクロームメッキが乗っており、4～6弦はゴールドに見えるものがある。極東の島国に多量の1976年製が輸入され、筆者のところにその中の悪いもののみが集中して修理に持ち込まれたとも思えないので、恐らく同様のものが多数存在していると思われる（このギターもマイクロティルトの部品取り付けは写真㉙の通り不適切）。

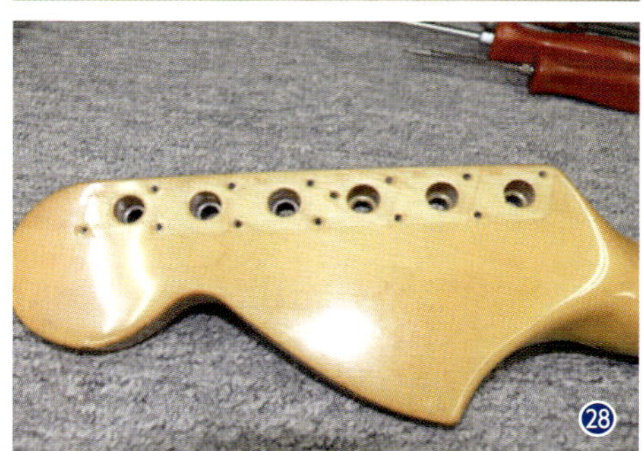
㉘

㉙

ブッシュを抜くテクニックとして、加熱したハンダゴテを数秒ブッシュにあて、ポンチや丸棒で裏からまっすぐ打ち出す（次ページ写真㉚）。

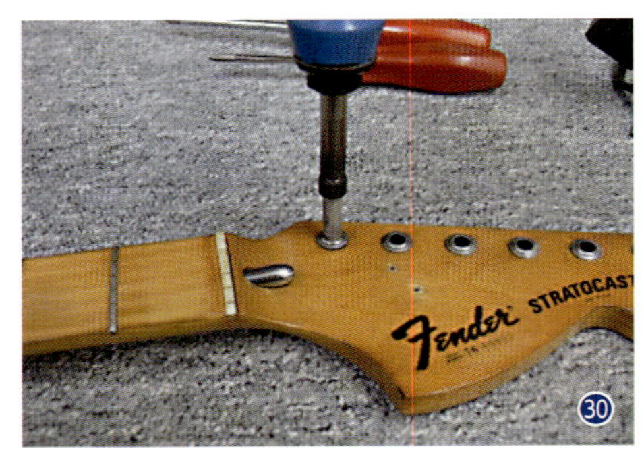

30

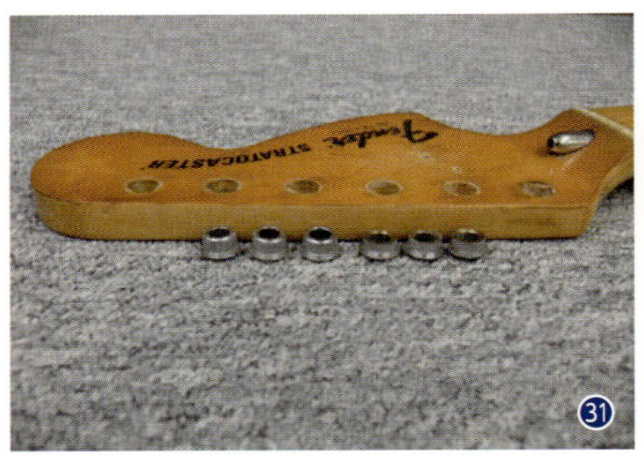

31

32

こうすると固着が外れて表面をチップさせることなくブッシュが外せる。なお、塗装・木部のダメージを防ぐため、加熱は5秒以内が適切である。外したものを並べてみると4～6弦のブッシュが切削加工されショート化されているのが分かる(写真㉛)。なぜこうなるのかというと、ヘッドトップのナット寄り両端が極度にオーバーサンディングされているからで、チューナーを取り付けした際にブッシュが収まらないことを避けるための加工である。さらにメーカーでの組み込み時にこれが発覚し、ブッシュの脱着が不適切に行われたために6弦部の穴にかなりのダメージが見られる(写真㉜)。また、1976年の途中で通称ファクトリーFキーからドイツ製シャーラーFキーに変更されたことも補足説明として挙げておく(詳細は後述)。

これらの対策として1977年以降は左の写真㉝のように以前に比べてシャフトのベース部分がショート化されている。オーバーサンディングを避ければ解決する問題だと筆者は思うのだが、ドイツのパーツメーカーに対して変更を求めたのはサンディング時の作業員の質を信用していないか、作業スピードを重視していたかのどちらかと推測出来る。

33

左1977年以降ショートベース、右1976年ともにドイツ・シャーラー社製

サンディングの質を重要視していない例としてはヒール部にも見られる。エンド部はマイクロティルトによりポケット内で浮いてしまうので、丁寧に加工しようがしまいが関係ないといったところだろうがサンディングによりかなり削れている。ここにのっていた塗料の厚みは0.81mmと極度に厚い(写真㉞)。

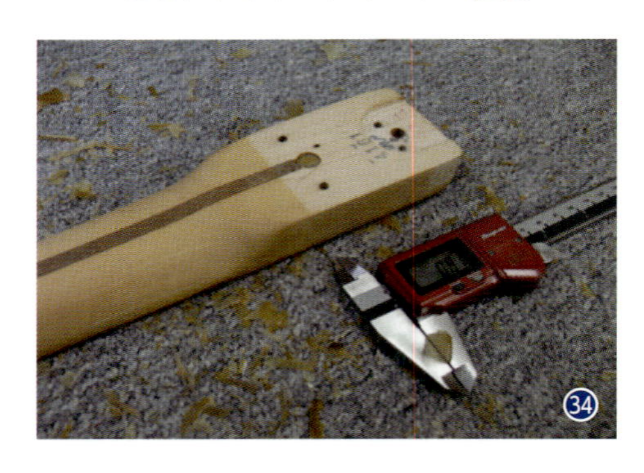
34

次にパーツについての変遷を述べる。1950年代から1970年代末にかけて、フェンダーのギターとしては基本的に3種類(例外として1970年代末のロトマチックチューナー)が存在する。1950年代から1960年代中期までのクルーソンチューナー(シャフト径1/4″、6.35mm)と、その後の1970年代中期までの通称ファクトリーFキー(同)、1970年代中期以降のシャーラー社製Fキー(シャフト径6mm)である。

初期のクルーソンチューナーは、恐らく以下の手順でマウントされている。

実は1～6弦用ともにすべて同じもので、【図U】のように点線部でカットされ、両端ともカットされたものが2～5弦用となり、右側をカットしたものが1弦用で、左側をカットしたものが6弦用となる(右利き用として述べているが、中身を組み替えると左利き用になる)。このチューナーを取り付けする際のシャフトピッチは23.8mmとなり、1～6弦の間は119mmとなる【図V1】。しかしこれでは手間がかかり過ぎるので、全部同じものを加工無しにしてマウントしてしまえば生産工程は大幅に短縮出来る。そこで開発されたのがFキーだと推測出来る。

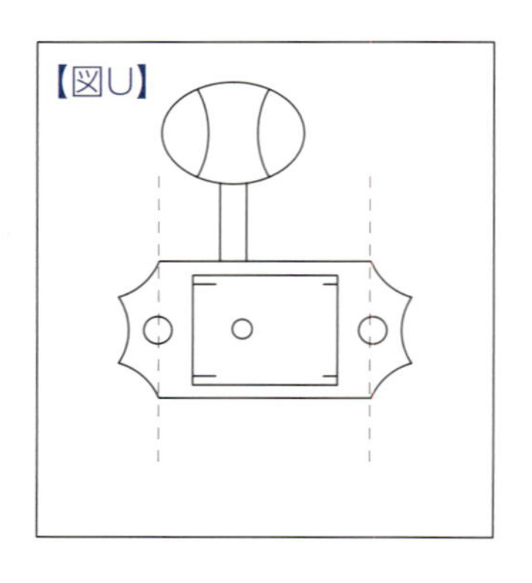

さらにここですべて同じものとなると、少々パーツサイズが大きくなるという問題が出てくる。実際の取り付けサイズは以下のように変遷して

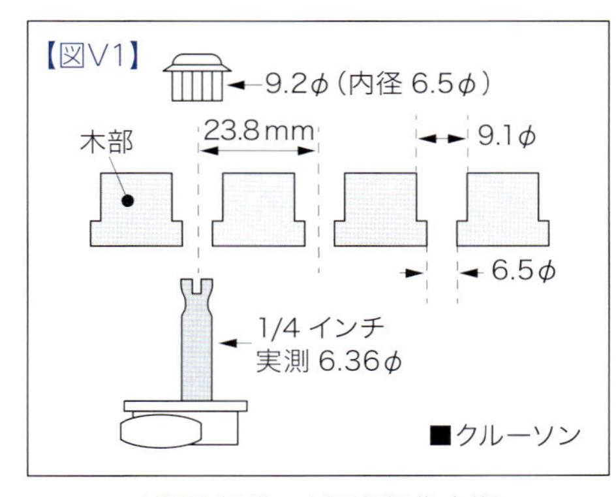

1950年代～1960年代中期

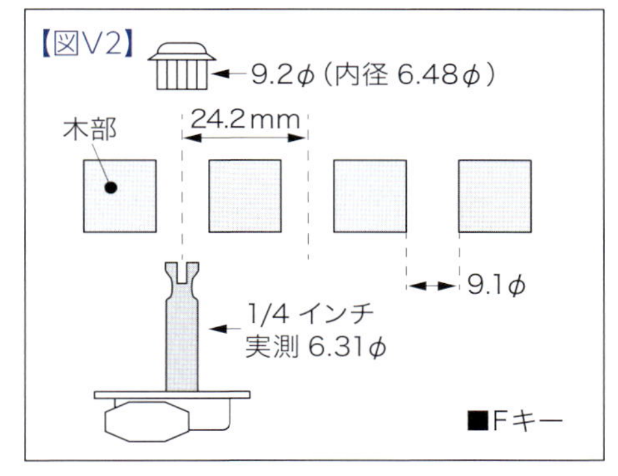

1960年代中期～1970年代中期

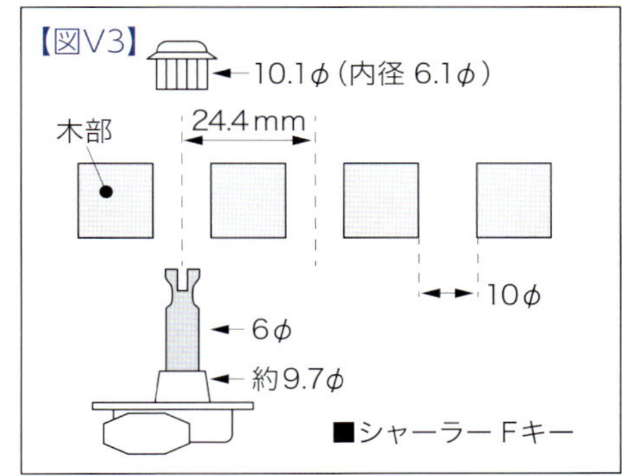

1970年代中期以降（現行パーツ有）

いく。

修理レストアする上で一番やっかいな問題は【図V2】のパターンである。クルーソンの場合、オリジナルの中古パーツが多数存在しており、新品に載せ換えるとしてもゴトーガット製のかなり精度が出ているものが容易に入手出来る（クルーソンの刻印こそ無いが）。しかしながら、【図V2】の場合にはクルーソンとは取り付けピッチが違う上に、新品を取り付けようとすると【図V3】のようにシャフトのベース部分が大きい。

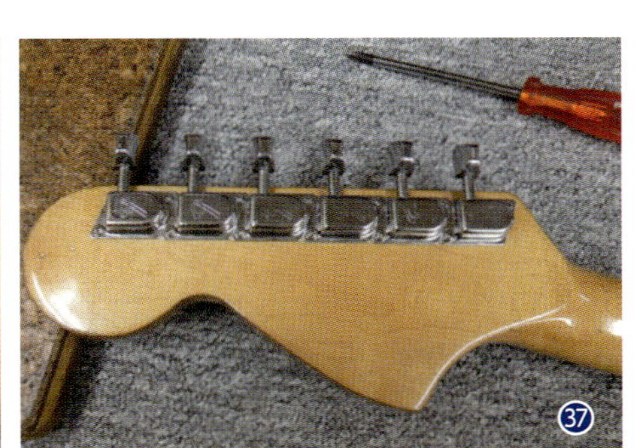

シャーラーFキーを【図V2】の年式に取り付ける場合、写真㉟のような特注段付きドリル（9.1φ→10φ）で、なるべく木部のザグリを最小限にするように穴を拡張するしか方法がない。なお、この作業は絶対にリーマーでは行わない。なぜなら穴がテーパー状になるなど不正確で、加工跡が見苦しくなるからである。また、シャーラー製のブッシュは外径10.1φ、内径6.1φだが、ここにはゴトーガット社製のアフターマーケットパーツで外径9.2φ、内径6.1φのブッシュ（ロック式チューナー用）が存在するので、これを流用するといたずらに木部を広げなくても良い（写真㊱、㊲）。

困ったことに中古市場にも初期Fキーは中々出てこない。写真㊳のように当時は修理用パーツがあったのだが、これは入手不可能と言ってもいいほど、現在ではお目にかかれない（参考資料）。つまり現在付いているオリジナルを直して使用するのが（ギアのすり減り以外）ベストだと思う。また、他のメーカーのチューナーと違い、シャフトがスパーギアにネジ留めされていないため、シャフトが抜けるというトラブルがまれにあるが、これはもう一度ポンチなどを使用しギアに再度かみ込ませることによって解決出来る（注意点としてギアを割らないように）。

さらにいつ頃にクルーソンチューナーからファクトリーFキーに変更

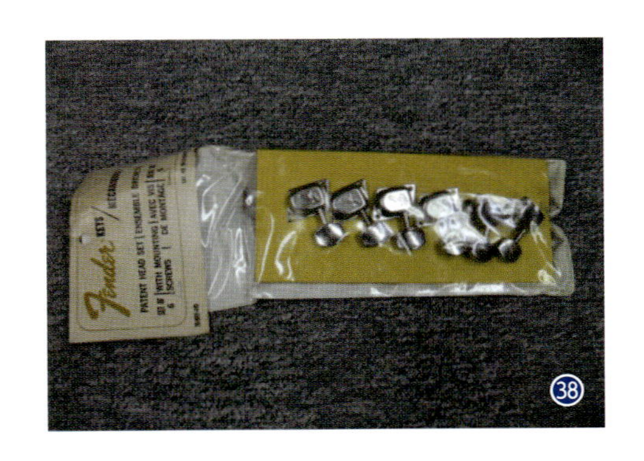

1968年のＦキー内部
スパーギアとシャフトがかみ合わせてある

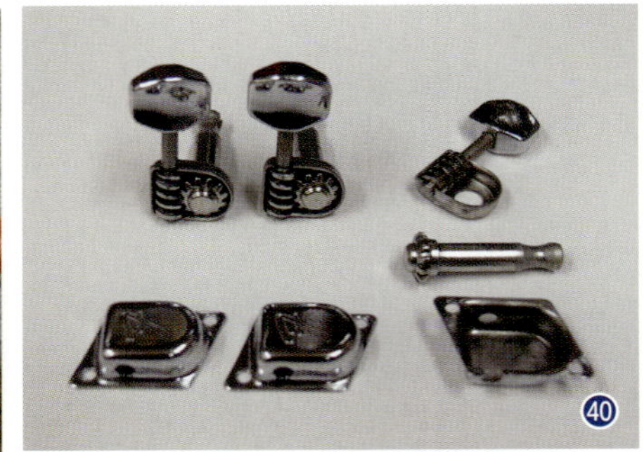

1976年中頃以前のＦキー内部
スパーギアとシャフトが一体になっているが、スパーギアの接触面積が非常に少ない

されたかについて興味深い事実を述べたい。ストラトでは1967年半ばから採用されているが、それに先んじてショートスケールのものでは1966年初頭から使われている。また、これらがスラブボード指板ということも同様に興味深い(写真㊶)。

左.1965DEC
ミュージックマスターⅡ
右.1966JAN
マスタング

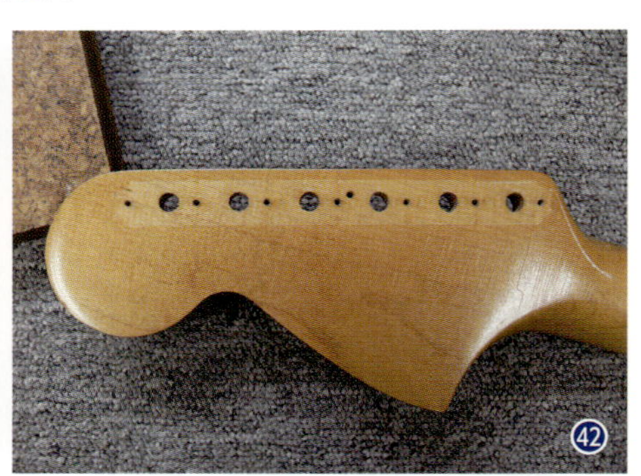

写真㊷は1965年12月製造のミュージックマスターⅡでクルーソンチューナーとなっている。

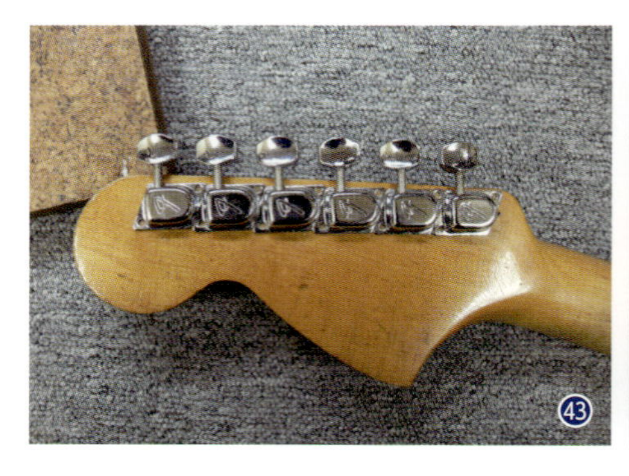

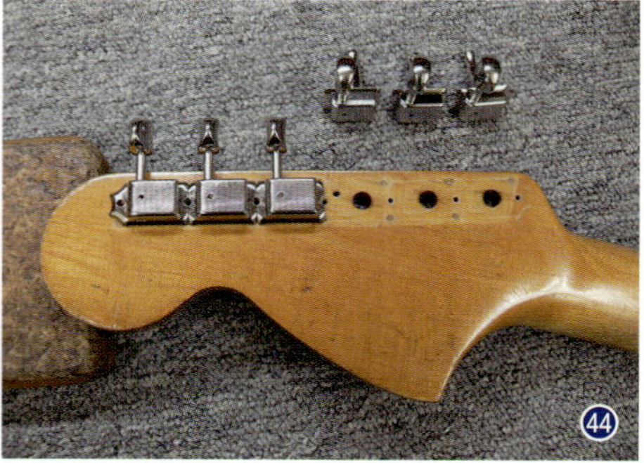

次はe-bayで売られていた1966年1月製造のマスタングのネックでチューナーは付属してこなかったのだが、取り付け跡と取り付け穴はファクトリーFキーであった。

前述の説明で取り付けピッチの問題があり取り付け出来ないと述べた通り、実際に手持ちのファクトリーFキーを並べてみると写真㊸のようになり、ヘッドストックとの平行がまったく出ておらず無理が生じている。それゆえにストラトではクルーソン用のネックを使い切った後に1967年半ばに変更したものと思われる。なお、このマスタングのネックは写真㊹のゴトーガット製クルーソンスタイル(SD91)を使用することによりチューナー同士が隙間なく一列に取り付けられた。

さて実際のチューナー取り付けであるが、これは次の図とともにベースで分かりやすく説明する。

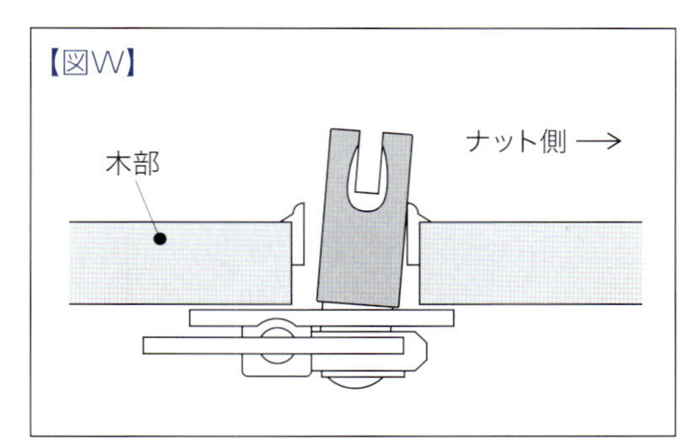

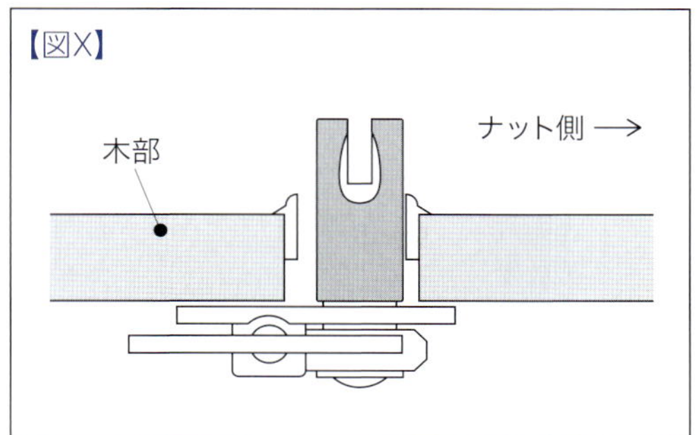

チューナーのシャフトセンターとブッシュ穴のセンターを合わせてしまうと【図W】のように弦を張ったときのテンションによりシャフトがわずかに傾き、ブッシュ上部の一点のみに力がかかってしまう。その結果シャフトに傷が入るほど無理がかかっていることになる。つまり弦を巻く力もより必要となる(これはナットの切り方にも通じるものがあるので第7章で述べる)。【図X】の方法ではブッシュにまんべんなく力がかかるためにスムーズに弦を巻くことが出来るので、チューナーを取り付けるときはナット側に少しオフセットして、現物合わせで取り付けることを勧める。なお、この説明のみで終わってしまうと面白くないので、以下1979年製アニバーサリーのネックでグリップリシェイプと併記してロトマチック→シャーラーFキーの取り付けを述べる。

1970年代後半になればなるほど、ヘッドバックからグリップにかけての曲線が角張っていて、オールドを見慣れていると多少不格好に見える(1970年代ギブソンのボリュート同様)。理由としては、この部分は機械加工のみでは難しく手作業に負っている部分が大きいからである。1979〜80年製アニバーサリーは例外的に1971年のように4点留めなので、顧客の「グリップシェイプ変更とメッキが剥げ落ちたロトマチックチューナーを変更して1971年仕様にして欲しい」とのリクエストに応えたものである。

写真㊺右は1972年製で滑らかな曲線となっている。これを参考にナイフと丸ノミを使用し大まかに削る。

その後サンディングし、塗装を第2章#1で述べたように剥がしていく(写真㊻)。外径10.1 φのブッシュを圧入する前に、スケールをガイドにチューナーを並べ、不具合があるようであれば穴内部に残っているポリエステル塗装をリーマーで除去し調整する(写真㊼)。その後ブッシュを圧入し裏のネジ穴をあければ終わりとなるが、ここで注意点が1つだけある。ややこしいのだが、実は現在のシャーラー社製Fキーは2種類存在するという点である。フェンダージャパンから供給されるものはヘッドバックから弦を巻きつけるところまでの距離が22.5 mm、フェンダーUSAのものは20 mm、つまりジャパンブランドのほうがロングシャフトとなり1970年代のストラト用のリプレイスメントパーツとしては最適である(オールドクルーソンのこの距離は21.4 mm。このことはネック材の厚みと関係があるので第3章#5で詳しく述べる)。

㊺

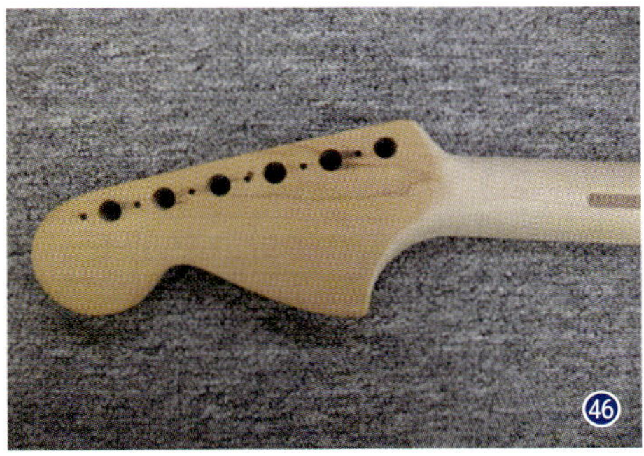
㊻

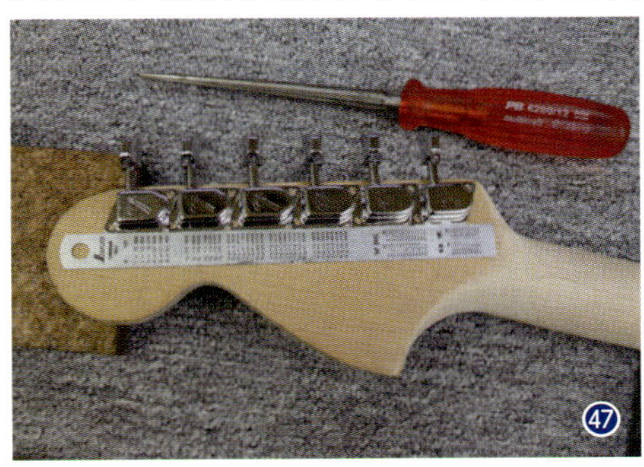
㊼

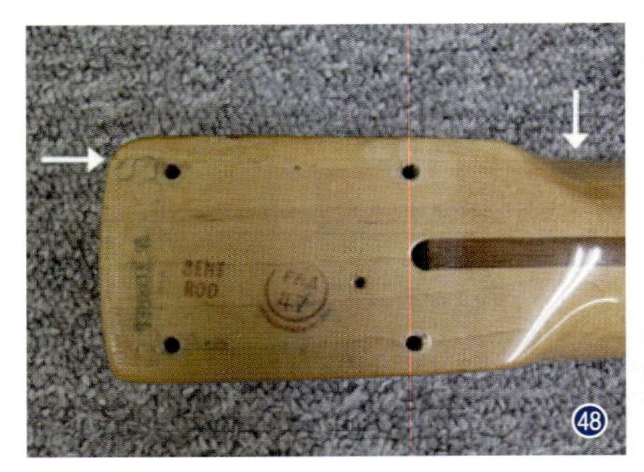

剥離前

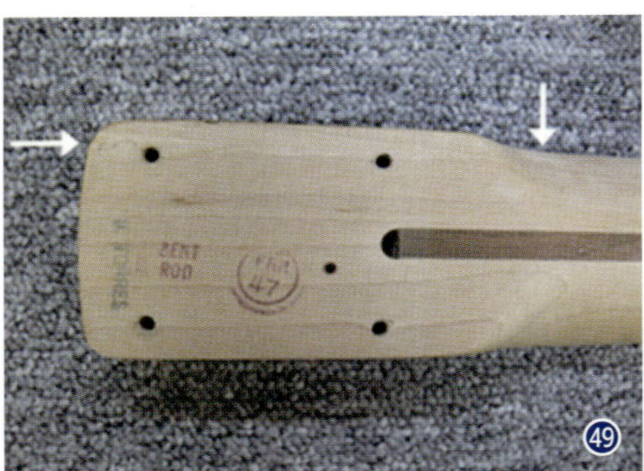
剥離後

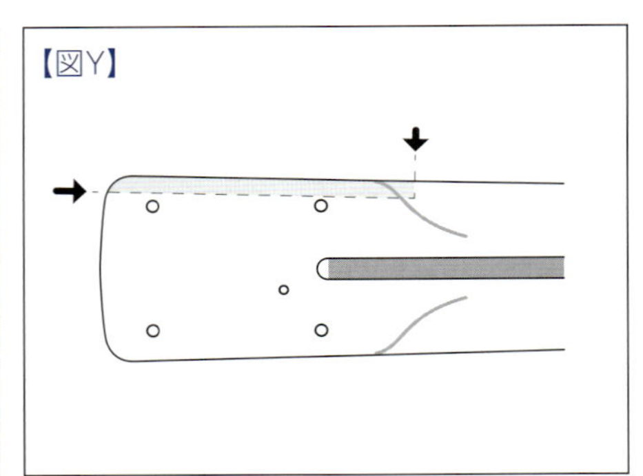

補記としてさらに面白い加工がなされているので上記写真・図を参照していただきたい。写真㊽、㊾でうまく分かれば良いのだが、矢印部分がメイプルで継がれているものがストラトに限らず1976年第8週頃からかなりの数が存在する(【図Y】点線部分)。理由として、こればかりは推測するしかないのだが、製造工程上何らかのトラブルが頻発していたとしか言いようがない。もし手元に1976～80年のフェンダー(ギター、ベース問わず)があるのであれば確認してみるのも面白いと思う。また、BENT RODという赤いスタンプもあるが、1950～70年代を通じて曲げられずに仕込まれているトラスロッドは存在しないので、これが何を意図して押されているのかも謎である。1970年代以降のラージヘッドはそれ以前のラージヘッドに比べ、ヘッドストックの面積が小さくなっていることと、前述ヒール端部(1弦側)の継ぎ足しを含め、是非当時の関係者に聞いてみたいところである。

最後にヘッドトップに取り付けるブッシュ以外の唯一のパーツであるストリングリテーナーについて述べる。このパーツは現在も純正パーツで入手可能なのだが、スペーサーは金属製であり、プラスチックもしくはナイロン製はアフターマーケットパーツメーカーも再生産していない(写真㊿)。それゆえ、フェンダージャパン製のプラスチックスペーサーに差し替えてあるものが非常に多いが、残念ながらサイズ・雰囲気がまるで似ていない。そのため長年探していたのだが、やっと発見出来たときはかなりうれしかった。以前、古いアメリカ製のファズの中身を調べているときにポット背面にMOUSERというスタンプが押されているものがあり、これは何処のメーカーなのかをネットで調べてもらったところ、アメリカの電機部品販売の会社ということが判明した。さらに色々と調べると、この会社の取り扱い部材として様々な汎用エレクトリックパーツとしてのスペーサーが多種存在しており、その中の1つが1960～70年代のフェンダーのものと適合することが分かった。アメリカ製でかなりサイズも近い上、何より色・雰囲気ともに似ている(写真51)。恥ずかしい話であるが、筆者は今現在もクレジットカード、パソコンはおろか携帯電話すら持っていない。この原稿と作図も今では珍しい手書きである。そこでいつも頼りにしているのは友人の床屋さんである。自営業なので時間もある程度融通も利き、英文も読める上クレジットカードも持っている。持つべきは素晴らしい友人で、彼に感謝するのみである。

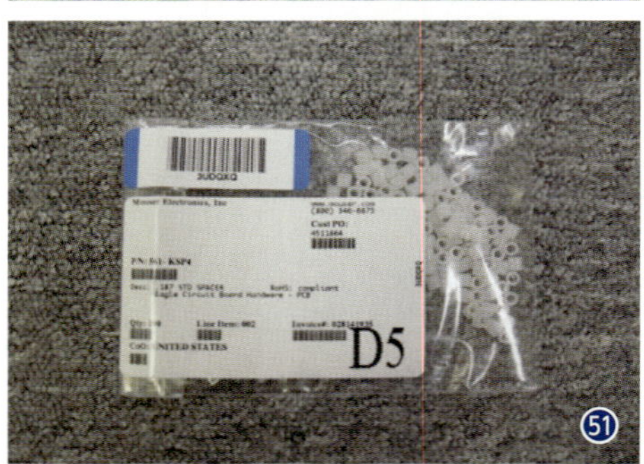

使用工具について

オリジナルクルーソンチューナーがロトマチックチューナーに変更されており、それをクルーソンに戻したいというリクエストがたまにある

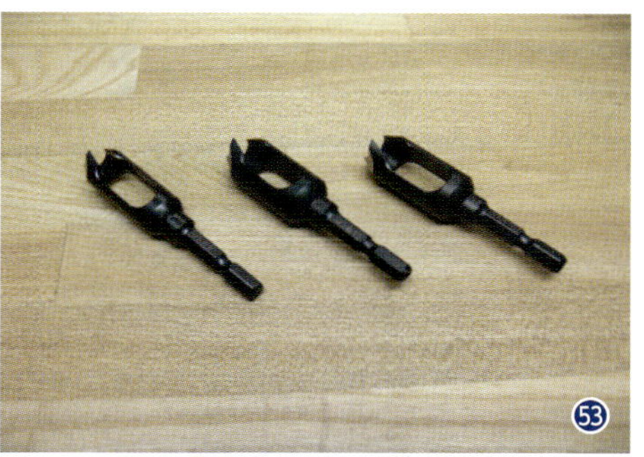

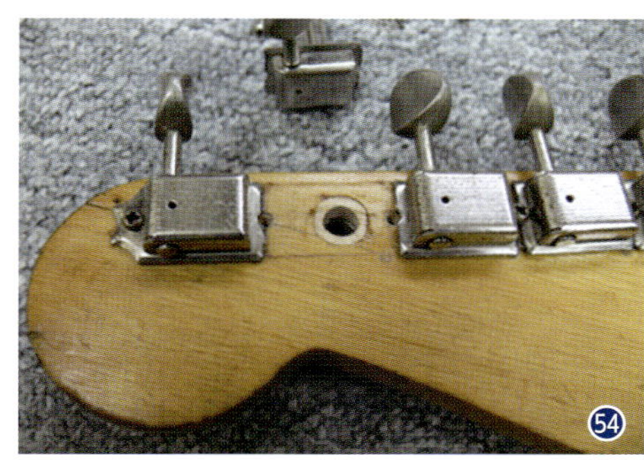

が、その場合はカナダ・ベリタス社のプラグカッターを使用し埋木を作る(写真52)。旋盤で木材を加工すると使用木材はマサ目になるが、このプラグカッターだと板目で抜ける上、ミリ・インチとも様々なサイズがある(マサ目と板目については後述)。また、テーパーで抜かずにストレートに加工したい場合は日本製スターエム社の埋木錐(ぎり)もクオリティが高いので、これらを入手しておくと様々な修理に使えるのでお勧めする(写真53)。そして前述のような段付きドリルビット(9.1→6.5 φ)を使用すれば一応、オリジナル通りの初期性能を回復出来る(写真54)。

#6　ネック材について

大部分の方が誤解されていることが、木材の乾燥についてである。ただ単に高温にさらす、もしくは温風をあてると思われているようであるが、実際の手順はある程度のサイズにカットされた材を乾燥室に入れ高温の水蒸気を充たしていく。そして徐々に乾燥室内部の水分量を下げていく。これを適切な期間(長い場合、1か月程度)をかけて行うと材料自体が外側の水分量と連鎖して水分を放出していく。あまりに短時間にこの方法を行うと、変化量が大きく材料に割れが生じるため時間をかけるのである。極論を言うと前日に伐採した木材をこの方法で行うことも可能なのだが、乾燥後の木口(こぐち)割れ、ソリ、ねじれ、伸縮などの問題が出てくる。このことからやはり伐採して数年の野積みの後、屋根付きの場所での自然乾燥を経た上で人工乾燥をすべきである。しかしながら土地代や時間、管理費用などは実はすべてコストに直結している。筆者はこの本を書くにあたり塗装ブースを自分で建てたのだが、昔と違い建材(2×4材や柱のツガ材：すべて北米産)は驚くほど精度が出ていなかった。あまりに早過ぎる乾燥工程のためと思われるのだが、実際、材料費は昔と比べてこれもまた驚くほど安かった。つまり安価という価値観が製品の精度を上回っており、さらにこれを世の中が望むことにより、そうならざるを得なかったといったところだろう。話をギターに戻すが、1976年まではほぼ手作りであったために生産量がそれ以降のNCマシンによる生産量より圧倒的に少なかった。それゆえ、ゆっくりと生産出来たおかげで狂いの少ないネック材になったように思われる(それしか方法が無かったとも言えるのだが)。さらに木取りについていつの頃からかマサ目のほうが板目のネックより良いと言われている。なぜそう言われるようになったのか筆者はまったく理解に苦しむ。

実際にマサ目のほうが1本の木から取れる量は木取りの関係で圧倒的に少ない。それゆえ、板目よりマサ目のほうが高価なのは事実である。また、建材として考えた場合、重量がかかったときに“たわみ”に対して強いのは明らかにマサ目のほうである。しかしながら、ことメイプル

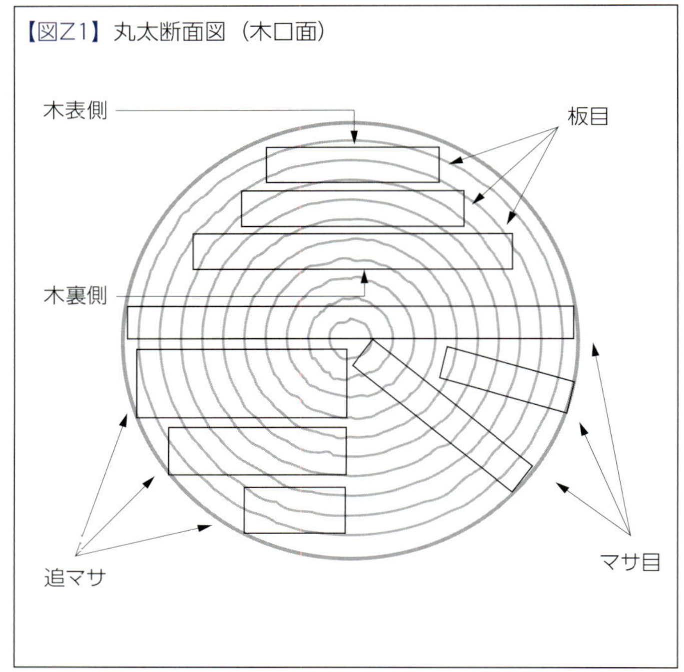

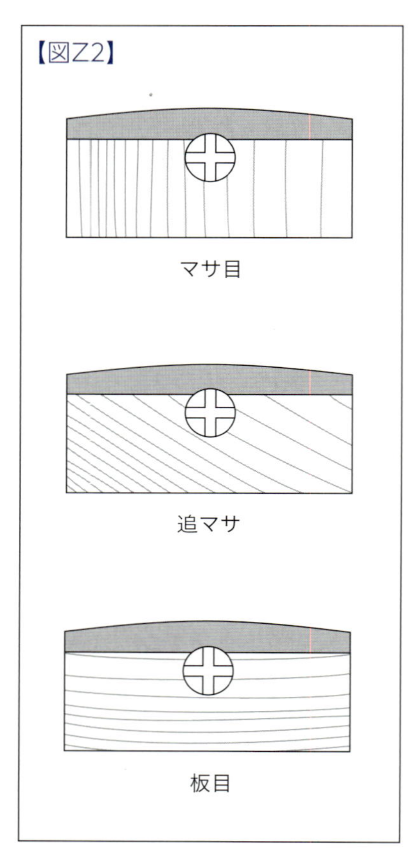

ネックに関しては1970年代製のストラトでねじれが生じたものや極度に順ゾリの変化が出ているものは、かなりまれである（一般的な板材の場合、板目のものは木口から見ると木表側が順ゾリに変化する）。実際に程度の良いほとんどのものが板目なのである。むしろその他のメイプルのマサ目を使用したネックのほうがねじれている場合が多々見受けられる。もちろん前述のあまりに早過ぎる乾燥の問題もあるのであろうが、建材や家具、テーブルの天板と違い、ネックはあくまでもその他の木工製品とは異なり幅が狭い。それゆえに木口から見た凹凸の狂いは生じにくいように思える。また、数年前にメジャーリーガーの野球のバットを製造するスポーツ用具メーカーのドキュメント番組を見たことがあるのだが、メイプルのバットに要求されるのは一番に強度と粘りであり、それゆえにメーカーはまだ森に木が生育している状態から、かなりの量を事前に購入し、乾燥を経て材料となった上でさらに選別するというコストのかかる方法をとっていた。

資源としての木材が減少していく中、木材メーカーには楽器用材料として是非、時間・コストをかけて自然乾燥していただきたいと願う。そうすれば完成後のギターは適切に製作すれば、より長期間の使用に耐えうる上、ひいてはそれこそが木材を大切に使用し、材料の寿命をも長らえることが出来るように思える。

最後に指板材についてだが、世間一般の常識として、一番良い指板材はブラジリアンローズウッド材（ハカランダ）で、インドローズはそれに劣ると言われているが、前述の通り乾燥の問題が大きいと思う。実は1960年代のフェンダーやギブソンなどに使われているインドローズ材はかなり硬い。一方、現在のインドローズに十分に硬いものはあまり無いように思える。これに対して昔は硬いインドローズがあったと指摘する声が多いのも分からないでもないが、実はこれも指板材ならではの問題を含んでいると言わざるを得ない。理由としては接着性の問題であり、木材のヤニ成分（油分）により接着が良好ではない場合がある。楽器メーカーとしては不良品の発生率を抑えたいので、この成分を事前に取り除きたいと思うのは当然である。そこで材料を釜で煮込みヤニ成分を除去する方法、もしくはそれに類似した方法がとられている。しかし考えてみて欲しいのだが、木材が自分で自然に分解（崩壊）しないのは、このヤニ成分やセルロース、リグニンなどが内部に存在し、十分な強度・硬度を保っているためと考えられる。果たしてこの煮込まれたに等しい指板材（大切な成分が抜け落ちている材）に強度が期待出来るのかというと疑問符が付く。ひいては音響特性にも関係してくることなのでなおさら考慮すべき問題である。

以上のことから最終的に言えることは、最新の技術（CNCルーター含め）で作られているものがベストであるとは言い切れないということである。量産するのであれば時間的なコストをも削減するのは当然なので、仕方のないことではあるが、単なる工業製品ではない楽器として素晴らしいものは、やはり時間をかけて作られ、ある程度高額になるのは当然だと思う。

補　記

この本が出版される2018年現在、アメリカの木材乾燥機メーカーがさらなる低コスト化のための設備を供給している（製品名Vacu-Kiln2000）。ギブソン社はかなり以前からこれを使用しているようで人工乾燥に必要とされる時間は、わずか２～３日のみである。方法は材料の入った乾燥設備内を減圧し沸点を32℃程度に下げ、過熱する。これにより材料から水分が短時間で抜け、３日後には加工にまわせるというシステム（筆者が株主もしくは経営側であれば大賛成である）。

なお、インドローズ材については2017年にワシントン条約（CITES）の規制対象となった。この上記２点をとってみても筆者の悪い予感は当たっているようである。また、フェンダージャパンは2015年３月をもって終了したため、今後はロングシャフトの新品シャーラーFキーの入手困難が予想される（写真㊺）。

チューナー取り付けの余談として、1990年代に“P.G.取り付けネジを緩めると音が良くなる”という摩訶不思議な説が出て来たが、これはすべてのパーツ取り付けネジをわずかに緩めると音が良くなるといった説から来ていると思われる。P.G.に関してはオーバートルクでネジを締めると割れてしまうので、適切なトルクで締めなければならないのは当然だが、チューナーやその他のパーツ取り付けに関しては疑問符が付く。25ページを参照してほしいが、確かにこのわずかにネジを緩める方法であれば弦の張力によりチューナーがナット寄りに移動しブッシュにシャフトが密着する。しかしテレキャスターやベースと違い、ストラトの場合はトレモロの動作に伴いチューナーが動くおそれがあるので弊害のほうが大きい。トレモロレスの場合に限っては百害あって一利なしと断定できない説ではあるが、適切な位置に取り付け直しさえすれば、すべての問題を解決出来るので、信頼性という点から取り付け直しを勧める。

また、ネック取り付けの場合では、わずかに緩めるといったことはまったくナンセンスな説である。

現行シャーラーFキー
左．フェンダーUSAショートシャフト
右．フェンダーJPNロングシャフト

コラム　追マサとは【図Z1・Z2】

本文中で追マサの説明が不足しているのでコラムとして述べたい。一般にマサ目と板目はよく理解されているが、追マサの場合マサ目や板目の一種に含めてしまうため正確に理解されていない。アメリカではRift sawnと呼ばれ区別されており、これはその名の通り（Rift：裂け目、割れ目）何らかの理由により木の中心部から外側に向かって放射状に内部で割れが生じているため、マサ目にも板目にも木取りが出来ないことによる。別名Bastard sawnとも呼ばれるので材料としての価値はこの名の通りである。ただし原木の大きさや部位によってはマサ目や板目に近いものもあるので、乾燥状態が良好という前提があれば質として著しく劣っているわけではない。

第3章　ボディ

#1　ボディ塗装剥離

この項の作業については、熟練していなくても慎重さと根気さえあれば大部分の人が行える唯一の作業だと思う。筆者も修理工になる前に一台剥がしてみたことがある。また、今までの顧客の中でも数人の方が自分で剥がした上で修理に持ち込まれたこともある。その中のひとりは、以下に述べる方法と違いひたすらサンドペーパーで剥がされたのだが「一生のうちで一回で十分」と大変な思いをされたようである。まず具体的な説明をする前に以下の写真を見ていただきたい。

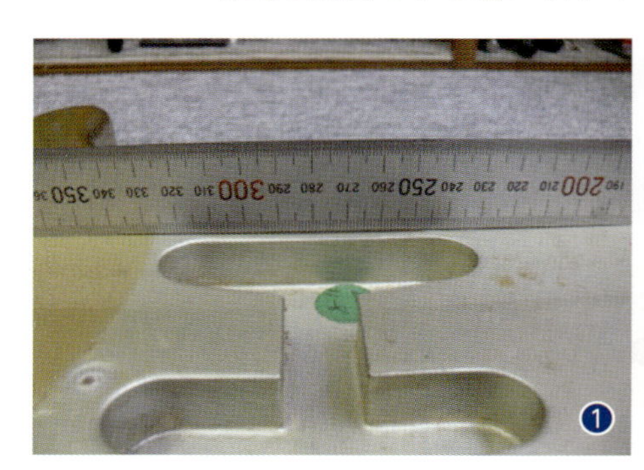

ボディにスケールをあてると、実はストレートが出ていないことが分かる(写真❶、❷)。実際、ソリッドボディでも経年変化で多少の曲がりは確実に出る。お手持ちのストラトでもテレキャスター、レスポールのバック面でも、パーツを外してスケールをあてていただければ、すぐお分かりになると思う。硬いポリエステル塗装で覆われていても曲がったり、2ピース、3ピースボディでも曲がって継ぎ目が塗装ごと口を開けていることもある。さらに外観上、塗装に何も変化がなくても剥がしてみると塗装の下でピースが収縮により離れていた例も存在する(写真❸)。

1979年製コンター部ピース剥がれ

ニカワによる修正

それゆえに楽で早いという理由のみで自動ガンナを使用し塗装を剥離してはならない。結果としてボディが薄くなってしまうという弊害が確実に出る。ストラトの場合、実際のボディ厚は45 mm程度なのだが、外周はサンディングの関係でわずかながら薄くなっている。その上、曲がった部分の一番出ている所から自動ガンナは削っていくので、これを両面繰り返すと平面は出るのだがボディは薄くなるわけである。つまり手作業で曲がりに応じて剥がす方法がベストと言える。

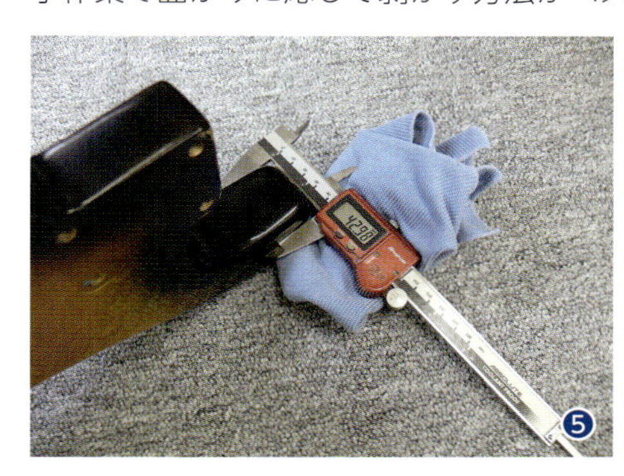

❺

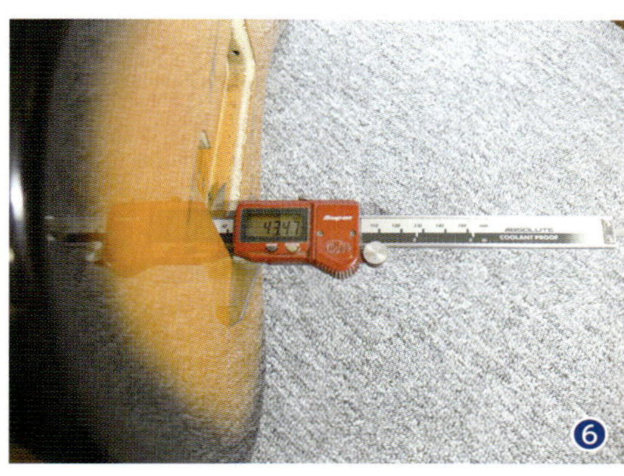

❻

❼

写真❺〜❼のものが自動ガンナを使いリフィニッシュされた代表例。ボディ厚が43 mmほどしかなくトレモロ下の木部の薄さを見れば、かなり削り取られたことが分かる。驚くべきはこれが1961年製であるということで、この作業をした方はギター修理業などやらず、豆腐の角に頭をぶつけたほうが良い。筆者はこの方法によるリフィニッシュを数台見たことがあるが、中でも一番ひどかったものはボディが薄くなったつじつま合わせとして、トレモロブロック上部を削り落としショート化するという犯罪にも等しい行為がなされたものである（写真こそ無いが、ボディ厚が明らかに43 mmを下回っていた）。

さて実際の作業は1976年サンバーストと1979年アニバーサリーを例にとり、ここで使用する工具は写真❽のヒートガンと平・丸ノミである。ネックの剥離作業と違い悪影響が出ないので、まずヒートガンで塗装を温める。ここでの注意点は、ポリエステル塗装の場合ある一定の

❽

❾

温度に達すると塗装が燃えてしまったり、かえって硬化することもあるので、軟化する程度にとどめておく。その上で平面部は平ノミ、曲面部は丸ノミで、削ぎ落とすという感じで剥がしていく（写真❾）。

これは偶然なのだが1976年、1979年ともに塗装の厚みは0.55 mmであった。つまり0.55 mm × 2（両面）= 1.1 mmとなるのでいかに当時の塗装が厚いのが分かる（写真❿）。

❿

また、ヒートガンを使用するときの注意点として、スイッチを切ってもガン先端はかなりの高温になっている。筆者はシャツのソデをまくって作業する癖があるのだが、あるときすっかり忘れていて腕の内側に当たってしまい、ジュッという音がしてさらに焼肉の臭いがしたことがある。やけどの跡が完全に消えるまで6〜7年かかった記憶があるので、

そうならないように注意するか、もしくはやけどしてしまった場合、すぐに水で冷やすことをお勧めする。

さらに面白い例として写真⓫の1976年製オリンピックホワイトの塗装剥離を挙げておく。最初に見たときには単なるサンバーストの上から修理業者がリフィニッシュしたものと思っていたのだが、剥がしていくとサンバーストのブラックとレッドが完全に吹けていない(写真⓬、コンター部)。恐らく塗装中に失敗し、途中でホワイトに変更したと思われる。そのため塗装は何層にも吹かれており厚みは何と0.86mm。結果、剥がした塗装の重みだけでボディは軽くなった気がした(写真⓭、⓮)。

#2　コンター修正

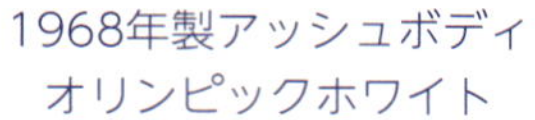

1968年製アッシュボディ
オリンピックホワイト

1979年製アッシュボディ
アニバーサリー

1970年代後半になればなるほど、トップ・バックともにコンターは厚くなっていく。これは1970年代のアッシュ材がかなり硬いため、加工作業時間を含めた簡略化なのだろう。また、これもボディ重量が重いという一因になっている。その上、見た目が1950～60年代製を見慣れているとかなり不格好である(写真⓯、⓰、厚いコンターが好みと言われる方には申し訳ないのだが)。そこでせっかく塗装を剥がすので、追加でコンター加工もやり直す。ここではトップコンターの落とし方を説明しやすくするために新規に製作したボディを使用する(その他はトップ加工 1977 年、バック加工 1979 年）。

⑰

⑱

⑲

まず除去したい部分を線で囲み、タテにノコを入れていく。全体的に切れ込みを入れた後で横方向にノコを入れていき不要部分を切除する。この方法をとると最初からノミで割っていくより時間も短縮出来る上、リスクが少ない（木目によっては必要な部分をノミで飛ばしてしまうことがある）。1979 年のバックコンターは除去する部分が少ないので削る目安としてのノコ目を入れた後、丸ノミで削っていく（写真⑰〜⑲）。

直線を出すためと時間短縮のために３種類のヤスリを使用する（写真⑳）。上はノコヤスリと言われているもので、これは筆者が 20 年以上愛用している日本製（メーカー名シントー）だが最近ではアメリカでも楽器修理・製作用として売られている。中央はドイツ・ラックスブランドの半丸粗目ヤスリで下はスイス・バローベ製（ヨーロッパの工具メーカーはそれぞれが得意としている工具を生産し、それらを OEM するという事情があるのでラックス製がどうかは不明）。ヤスリの半丸の部分は外周アール・ホーン部のヤスリがけのときに便利である。

補記としてボディの木口部分はポリエステルサンディングシーラーが、かなり食い込んでいる場合がある。この部分を除去する場合、すべて手作業で行うとかなり時間がかかるので、筆者は電動工具を使用してシーラーを除去している。写真㉑、㉒のものはアメリカ・デルタ社製（製造は台湾）のスピンドルサンダー。単に回転するだけでなく同時にサンディングドラムが上下にも動き、径も６種類換えられる。さすが、DIY の国アメリカのメーカーのものは良く考えられている。以前は日本のリョービブランドで同じようなものを出していたのだが現在はほとんど見かけなくなった。このような電動工具を一般向けに販売しているデルタ社に感謝するのみである。

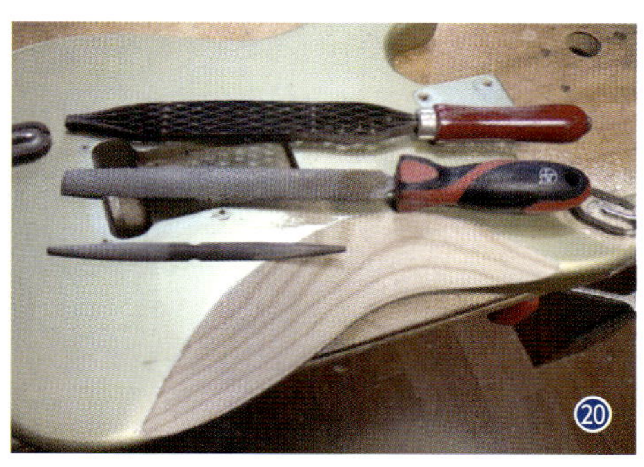
⑳

㉑

#3　キャビティ塗装剥離

前項のまま塗装剥離終了ではプロとして終わるわけにはいかないのでキャビティも全剥離する。通常、リフィニッシュでキャビティまで剥がすリペアマンは皆無と言ってもいいほど面倒な作業なのだが、ナチュラルフィニッシュに変更する場合、P.G. を外した際に前塗装がキャビティ部に残っていると興ざめなのと、オリジナルフィニッシュに限りなく近付けたいがためにどうしても剥がしたくなってしまう。時間・手間（顧客の立場だと料金）ともにかかるが、手を抜くわけにはいかないので以下のように作業する（結果的にこの作業を終える度に毎回、木材はムダになってしまうが、新規に製作したほうが楽なのでは？　と思ってしまうことも多々ある）。

例は 1979 年製アニバーサリー。この年式のポリエステル塗装はあま

㉒

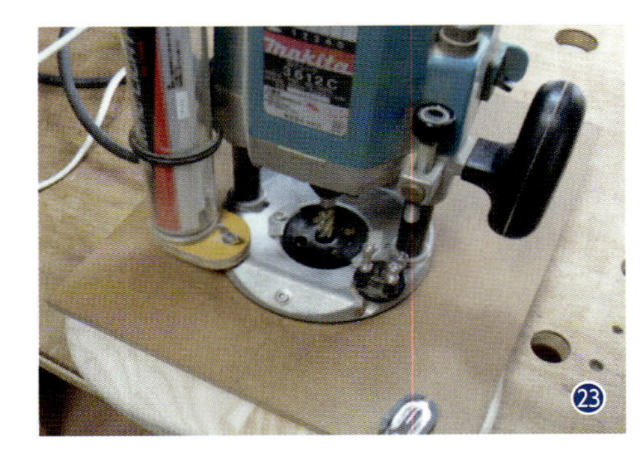
㉓

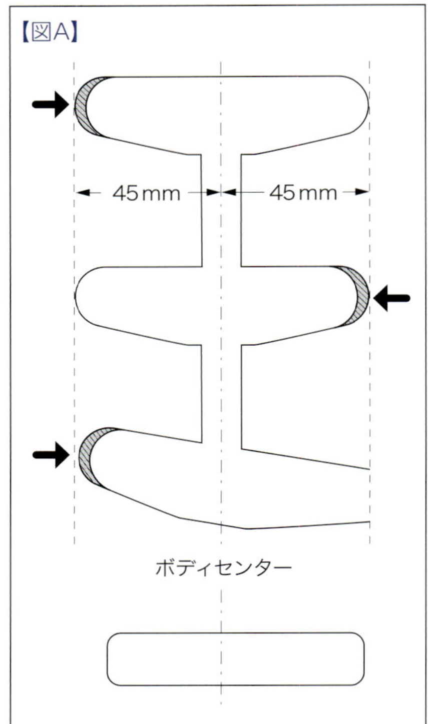

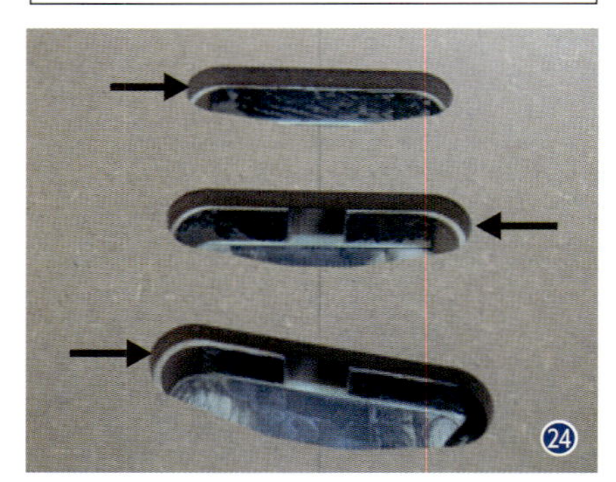
㉔

りにも厚く硬いため、木工用のルータービットを使用するとすぐにビットがだめになってしまうので写真㉓のような金属加工用のエンドミルを使用した。ルーターはマキタ製でスピードコントロールが付いているので、多少回転速度を落として作業する（ルーター・テンプレートについては第４章で詳述する）。その結果、前述のように面倒とか不平不満を述べていたにも関わらず、面白い結果が出たので【図A】と写真㉔を参照していただきたい。

切削するためのガイドとしてのテンプレート（ジグ）は自作のため精度は出ている。このテンプレートは見た目でセットするのだが、センターP.U.キャビティが多少６弦側に寄っているように見えたので、ネックP.U.キャビティとブリッジP.U.キャビティ位置を考慮し、中間にセットし作業した。その結果、やはり図・写真の通り矢印・斜線部分が削れることになった。つまりボディセンターに対するP.U.キャビティの精度が出ていないのである。NCルーターを導入し、人の手を使わずに大量生産するということはコストを下げ、より多くの利潤が追求出来ると同時に市場での価格を下げることも出来、消費者には安く購入出来るというメリットがある。

NCルーターによるボディ加工についてはルータービットの送り速度を速くし、なおかつ一度に深く加工すると、より短時間で加工が終了する。その結果、ビットの消耗度はかなり上がってしまうのだが、これもマシンの回転スピード、トルクが大きければ多少ビットの切れが悪くても（加工跡は荒くなるが）時間的コストは短縮出来る。上記1979年製のようにプログラミング自体がアバウトなのは論外だが、現代的テクノロジーを駆使して量産すると必ずこのような弊害も出てくる。メーカー側のコスト偏重と消費者側の低価格志向というものは時として良い結果を生まないと筆者は思うのであるが。また、なぜ加工プログラムを変更しなかったのかということは、当時のNCルーターはさん孔テープによる動作で、もしこれを変更しようとすれば現在のようにパソコンでデータを修正するという簡単な作業では済まず、テープそのものを作り直すという非常に手間がかかったためと思われる。

1976年以前の手加工ボディとそれ以降のNC加工ではキャビティの形状がまったく異なるので、最終的にはやはりルーターのみではなく手

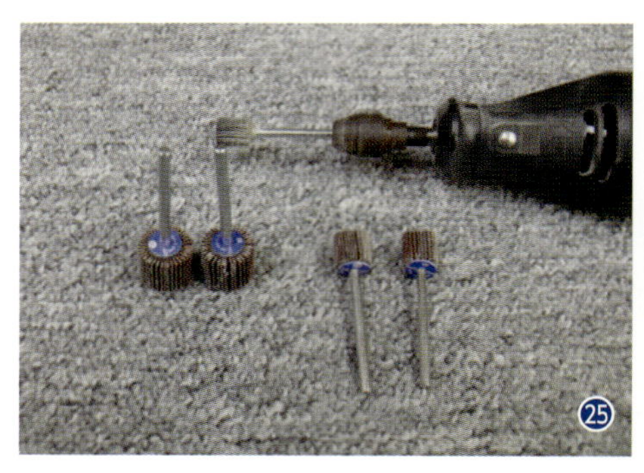
㉕

㉖

作業が加わる。写真㉕のフラップホイールをドレメルに装着し、ノミを併用しながらキャビティ壁面上部のみの塗装を除去していく。その後、トップベアリングパターンビットで、剥がした部分にベアリングをあてながらルーターで作業する（写真㉖）。丁寧に作業すれば写真㉗〜㉞のようにポリエステル塗装はすべて除去出来る。

1976年オリンピックホワイト

1977年ナチュラル（P.U.キャビティ・ネックポケット改造）

1976年サンバースト

1979年アニバーサリー

㉟

#4　サンディング

新しくボディを作った場合は平面が出ているので割と大きめのメイプルのブロックをサンディングブロックとして使用するのだが、前述のように多少なりとも曲がったボディには写真㉟のようなボディサイド・アール部分にも使えるものを自作する。これはメイプルにスウェードを貼ったもので、裏のり付のサンドペーパーを容易に剥がせるだけでなく適度な柔軟性を持たせることが出来る。基本的にはサンディングは#120→#320という番手で、木目に平行にペーパーをかける。木口部分は力を入れ過ぎるとペーパーのキズ目が残りやすいので、#120である程度サンディング出来たら軽めにペーパーをかけていく。なお、ナチュラルフィニッシュの場合、サンバーストやオペイクと違い、この木口部分が見えてしまうので、特に入念な作業が必要となる。また、ライトのあて具合でもキズ目の見え方が多少違うため、時間をかけて丁寧に作業する他ない。材質としてはアルダーの場合、木質が割と均一なのでやりやすいが、アッシュとなると少々難しい。特に軽いアッシュは硬い部分と軟らかい部分が交互に存在し、不用意なサンディングでは凹凸になりやすいため、特にアールの部分が一番難しい。慣れるとブロックを使わずともペーパーを折りたたんだ状態で段差なく仕上げられるのだが、最初は上記ブロックを使ったほうがうまく仕上げられると思う。その他の注意点としては常識だが、作業前によく手を洗うということである。

#5　ボディ材と構造

第４章でいよいよ組み込みに入るが、この章の補記としてボディ材と構造について述べたい。1950～70年代を通じてボディ材は主だったものでスワンプアッシュ(ライトアッシュ)、アルダー、アッシュと変遷していく。P.U.と弦を除くと音に対する影響でもっとも大きいのはネックなのだが、各年式をそれぞれ弾き比べると、ボディ材の違いも確かに影響を与えていることが分かる。これは重量の違いだけとは言えない部分でもある。また、アルダーでも軽めのものもあれば、多少重めのものも存在する。加工生産性が一番良い材はアルダーなのだが、実は以下の問題点がアッシュと違い出る場合がある。1960年代中頃までのストラトで、弦高を下げようとしてブリッジサドルを下げきってもまだ弦高が高すぎることの説明として、ネックの元起きという風に説明されていることが多い【図B】。一般に長年弦の張力を受け、ネックハイポジション部が多少曲がり、横から見るとヘッド側が以前より矢印のように高くなったからだと説明されている。ネックを作る上での元の材料の厚みは1960年代初期までのものは、それ以降のものと比べて確かに微妙に薄い【図C】。

推測するにメイプルにローズ指板が貼られるようになり、徐々に元の材料自体が厚みを増していったものと思われる(実際に全体で0.6mm～0.8mmとはいえヒールからグリップ部の剛性は確実に上がる)。これに対応してネック

【図B】

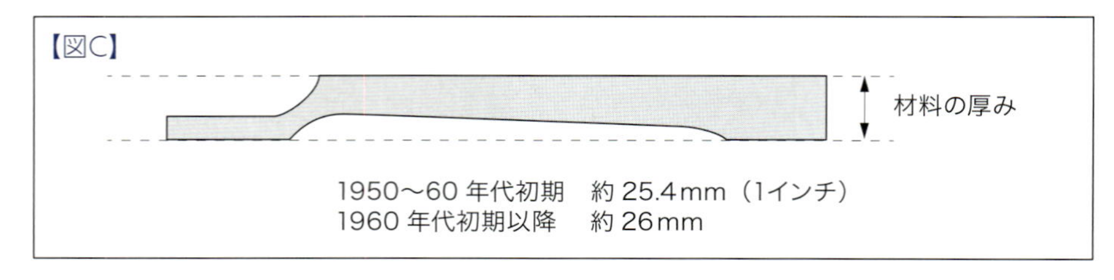

ポケットは深さを増していくのだが、個体差・加工精度の問題もあり、1970年代のマイクロティルトへ移行していくのは容易に理解出来る。また、それ以前でもネックポケット奥に対策としてスペーサーが挟まれていることも補足説明として成り立つ。ここで前述の元起きの問題について述べると、実は一般に言われているようなヒール部での曲がりはあまり多くない(ベースは除く)。1960年代のジャズマスター・ジャガーを複数台修理して気付いたことなのだが、ネックはどのギターを見てもほとんど変化していない。しかしブリッジ・サドルは下がり、サドル上の弦のプレッシャーも非常に弱く、かなりのいわゆるテンション不足が起こっている。しかしながらネックポケット奥には厚みのあるスペーサーが入っている。現物を注意深くみると【図D】の通りとなる。つまりネックポケットごと起きていることがすべての原因であり、ボディのアルダー材自体が長年の弦の張力で変形しているのである。このことを当時のフェンダーが認識していたかどうかは不明だが、コスト・加工性に優れているアルダーの使用をやめ、わざわざ加工性の悪いアッシュに変更したことは上記のような理由も一因になったのかもしれない。結論として巷間言われているように、重いアッシュボディは良くないという評価が正しいとは言えないという証明でもある。筆者の私見では重いアッシュ材にも利点があり、それによるトーン同様、機能を果たしていると思う。

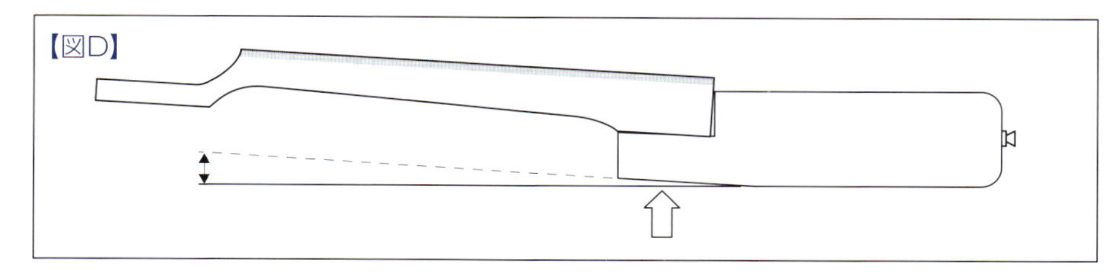

最後にオマケとしての補記である。前述1960年代初期のジャガーのサドル上プレッシャー不足を補うための改造が写真㊱〜㊳の通りとなる。

本来はボディを新規に製作し、ネックポケットに角度を付けることにより100%の性能を保証することがレストアにおける修理工たる務めなのであるが、バイオリン修理の世界と違いオリジナル状態であることが重要視されている。ちなみにオールドバイオリンの修理・レストアでは指板はおろかネックですら初期性能回復のために交換されることが常識となっている。オールドギターのリセールバリューということを考えるとパーツの変更どころかボディの差し替え、ネックの作り直しなどはアウトとされているのが現状である。数百年経たバイオリンと数10年しか経ていないオールドギターでは比べることに多少無理があるのかもしれないが、今後の修理・レストアのためにどうしても一言述べたい点として、レオ・フェンダー氏の基本設計は、ボディもしくはネックがダメになった場合にすべてを作り直すことなく、差し替え可能としたことこそが革命であると筆者は思う。ダメになったボディもしくはネックを後生大事にありがたがり、使用に無理をきたすようになってもフルオリジナルといって評価することを、レオ・フェンダー氏は良しとしただろうかと考えざるを得ない。

さて前述の改造方法であるが、ブリッジサドル上のプレッシャー不足による弦の横ずれを防ぐために、ゴトーガット社製のブリッジにフェンダージャパン製の脚部を改造して組み合わせたものである。

この改造方法であれば通常の使用に全く問題もなくリセールバリュー(?)も保てる。出来ればジャズマスター・ジャガー用としてパーツメーカーに製造してもらえると、筆者は相当楽が出来る(あまり売れるとも思えないのだが)。

㊱

㊲

㊳

コラム　ドレメルについて

39

1990年代製日本向け100V仕様、モデル395タイプ5(マルチプロチャック)とそのプロトタイプ(コレット方式)。

ハンドドリルと違い、手のひらに収まるのがドレメルの特徴で、垂直を保ち穴あけをしやすい。また、穴あけだけでなくスピードコントロール機能があるので、先端工具やオプションを使用すると木材の加工・サンディングのみならずプラスチックや金属にも使用出来る。

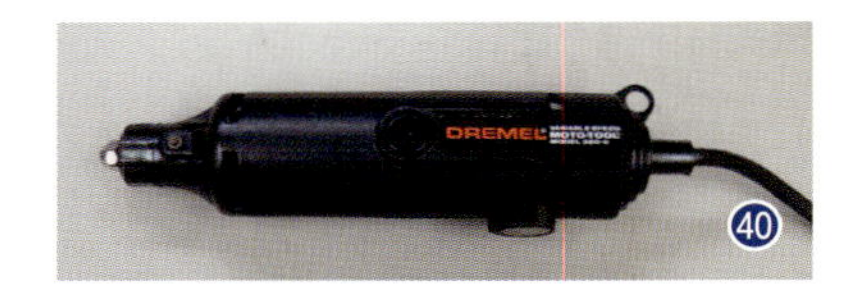

40

1980年代製の旧々型モデル380-5。これは117V仕様しか存在しないので、日本で使用するにはステップアップトランスが必要(100Vではトルク不足)。なお、スピードコントロール部はCTS社のポットが使われているので大体の年式が推測出来る。

写真39は筆者の愛用しているモデル395タイプ5という1990年代の旧型のもので、これなくしてはギター修理はやりたくないというほど手に馴染んでいる。筆者は20年以上スナップオンブランドを始めアメリカ製のハンドツールを使用しているが、1980～90年代のアメリカ製工具は世界でナンバーワンと言ってもいいほど素晴らしいクオリティだと思う。

1980年代製のドレメル(写真40)は3パターン(1/16，3/32，1/8″)の軸径のビットが使用出来る。1990年代製ではこれに加えてマルチプロチャックが追加され1/8″(約3.2mm)以下の軸径であれば何でも使用出来、さらに作業の幅が広がったということはさすがという他なく、このシステムを考えた方とメーカーに非常に感謝している。

しかしながらマルチプロチャックは1980年代製のものでも付くには付くのだが、チャック底部が本体に底づきしてしまいチャックのツメが完全に締まり切らない。読者の中にはこの旧々タイプを愛用されている方々が少数ながらいると思うので、以下にその改造方法を述べる。

41

1. チークの丸棒を加工し、チャックにねじ込みツメを出していく(写真41)。

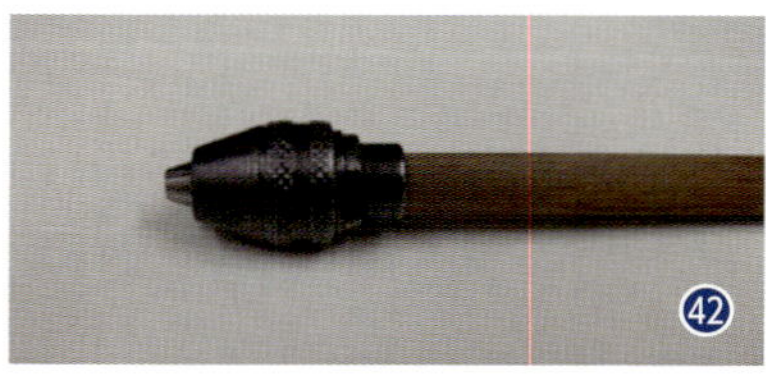

42

2. ツメを完全に出し、チャック底部でチークを切断する(写真42)。

43

3. 埋木ごとチャック底部をグラインダーで削り、その後埋木を外す(写真43)。次ページ写真45のピックツールなどを埋木に引っかけて回していくと簡単に外せる。

4. 写真㊹左が未加工のチャックで、右が加工済みのもの。これによりチャックが底づきすることなくツメが完全に締まる。なお、ドレメル本体を加工してチャックを純正のまま使用するという方法もあるにはあるのだが、作業内容が難しいことと失敗した場合取り返しがつかないので1～3の方法がベストだと思う。

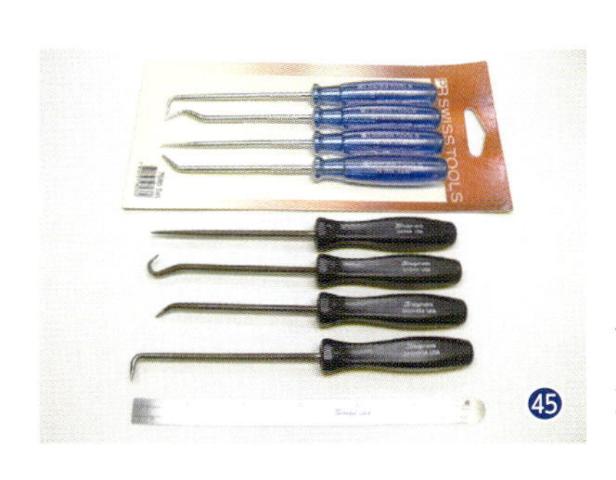

使用工具　ピックツール各種
上. PB社製
下. スナップオン社製

さらにネットオークションなどの中古市場でたまに見かけるジャンク品として、1980年代製で本体を吊るすための部分が破損しているものが売られている。これはアウターシェルの片方のみにこの部分が成型されているためで、両方に付いていれば強度的に多少ましになったと思われるのだが、これは次の方法で改良出来る。

写真㊻、㊼の通り現行パーツを流用して付けてしまえば簡単である。しかし純正パーツは鉄製のものゆえ、サビてしまうので筆者は3/32″(2.38 mm)のステンレス棒を金属加工会社に曲げてもらった(日本ではこの規格のものは存在しないので材料を特注した)。
結果として1980年代のオリジナルデザインのものより、こちらのほうが使いやすいために破損していないにもかかわらず、これを除去して2台ともステンレス製のものに変更した。

第4章　組み込み

#1　ネック取り付け

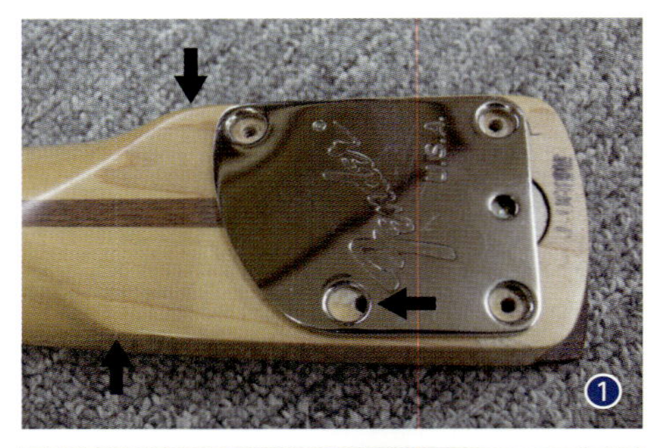
❶

❷

第2章の1978年製ネックで3点留めの説明を書いたが、ここでは基本的な4点留めを通じて説明したいと思う。まずその前にネック取り付けがかなりアバウトな状態の失敗例を左の写真で説明したい。

現行の某アーティストモデルで、ネックセットプレートとネジ穴の位置がまるで合っていない(写真❶)。ヒールからグリップ部への加工が1弦側のほうがヘッド寄りになっていることはさて置き、ネックポケットにはセンターずれを避けるために紙らしきものが折りたたんで挟まれていた(写真❷)。ネックセットがおかしいということで筆者の所に持ち込まれたものなのだが、修理の際にネックを外したときにセットスクリューがかなり斜めに抜けてきたので驚いたと同時に、あまりのつじつま合わせに呆れ返った。ただブリッジ位置は正しかったので、ネック取り付け穴を埋めてあけ直し、写真のようにネックポケット側面にメイプル突板を接着後、整形という方法で修理した。

このことでも分かるように、適切にネックを取り付けないとトラブルは必ず起こる。

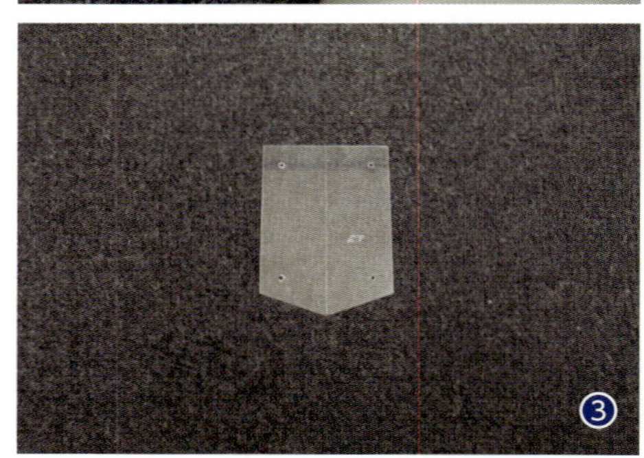
❸

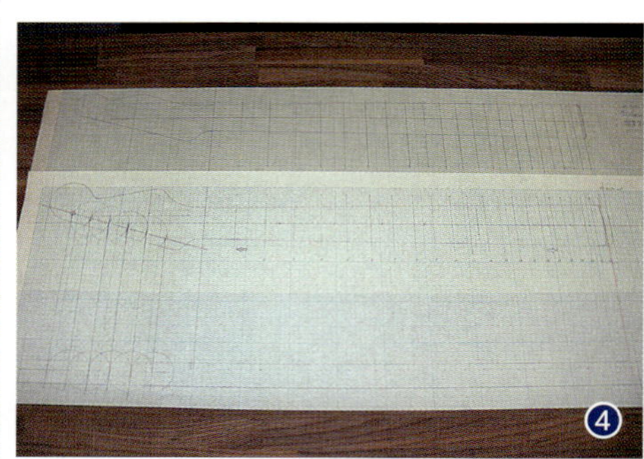
❹

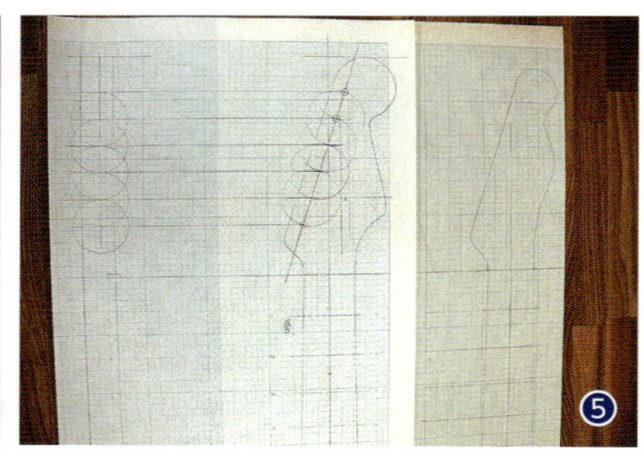
❺

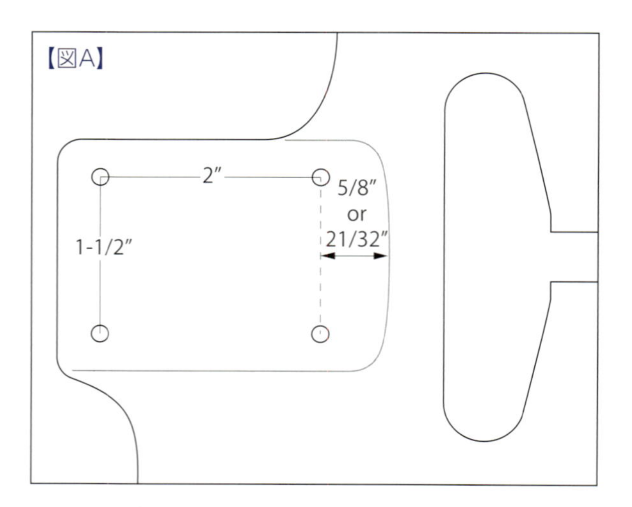

そこで実際の作業の下準備として写真❸のようなジグを作るために図面を方眼紙に起こしていくが、【図A】の問題が存在する。

基本的に点線部からネックエンド部まで5/8″なのだが(ポケットの深さも同様5/8″)年式によってこの距離に多少の違いがあるため、ネックの互換性に問題がある場合がある。実際に測ってみると21/32″(0.65625″)となり、5/8″(0.625″)との差は0.03125″つまり0.79375mmの差になる。たかだか約0.8mmの差と言われるかもしれないが、これは気になるので修理の際はネック側の穴埋めをし、マジックペンなどでネジ先にインクを付けポケットに通し、ヒール部にマーキングする。マーキング後にそのままボール盤で穴あけをせずに上記ジグをヒール部にあて、再チェックした後に穴あけをする(ボディ側の穴がルーズかもしれないので)。なお、このときにボディ側に不具合が存在する場合もあるので、右の【図B】で説明する。

一般的なボルト・ナットに例えるとネックセットのスクリューがボルトで、ネック側がナットになっているわけであるが、このときボディ側もナットになっていることがある。その場合、セットスクリューを締め込んでいってもネックが完全にポケット底部に密着出来ないということが起こる。これはいわゆるダブルナットと呼ばれるもので、非常に良くない構造である。理想的なセット方法としては、ボディ側の穴を多少拡張し、セットスクリューが指で押して入っていく程度の穴径にすればネックは確実に密着する。しかしこの穴がルーズになり過ぎるとネックの保持力が不確かになる上、ボディ材の種類・硬度によっても穴径は多少違うため、よく注意して慎重に作業する。

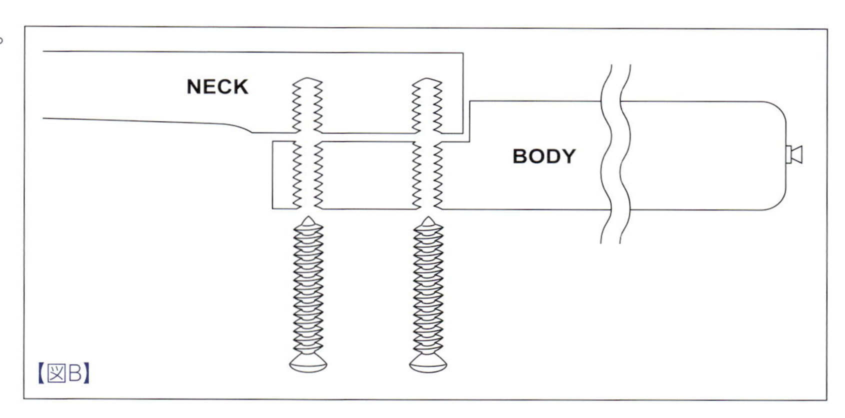

【図B】

ルーター加工後のネックポケット

新規ネック取り付け後

補足説明として特殊作業例の写真❻、❼を参照していただきたい。

最初に付いていたネックは幅が広くヒールの厚みもあったため、フェンダースタイルのネックを取り付けしようとすると、かなり無理がある。この場合ネックポケットをすべて埋めてから再度ポケットをルーター加工する。このとき第１章で述べたように図面とジグがあれば理想的な作業が行える。なお、３点留めの取り付け作業は＃２の最後で写真を追って説明する。

#2　ルーター加工・テンプレート製作・改造

マキタ製ルーター3612C

日立工機製ボール盤B13SH(写真❾❿)

この項ではレストアの範ちゅうを外れてしまうのだが、修理に必要な場合もありルーター（写真❽）の説明とそれに伴う改造例を併せて述べる。ギター修理を仕事にする上で絶対に必要とされる電動工具としてルーターとボール盤（写真❾、❿）が挙げられるが、読者の中でこの作業をしてみたい、もしくは将来仕事にしてみたいという方もいると思うので、以下ルーター加工の説明と1977年製での改造例を述べる。ボディとしては1976年以前のオーバーアームルーター(ピンルーター)加工と違い量産のNCルーター加工のものなので、オールドを改造するという大それた行為に該当しないため、顧客からの依頼を引き受けた。依頼内容はハードテイル(トレモロなしのもの)からシンクロナイズドトレモロへ変更と、ネックジョイントを3点留めから4点留めへの変更であったのだが、理由をたずねると、ポケット内でネックがずれる点とマイクロティルトを使用せず、オールドのようにスペーサー無しでネックを取り付けたいからとの旨であった。実際にマイクロティルト初期の1972～73年頃の3点留めを見るとマイクロティルトを使用しなくても良いギターが存在し(つまりネックポケットがその後のものより浅い)ネックポケットさえ広くなければ十分なので3点留めのまま改造することにした。

実際の作業の前にルーターの説明となるが、より小さいトリマーという木材加工のための電動工具もある(写真⓫)。大は小を兼ねるという言葉もある通り、筆者としてはパワーの大きいルーターのほうを勧める。ルーターであれば基本的に12・8・6mm径のビットが使用出来、コレットコーン・コレットスリーブ(写真⓬)を変更すれば1/2・3/8・1/4"のビットも使用出来る(パーツリストには存在しないが輸出用でメーカー純正として存在する)。また、アフターマーケットパーツでは12mm→1/4″などのサイズ変換用の特殊なスリーブもある。さらに金属加工用のエンドミルを使えばP.G.のセレクタースイッチ取り付け加工に1.5mm径のビットが容易に入手出来、美しく仕上がる。

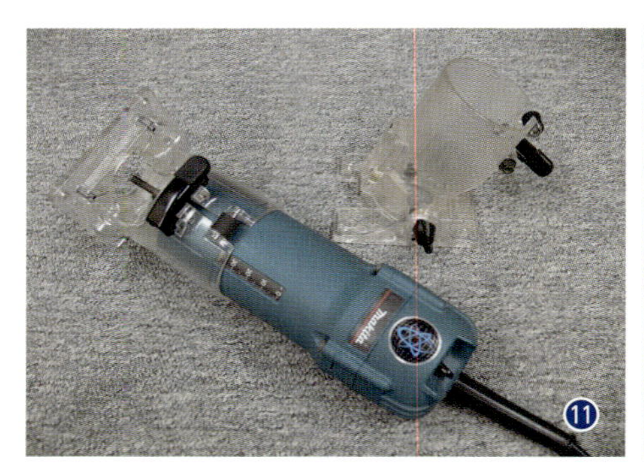

⓫ マキタ製トリマー3707FCと切削角度可変用ベース

⓬ 左からルーター用コレットナット、コレットコーン、コレットスリーブ

⓭ 左から旧型3612C、現行RP2301FC

筆者の使用しているルーターはマキタ社製3612C(旧モデル)でビット交換の手間を省くなどのために3台あり、それらすべてに作業灯を改造して付けてある。現行モデルのRP2301FCは複数カ所改良されており、素晴らしいルーターでLEDライト付となっているが、残念ながらルーターが作動しないとこのLEDが点灯しない。LED用の電源を別で引き、専用のスイッチを付けて商品化してくれればもっと良かったが、筆者の慣れの問題もあり旧型をずっと使用している(写真⓭)。

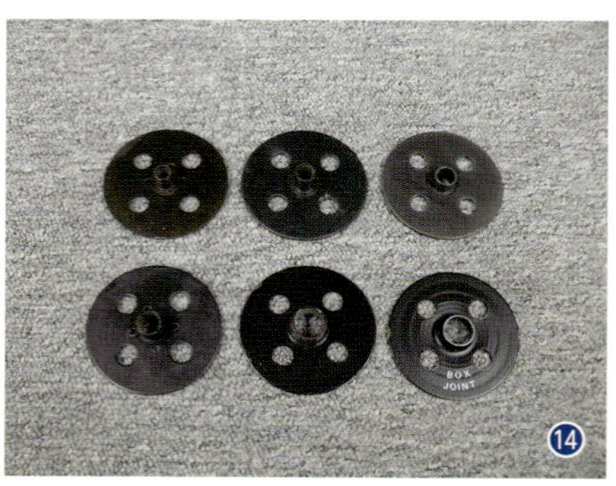

⓮ テンプレートガイド各種

ルーターでキャビティを加工していく仕組みは【図C】の通りである。テンプレートガイド(写真⓮)をルーターに取り付けし、自作のテンプレートをクランプや両面テープなどで材料に固定し、ビットを段階的に下げながら加工していく(これをプランジ加工という)。テンプレートが加工面積より大きい理由はテンプレートガイドが介在し、クリアランスが必要となるためである。なお、文字だけで説明するとかなり無理があるので、ここで加工例として1950年代のレスポールのP.U.キャビティ用テンプレート設計と製作、施行を写真で追って説明する。作業内容はP90→ハムバッキングP.U.への変更である。

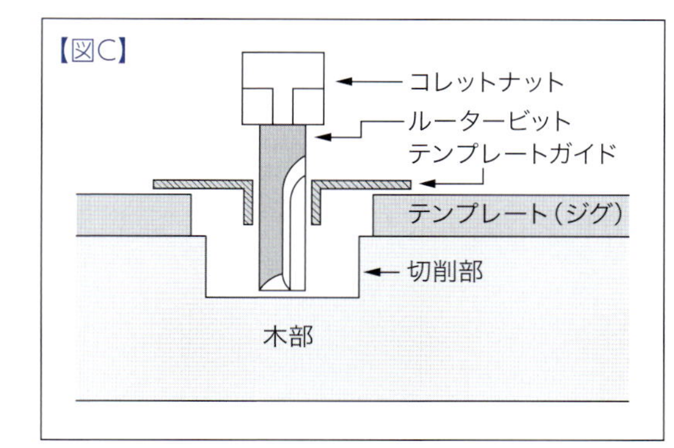

⓯

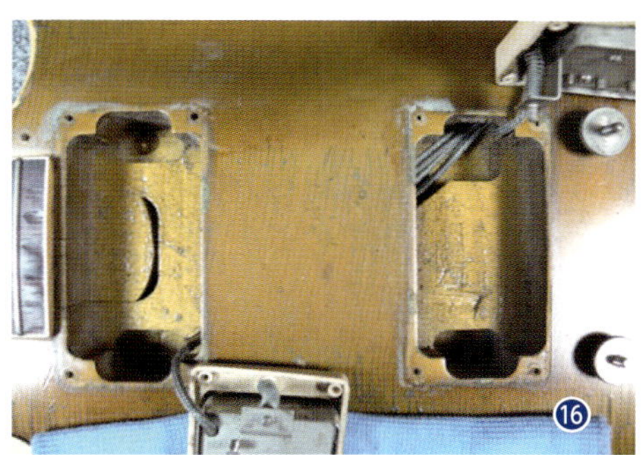
⓰

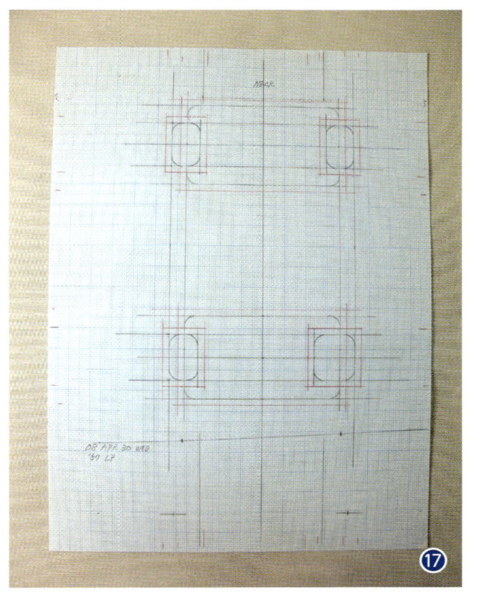
⓱

まず1957年PAFファーストイヤーのレスポールを用意する(実はこれが一番難しかったりするのだが)。P.U.を外して石摺りの手法で型を取り、ノギスで幅・深さを計測する(写真⓯、⓰)。

当時のギブソンは3/8″(9.525 mm)のルータービットを使用しているが、筆者はメトリックのほうが慣れているのでここでは10 mm径のビットで加工すると仮定し、テンプレートの設計をする。結果として3/8″でも10 mmでもキャビティ四隅のアールはほとんど変わらないので、この方法で行った。もしどうしても3/8″で加工したいのであれば、テンプレートガイドを金属加工会社に発注する方法もあるが、実際現在のアメリカでは10 mmを呼び径3/8″としている場合もある(写真⓱の黒い線が実寸で、赤い線がテンプレートのサイズ)。

⓲

⓳

標準的な1/2″(12.7 mm)のルータービットを使用せずわざわざ3/8″のルータービットを使用していることからも分かるように、オールドギブソンのP.U.キャビティは後年のものに比べると非常にタイトであり、かつ弦に対してP.U.が平行になるようにキャビティそのものに角度がつけてある(ネックセット部同様)。これをハンドルーターで再現するために写真⓲、⓳のような複雑な加工となる。なお、テンプレートの材質として筆者はMDF(圧縮材)を使用している。理由としては加工するギターに傷を付けないためと、わずかに変形してしまったボディに対しても対応出来るからである。

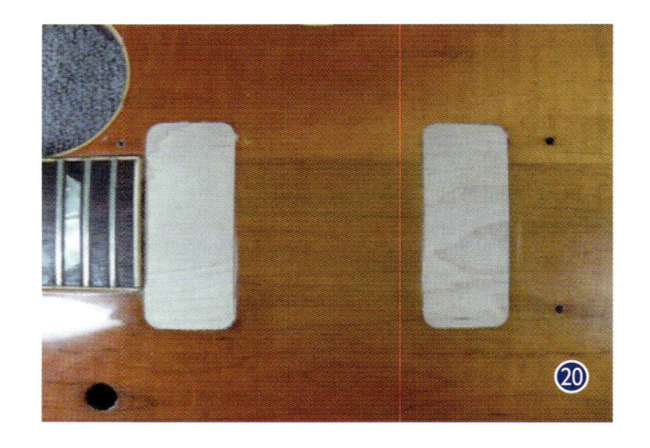
⑳

作り方は、このMDFにセンターを出した上で方眼紙の設計図を固定し、図の外側で加工していく線を極細のペンで書き入れた後に方眼紙を外し、外側の線をつなぎルーター加工の目安とする。なお、テンプレートをルーター加工する際は、最初に書いた外側の線に合わせてルータービット刃先をセットすると精度が出せる。

注意点としては、このとき必ず手書きの図面で上記作業を行う。コピー機でスキャンした図面はその性質上、確実にゆがんでしまうからである(つまり本当の意味でのコピーにはなっていない)。

改造する1950年代のP90レスポールであるがオリジナルを保っている場合、このような改造をすることはあまり勧められない。アメリカの文化的遺産という側面もあるので、もし行うのであれば程度が良くない場合のみ許されると思う(ネック折れを不適切な方法で直されている、バインディングがオリジナルに適合していない材料で交換されている、オリジナルフィニッシュではない等々)。

実際の作業に入る前にキャビティを埋めるのだが、接着性の問題があるのでキャビティ壁面の塗装をドレメルにフラップホイールをつけ、すべて除去した上でメイプルで埋める(写真⑳、第5章参照)。

㉑

㉒

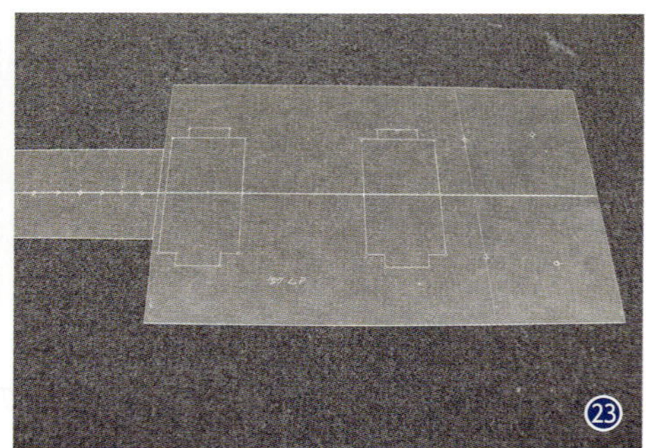
㉓

文章で説明するより写真㉑、㉒を見てもらったほうが早い。P.U.のベース部分を最初に加工し、その後で脚部を加工する。2枚のテンプレートを同じ大きさにして位置をシンクロさせたのは作業精度を出すためである。なお、ボディトップ面上の位置出しは設計図を基にした透明の塩ビジグを製作しておく(写真㉓)。

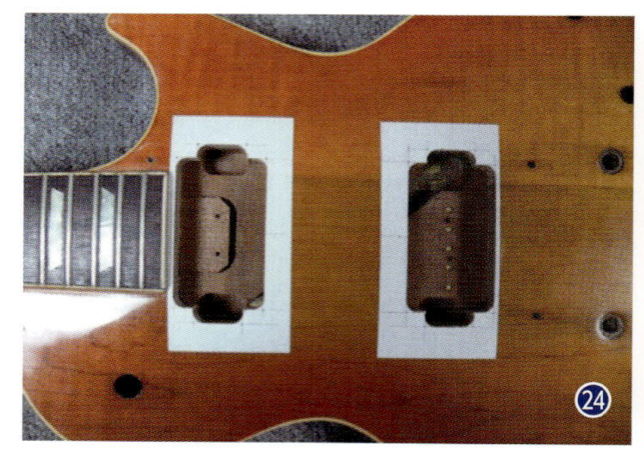
㉔

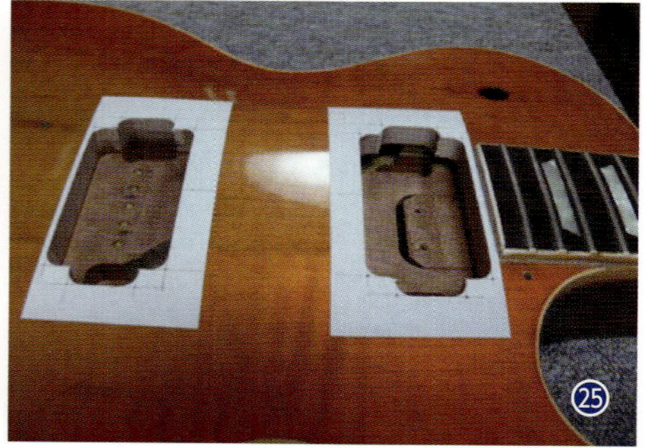
㉕

写真㉔、㉕の通り出来上がった状態で分かると思うが、プリンターに使用する薄いのり付ラベルを使い位置をマーキングしている。弱粘着から強粘着のものまで数種類あるが、弱粘着のものを使うとジグをクランプしている際にずれることがあるので中～強粘着のものを使用する(剥がす手間はかかるのだが)。なお、作業台はヘッド部を当てないためにギブソン用にマックツールのロールカートを改造したものである。

補記として、P90→ハムバッキングP.U.の1950年代改造レスポールで筆者はこのような加工を見たことは100％無い。丸棒を加工してエポキシで接着し、エスカッション用のネジが取り付け出来るようにした上で、悪い意味で適当にトリマー加工されたものがすべてである。見えない部分とはいえ機能性でオリジナルに著しく劣る上、作業者のプライドと技術をまったく感じられない仕事はチープという他ない。

最後にルーターを使用する上で一番重要なことは自分の安全を保つことと、不良加工によりギターをダメにしないことである。ビットは毎分２万回転以上で回っているため、何か失敗すると自分にもギターにもかなりのダメージがある。それゆえに取説をよく読み理解の上使用し、理解を深めるためにも木工加工に関する本も存在するので一読されることをお勧めする。また、数百万〜数千万円もするギターを修理するのであれば自己責任では済まないこともあるということを肝に銘じるべきである。なお、ルータービットについては残念であるが、アメリカ製・日本製のものはかなり生産されなくなってきている。筆者はマキタブランドの替刃式を使用しているが、これよりも長いビットが必要になった場合があり、替刃式で10 mm φと12 mm φをマキタに特注した。メーカーサイドがこのリクエストに応えてくださったことに非常に感謝するのだが、今後楽器修理を志す方は高品質のビットを入手するのに苦労されると思う。さらに写真㉖の通り多様なサイズ（インチ、ミリ、６mm φ以下のエンドミル）、形状があるために相当の出費になってしまうのは仕方がないにしても、金を積んでも良質のビットが入手出来ないという事態は非常に残念である。例として５mmか13/64″のアップ・ダウンカット問わず先端Ｕ溝ソリッドカーバイト製、欲を言えばロウ付け２枚刃木工用ロングルータービット。恐らく、現在地球上で製造しているメーカーは皆無であろう（何に使うのか分かる人には分かると思う）。

㉖

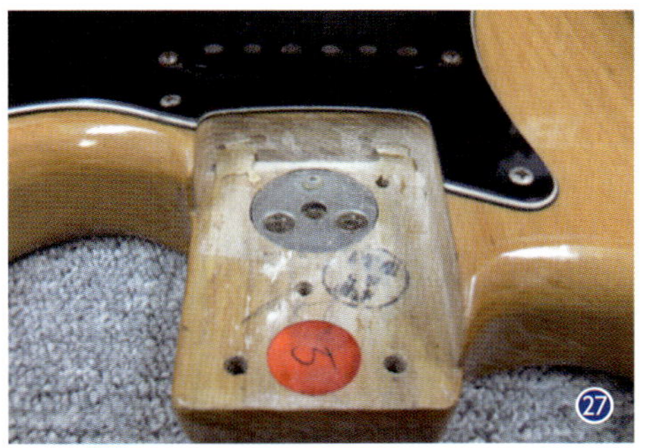
㉗

以上をもってルーター・テンプレートの説明とし、以下1977年製の改造作業を写真を追って述べる。

写真㉗の通りネックポケット奥にはドラフティングテープが残っているのが分かる。これはマイクロティルト部が塗装されないためのマスキングの残りと思われるが、不思議なことにポケット奥壁面は塗装が乗っておらず、かつテープを貼る前に手作業で荒く削った跡も見えるため、何をしようとしていたのかは不明である。その割にはポケット底面１弦側に多量のポリエステルが残っており、それによりネックヒール部がへこんでいる。推測するに当時のフェンダーはよほど忙しかったのだろう。

㉘

㉙

塩ビの自作ジグを使用し適切なネックセット位置を割り出すとポケット６弦側に隙間が出来るので、アッシュ材の突板を加工し接着する（写真㉘、㉙）。

㉚

㉛

アッシュの板材を自在錐(ぎり)を使い真円に抜き、マイクロティルト部に接着(写真㉚、㉛)。

㉜

㉝

トレモロキャビティをルーター加工する前にあらかじめトップ面より12.5 φのドリルビットで穴をあける(写真㉜)。このときドリルビット先端部のみを1か所だけバック面に貫通させ、その小径の穴を利用しバック面から穴をあけ貫通させる(写真㉝・塗装のチップがこれにより防げる。注意点としてはフェラル取り付け跡をドリルセンターにしてしまうとブロックキャビティがネック側に寄ってしまうので、この手順を順守すること)。

なお、このドリルビットは先端部加工を自分で行ったものでグラインダーとドレメルで加工する【図D】。矢印の部分を多少落としておくと被削材にバリが出るのを防げる。

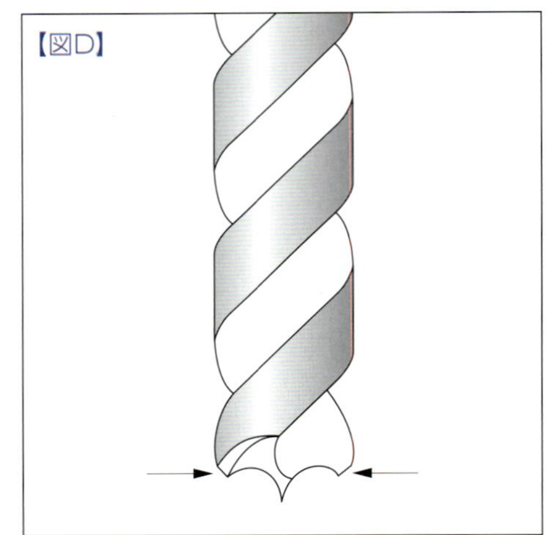
【図D】

新規製作用のテンプレートを使用してボディトップ側のキャビティをルーター加工し、その後ネックポケットの平面を出すのだが、このときテンプレートガイドにアセテートテープを巻き、実際の加工面積より小さく加工する(ポケット壁面にビットが接触するのを防ぐ)。なお、ボディ下にある白い紙はボディの曲がりを補うためのスペーサー(写真㉞)。

バック面にあけた12.5 φの穴からボトムベアリングパターンビットを使用し、ならい加工をする(写真㉟)。

バック面キャビティを加工する前に前述のドリルビットで穴をあけておくとルーター加工が多少楽になる(写真㊱)。また、ルータービット本

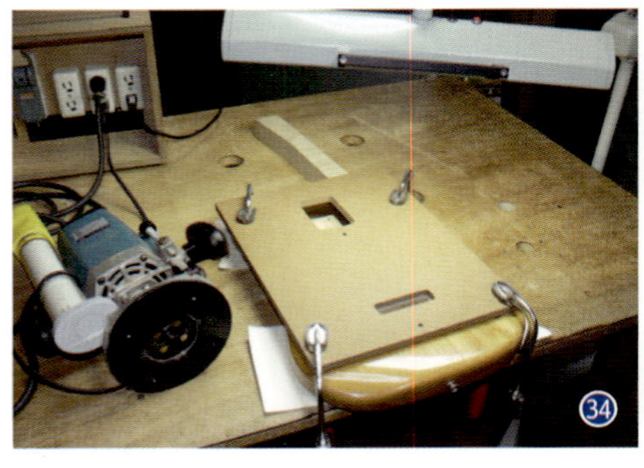
㉞

㉟

㊱

㊲

㊳

㊴

体の加熱によるダメージも防げるのだが、木屑ではなく木片がルータービットにより削り飛ばされ、ルータービットにヒットすることを考えると、結局大差ないのかもしれない。ジグは見た目で２回セットするが（トレモロブロック用・スプリング用）写真㊲～㊴で分かる通り、ペン書きの真下を加工出来ており、上下の加工段差も無い。このように熟達すると1/100 mmレベルでジグをセット出来るようになる。ただし同様の作業を１年中行っているとかなり目に負担がかかる。

㊵

㊶

ルーター加工により接着部分も含めてフラットになった底面（㊵）
加工出来ていない部分はノミを使用し切削する（㊶）

㊷

㊸

アッシュ材を加工し接着

整形後のネックポケット

写真㊹のようにネジ穴を埋めた後、マイクロティルト部品を適切な位置に取り付けし直し、このボルトのみでネックを仮付けする。その上でセットスクリューにインクを付けマーキングする（写真㊺）。

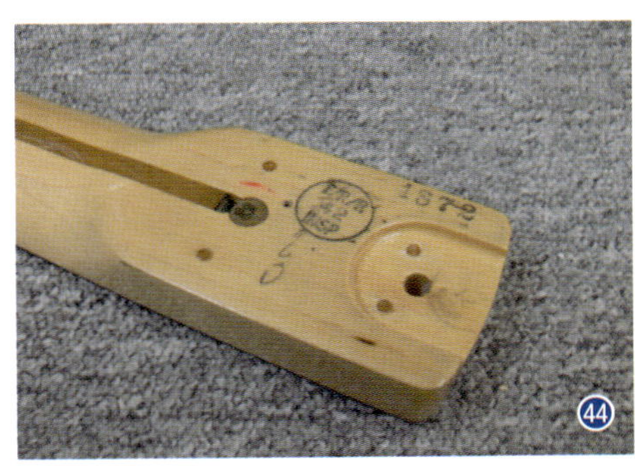
㊹

㊺

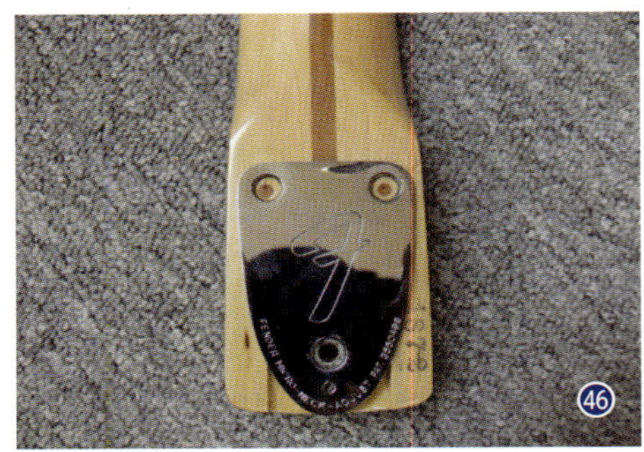

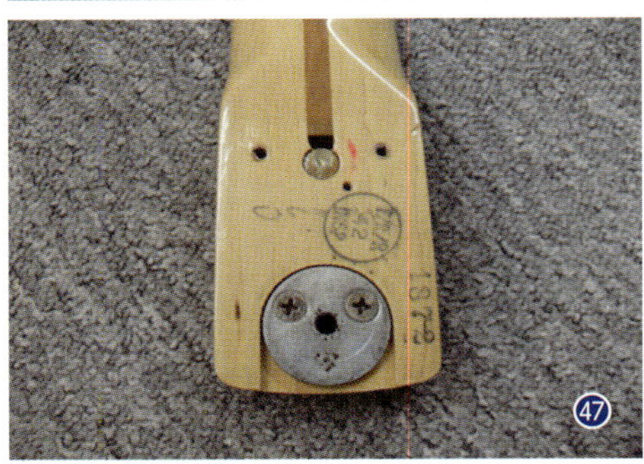

マーキング位置を信用するのではなく、セットプレートをあて修正の上、穴あけをする(写真㊻、㊼)。

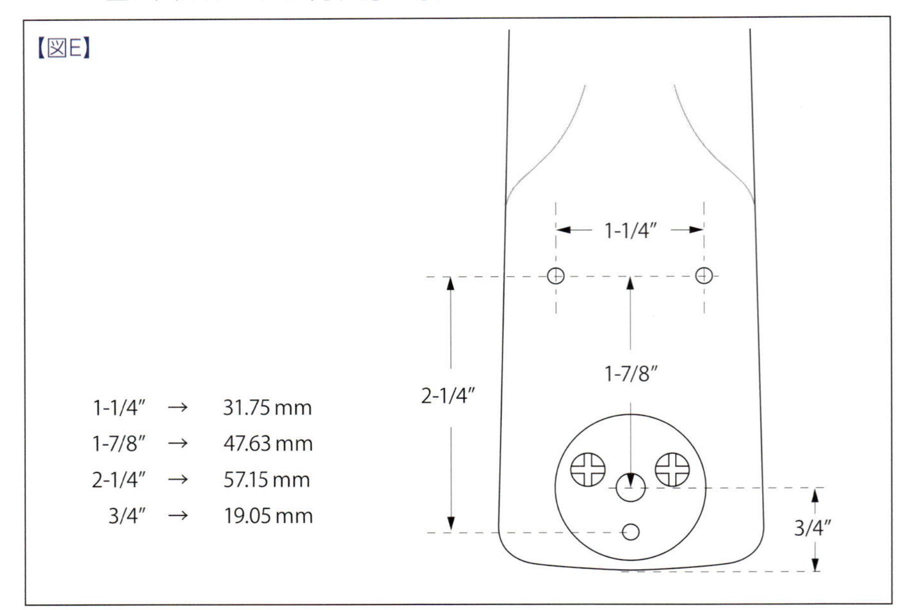

なお、上のボルト穴位置の【図E】は公開されていないため、筆者が起こしたものなので参考までに。

写真㊽の通りポケット奥壁面にネックが密着し、ネック取り付け終了。その後ブリッジ、P.G.を取り付ける(写真㊾、㊿)。

最後にルーター加工時のテクニックとして、筆者は絶対に両面テープでテンプレートとボディ本体を固定せず、必ずクランプを用いて固定している。これは万が一、両面テープがずれた場合、確実に失敗に終わるからである。そのために写真をもう一度見なおしてもらえば分かると思うが、作業台を加工している(46ページ写真㉞、㉟)。

#3　シンクロナイズド トレモロ取り付け

この項ではボディセンターとの兼ね合いもあり、新規のボディで説明

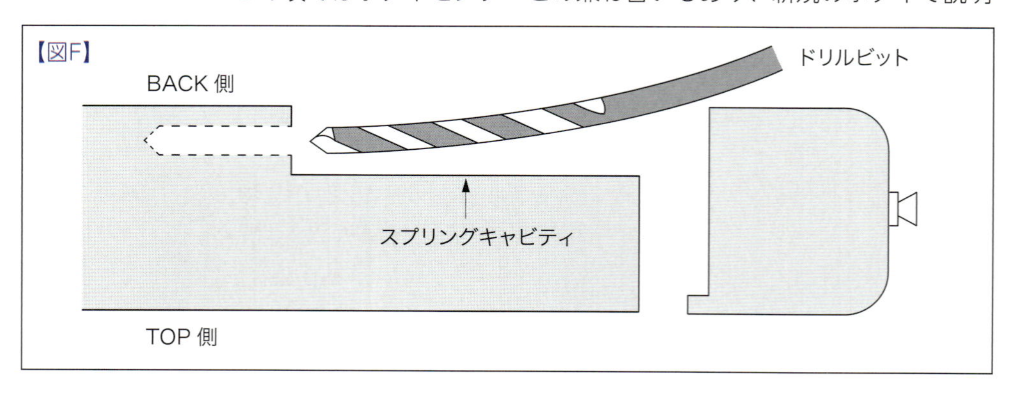

したほうが写真映りも含めて分かりやすいと思うので、【図F】とともに説明する。

51

まずスプリングキャビティのスプリングホルダーの取り付けだが、これは現物を利用して写真51のような取り付けジグを作る。穴位置をスクライバーでマーキングし直した後にHSS（ハイスピードスティール）ロングドリルを使用し穴あけをするが、HSSはしなり（回転に対する多少のフレキシブル性）があるため、これを利用し木屑を排出しながらあけていく。

正逆回転機能付きのドリルであれば、最初は逆回転でマーキング部に押し当て、あけていく穴のガイドをつくる。最初から正回転でも良いのだが、マーキングが小さい上、ビットのかみ具合の問題もあり適切な位置からずれることもあるので、この方法をお勧めする。また、このときビットの中間を手で保持しておくとより精度が出せる。注意点として、いくらHSSにしなりがあるからといっても限度があり、これを越えてしまうとビットが破断する。また、製造メーカー・サイズによってもこのしなりは多少の差が認められるため、新たに入手した場合これを端材で確認する。ドリル本体については前述の通り正逆回転機能付きで十分にトルクがあるものを使用したほうが良い結果を生むので、筆者はボッシュ社製・PSB450REを使用している（写真52、下はバーモントアメリカン社製の木工用ロングドリルビット）。

52

53

補記としてレストア、修理時にスプリングホルダーの取り付けに不具合があれば埋めてあけ直すのだが、製造組み込み時に木ネジにワックスをつけて取り付けしてある場合がある。これは木ネジをタイトな穴に入れやすくするために行うテクニックなのだが、これが穴に残っていると接着性が低下するため、ワンサイズ上のビットでさらい直した上で穴埋めをしたほうが良い。

54

ブリッジの取り付けはネックセットが終わった後に写真53のようなジグを使いブリッジ位置を決める。このトレモロは10.8mmピッチサドルなのでフロイドローズ用の自作ジグを使用している。

写真54の通りネックセンターとボディに加工前にマークしてある線が一致していることが分かる。つまり精度が出ている自信があれば、先にブリッジ取り付け穴をあけても良いこととなる。実際にそのように生産しているメーカーがほとんどであるが、筆者のような極少量生産の場合であれば写真55のような精度の出ているネックセット方法が採用出来、より細心の注意を払って組み込めるのでひとつひとつ手順を踏んでいく方法をとる。

55

実際のブリッジ取り付け穴をあけるときに１点大きな問題が存在する。前述のHSSのビットを使用するとしなりの問題が（逆に悪いほうに）どうしても出てくる。アルダー材の場合、木質が割と均一のためにうまく行えるのだが、アッシュ材（重量問わず）の場合、木目の硬い部分から

軟らかい部分へ刃先が逃げやすい。これはビット先端に三つ目加工（写真(56)、ブラッドポイント）を施したビットでも小径ゆえに同様の結果となる。この問題に対処するために、厚みのある金属製の６つの穴のあいたジグにビットを通し刃先が逃げないように作業しているメーカーも存在し、その他６軸のボール盤で６個の穴を同時にあけ、並びに注意を払っているメーカーも存在する（HSSである以上ショートビット化しないと無理があると思うのだが）。このように各社創意工夫といった感じではあるが根本的解決には至っていない。この問題について筆者は数年試行錯誤してみたのだが、結論は上記写真のようにK10と呼ばれる超硬の材料でショートの段付きドリルビットをメーカーに特注することですべて解決した（写真(57)、【図G】）。筆者のように零細なリペアショップでも、メーカーを問わず多種多様なギター・ベースが修理に持ち込まれるので、大がかりな専用ジグ・マシンを必要とせず、任意の場所に高精度で穴あけ出来るこの方法がベストであると思う。最後に極少ロットにも関わらず、このビット製作依頼に快く応じてくださった協和精工株式会社様に感謝を申し上げる。

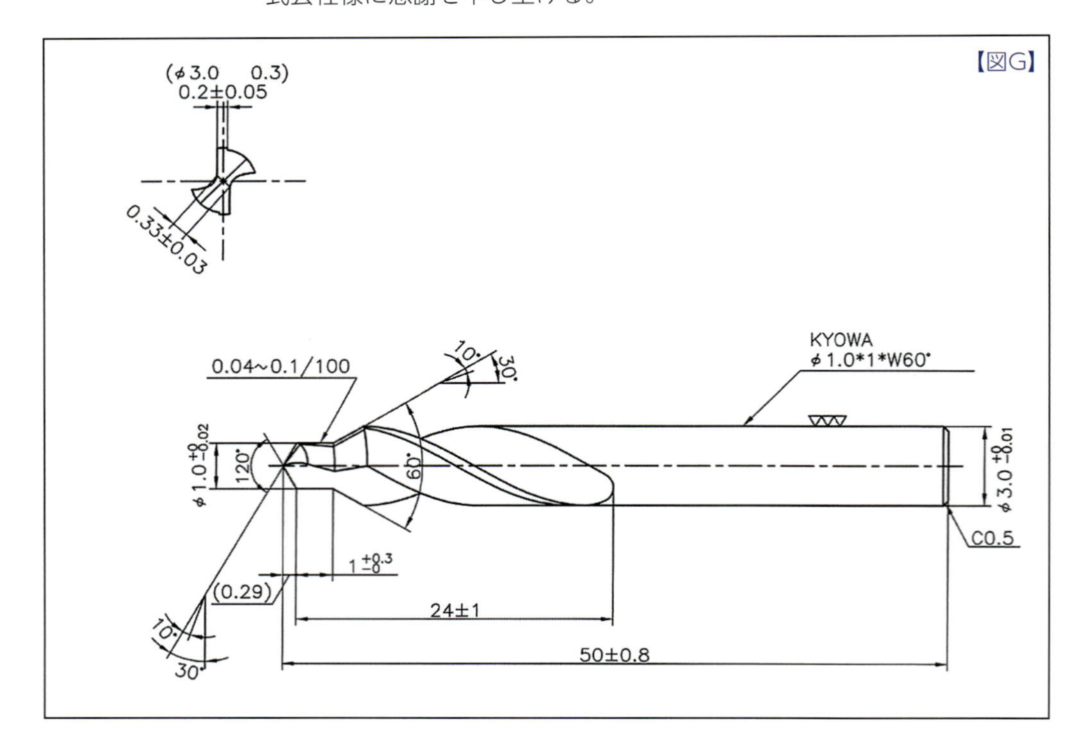

【図G】

#4　ピックアップワックス含浸

1970年代のギター・ベースを問わず断線しているP.U.がかなり存在する。しかしながら筆者のP.U.リワイヤー（巻き直し）に関する知識・経験があまりにも乏しく、また、それらを修得して文を書いたとしてもかなりのボリュームになるため、ここではレストアとしてのP.U.ワックス含浸のみにとどめておくことをご了承願いたい。なお、幸いなことに現時点でその生産量の多さから1970年代のP.U.は中古パーツとしてネットオークションなどで比較的に安価で入手しやすい（1950～60年代製ではそうはいかないのだが）。

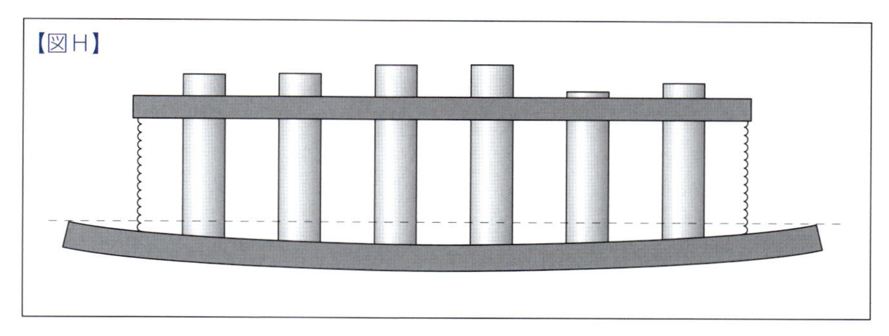
【図H】

ワックス含浸をやり直す理由は、ボビンのバルカンファイバーが【図H】のように変形していることが挙げられる。図は分かりやすくするためにコイル部分を省略してあるが、長年P.G.にボビン下部のベース部が引き寄せられているため、外してみると極端なものでは点線部下側の反対側の景色が見えてしまうP.U.も存在する。また、テレキャスターではブリッジP.U.の場合、カバーが存在しないために逆にボビントップが経年変化で曲がってしまっている場合がある。こうなってしまうとかなりの確率でハウリングが起こるので、再含浸を行いコイルを再固定する。なお、出荷時と違いギターの音質が変化する一因として（良し悪しは別として）この曲がりによるコイル自体の変形も多少あるように思える。しかしながらボビンの変形が進んだ場合、P.U.ワイヤーが断線という事態になるので、ハウリング対策と同じく断線予防という観点からも再含浸することが必要であると言える。

実際の手順であるが、IHヒーターを使用すると磁力線が発生するので、まずワックスのみを80℃まで加熱しヒーターをオフにする。その上でポールピースのサビや汚れを落としたP.U.をステンレスの容器の中に沈めていく（写真58）。このときワックス温度を火災防止のためもあるのだが、ワックス自体の変質を避けるために85℃以上に上げてはならない。変質したワックスは黄色っぽくなり融点と品質の問題が出てくるので、次回以降使用出来なくなってしまう。なお、筆者はパラフィンとビーズワックスを混合したものを使用している（ワックス硬度調整のため）。

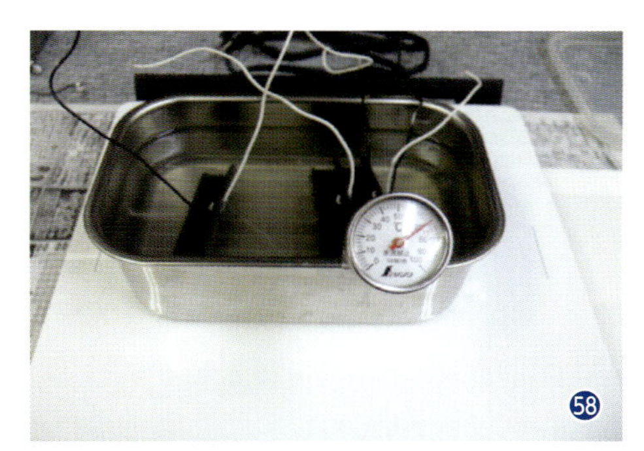
58

P.U.から気泡が出てワックスが浸透していく間に直流抵抗値を測ってみると面白いことが分かる（写真59）。これは熱によって断線していないかの確認でもあるのだが（実際に今までかなりの数のP.U.を再含浸処理しているが、この方法で断線したことは一度も無い）常温時と違い、熱で抵抗値が増していることが分かる。

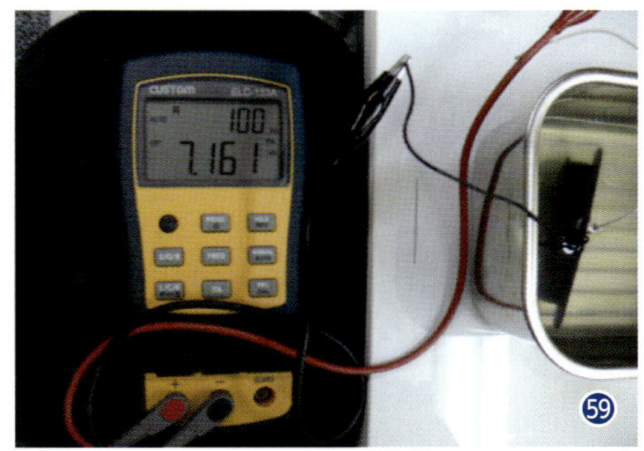

59

その後60℃に近づくにつれてワックスが固まり始めるので容器から引き上げ、余分なワックスを温かいうちに拭き取る。なお、ハムバッキングP.U.などのプラスチックもしくはABSプラスチック以前のボビンを含浸処理する場合はもう少し温度を下げて75℃くらいで始めたほうが安心である。

再含浸を上記手順を踏んで丁寧に行うと写真60のように美しく仕上がる。また、リード線はテフロン線に変更してある。これについては次項（#5）で述べる。

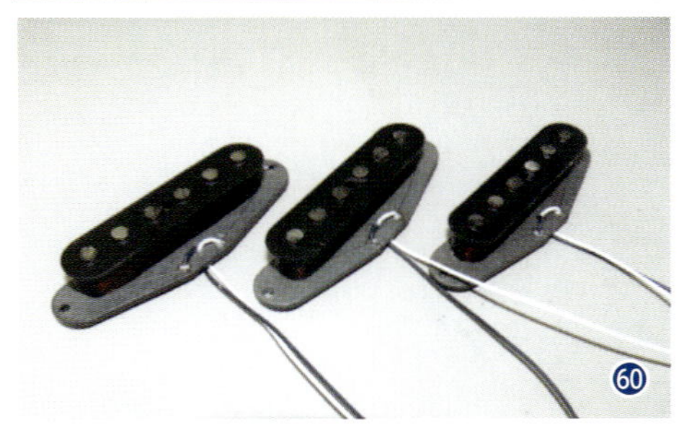
60

61

#5　プラスチックパーツ・配線材・セレクタースイッチ

コントロールノブなどのプラスチックパーツは拭いてもあまりきれいにならないため、洗剤を使いブラシで洗ったほうが手っ取り早い。洗うものに対しての攻撃性の少なさといえば経験上、写真61のクイックブライトが一番適切であると思う。半固形のまま使えばアンプのカバーリング材のトーレックスも見違えるほどきれいに出来る。以下の写真はトーレックスを貼り直したものではなくクリーニングのみの結果である（クリーニング前62～64、クリーニング後65、66）。

62

63

64

65

66

筆者は金属製パーツでも水洗いし、よく乾かした上で修理することがよくある。コントロールノブの場合、目盛りの塗料が劣化により剥がれることもあるが、再度塗料を入れ拭き取れば元通りになる。

67

22AWGテフロン線

68
ソルダーウイック（ハンダ吸取線）とハンダ

69
ハンダゴテとソルダーサッカー（ハンダ吸取）

パーツがきれいになったら前項のP.U.をP.G.に取り付け、配線していくのだが、せっかく全配線を引き直すのでテフロン線に交換する。これも経験上、PVCのフックアップワイヤーより確かに高価ではあるが、明らかに質が高い。以前使用していたメーカーのもの（PVC）はアメリカから他国に製造が変わったことなどもあり、私見ではあるが多少質が落ちたように思う。なお、テフロン線は滑りやすいために作業は慣れないとやりにくい部分もあるが、現在でもまだアメリカ製の高品質なテフロン線(22AWG)が入手出来るのでお勧めする(写真67)。

ハンダについては無鉛ではない規制以前のケスターを使用している(写真68)。筆者はメーカーにあまりこだわりはなく、これによって音質の差異を述べられる方もいるようだが(オーディオ機材や真空管アンプなどは別として)実際にあまり感じられないと思う。作業内容として問われるのは必要十分な熱量・ハンダ量で、確実にハンダ付けされていることが一番重要であり、ブランドもののハンダで汚くかつ多量にハンダ付けされている(熱量不足)場合も多々見受けられるので、こうなると音質以前の問題に思える。なお、蛇足となってしまうが気になる人もいると思うので一応書いておくと写真にあるストリングワインダーは筆者による改造品で市販はされていない(元々はブラック＆デッカーのコードレスドライバー)。注意点としては写真69の通り作業中、常にステンレス製のコテ先クリーナー(キッチン用を流用)でコテ先をきれいにし不純物を除去した上で作業することが最低限必要である。簡単に言えばこれらの作業は慣れが一番要求される作業で、慣れてしまえば美しくハンダ付け出来る(コテ先については写真70を参照)。

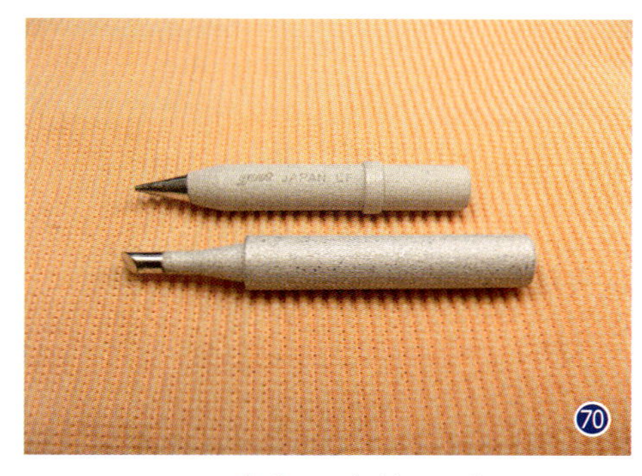

70

ハンダゴテ　各種コテ先

上. ハンダゴテ購入時に付属する標準的なコテ先

下. 接触面積の多い交換用コテ先（ギター修理にはこちらのほうが適している）

配線材をまとめるテープは1950～70年代同様、現在でも同じものが3M社製品で存在する。音には関係しない部分なので、きれいにまとまれば熱収縮チューブでも何でも良いが雰囲気を重視すると(P.G.を外さないと分からない部分ではあるが)使用すると面白いと思う。色々な本にマスキングテープと書かれているが、これは製品名ドラフティングテープといい本来の目的はテープの上から何かを書き込んだり、一時的な仮留め・固定に使用するものである(写真71)。

71

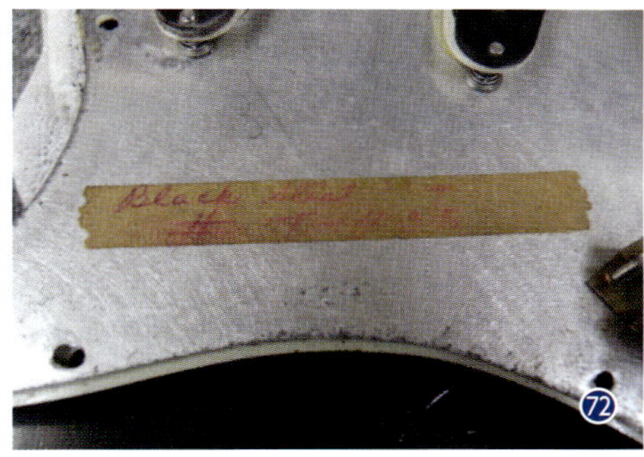

72

写真72は1963年製のストラトで非常に珍しいメーカーリフィニッシュもの。他の新品製造時のギターと間違えないためにP.G.裏にドラフティングテープを貼り、指定の色などを書き管理していたと言われている。

写真73が筆者のハンダ作業の一例である。ポット端子にハンダ付けをする下準備としてハンダメッキをしているところで、筆者自身はこの作業を人に教わったことがないため、正しい方法があるのかは分からない。中指と薬指で配線材を固定する方もいるようなので、作業する本人がやりやすいのであればどんな方法でもかまわないが、筆者は下手を打ったことがないので小指を使っている。ギターをある程度弾けるのであれば右利きであっても左手は割と器用に使えるはずなので、慣れれば簡単な作業だと思う。

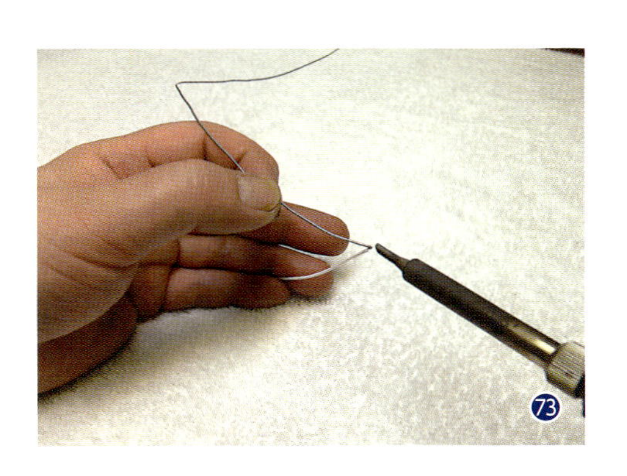

73

個人的なことを書くと筆者自身も最初からハンダ付け・配線作業がうまかったわけでもなく、どちらかというと不器用だった。しかしながら数をこなし経験を積むと美しく仕上げられるようになった。

通常ストラトではギザギザの入ったスプリットシャフトポットにコントロールノブを押し込んで固定するが、一般的に1/4″(ファインシャフト)、6mm(コースシャフト)のknurledシャフトを使用している。しかし世の中には様々な理由でこれをソリッドシャフトポットに変更して欲しいというリクエストがある。そこでサイドのネジで固定するための改造が写真74のノブである。金属製・ベークライト製のノブであればメーカー純正・アフターマーケットパーツ問わずこの方法で固定してあるのだが、ストラト用ではジェニュインパーツとしてこれが存在しない。コントロールノブであれば上記の方法は一般的な改造でよくあるパターンだと思われるが、以下のスイッチノブでは行われているものを筆者は見たことが無い。

74

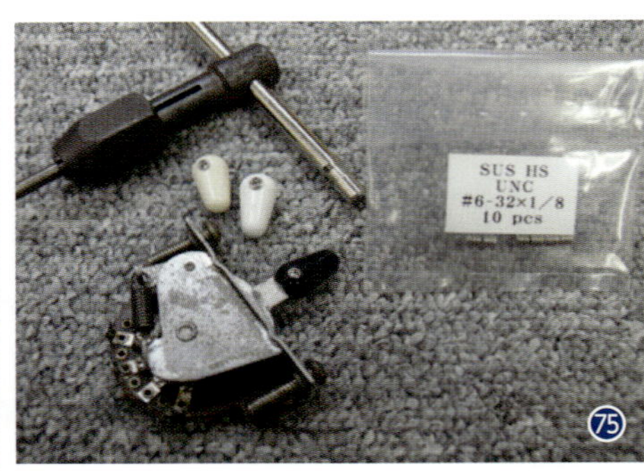

75

セレクタースイッチをはじくように使用される方が一番困るのがスイッチノブが外れてしまうことである。リペアマンのなかにはエンドニッパーでスイッチレバー部をかみ込んで変形させたり、テープを巻いたりする方が多いのだが(接着するという問題外の修理方法(?)もある)写真75の方法であれば確実である。加工のコツとしてはノブ曲面のトップに穴あけをしないといけないのだが、超硬のショートビットを使えば刃先が逃げずにうまく加工出来る。なお、加工時間・精度・眼の酷使などの問題もあるので純正品でパーツ供給されると有り難い。

スイッチについては写真の通り信頼性・耐久性を考えるとアメリカ・エレクトロスイッチ社のCRLブランド以外、使う気になれない。経験上、これこそがフェンダーに取り付けされるべきスイッチだと思う。

ストラトの押し込み式コントロールノブの外し方について以下述べるが、順序としては前後してしまうことをご容赦いただきたい。

現在では御存知の方も多数いると思われるので念のための記述となるが、筆者がこの方法を知ったのは1998年で、その頃はインターネットがあまり普及しておらず写真76〜78の方法は一般的ではなかった。色々調べると1970年代から日本の輸入代理店では行われていたようで、この方法を考えた方はさぞかし頭の良い方と思われる(誰が始めたのかは

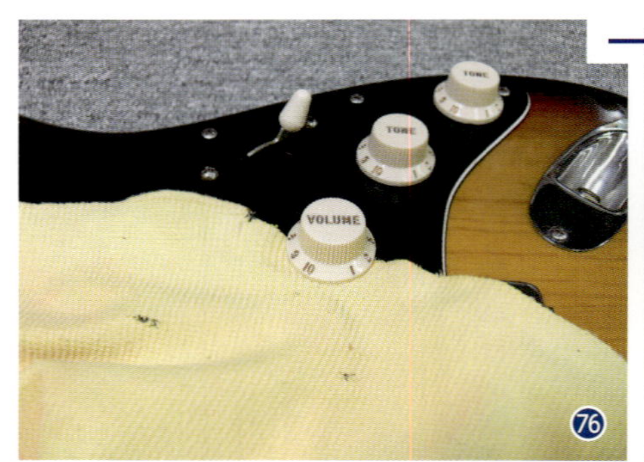

76

→

77

→

78

不明)。普通は小型のマイナスドライバーを1～2本使いテコの原理でノブを外すのだが、傷がついてしまうこともあるのでこの方法をお勧めする。方法は簡単で、ノブを少し上に持ち上げつつクロスを滑り込ませてノブ全体を包み、上に引くだけである。

なお、写真㊾は狭くなってしまったポットシャフトの広げ方となり、これもマイナスドライバーをシャフト間に入れて広げるより確実で、シャフトの片方が斜めになりづらいのでお勧めである(注意点としてやり過ぎるとシャフトの片方が折れる場合もあるで、少しずつ慎重に行う)。

#6　ボリュームポット・コンデンサー・ジャック

ボリュームポットについては一般的にシングルコイルのギターであれば250KΩ、ハムバッカーであれば500KΩが付けられている(写真⑳)。このことについては適切で正しいと言わざるを得ない(例外として300KΩポットがある)。シングルコイルに500KΩを使用した場合は、多少高音が耳障りに聞こえるし、ハムバッカーに250KΩを使用するとダイナミックさに欠けた音のように感じる。電気的な難しい説明は抜きにしていうと250KΩのほうが500KΩに比べて、出音としてはいわゆるウォームということが言えると思う。このことは裏を返せばポットの抵抗値の違いは単なる音量を変化させるためだけではなくエフェクト的(?)に作用するものとも言える。さらにカーブについて述べると、ボリュームポットについてはAカーブよりBカーブのほうがコントロールしやすいように思う。このBカーブをトーンコントロールに使うと、目盛りで0→1(絞った音)、2→10(全開)と2段階のスイッチ的な効果となってしまうので、まったくナンセンスな結果になるのだが、ことボリュームに使用するとAカーブより滑らかに音量が変化するように感じる。しかしながらうまいギタリストほど、抵抗値・カーブに関係なく演奏しながらボリューム・トーンをコントロールしている。これらのことから使用する人により様々な結果・結論になるのであるが、歴史的に見てもシングルコイルに250KΩ、ハムバッカーに500KΩという事実は必然であるように思える。

CTS社1976年第6週製造のポット

次にコンデンサーについてであるが、現在では高価な古いデッドストックのコンデンサーを使用し(トーンコントロール全開時に)音が良くなるという意見もあるが、実際はトーンコントロールの使用時にコンデンサーは効くという役割のため、あまり説得力がある意見には思えない。ただし全開時にも微妙に影響を与えているということも言えるので(その他コンデンサーの値の関係も存在する)これは難しい問題でもあるが、非常に安価なもので十分とも言い切れない部分も存在するので、検討・選択の余地があるようにも思える(写真㉛、オールドの真空管アンプであれば話は簡単なのだが)。

1970年代のコンデンサー
キャパシターとも呼ばれる

唯一、1950～70年代を通じて電気的に影響を与えるその他の点として言えることは、1979～80年製アニバーサリーのようにキャビティに導電塗料処理がされているものについてだが、この処理を行うと確実にノイズが減るということが言える。しかしながら保守的と言われるかもしれないが、筆者の私見として聴感上なんとなく出音はこじんまりまとまって聞こえる。この音についてこれが好みと言われると何の反論も出来ないが、歴史的に見ると(10数年ではあるが)1960～70年代

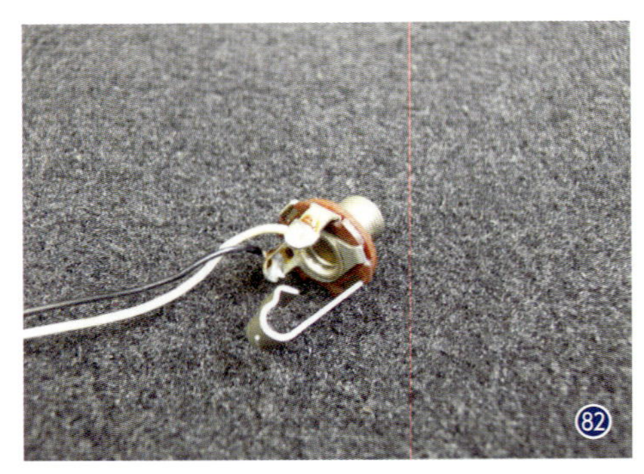
スイッチクラフトジャック

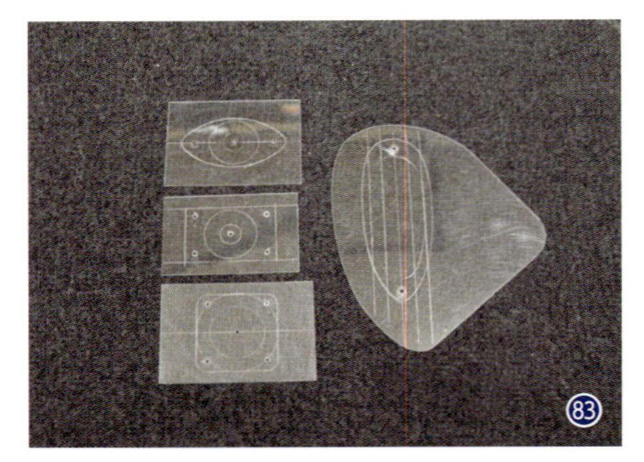
各種ジャックプレート取り付けジグ

1/4″規格ドライブハンドル各種
左. 1/2″(12.7mm)ディープソケット
右上. マックツール社製
右中. PB社製
右下. スナップオン社製

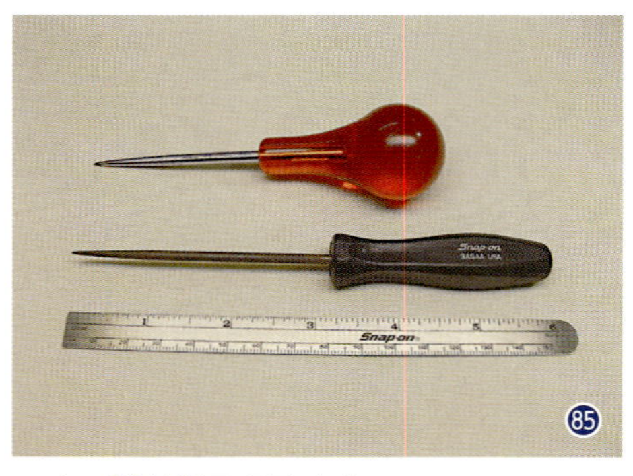

上. PB社製スクライバー
下. スナップオン社製アウル(突き錐)
ともにスクラッチアウルとも呼ばれる

までのいわゆるロックの名演とされている演奏については導電塗料処理されたギターは使用されていないとしか言えない。以上のことはギターを弾く方々のそれぞれの価値観の問題であるので、一方的に断じてもあまり意味の無いことであると思う。

最後はジャックについてである。これは何をさておきスイッチクラフト社製を勧めたい(写真㉜)。スイッチクラフト社のパーツでギター・ベースに使用されているものといえばジャックとアンプを繋ぐプラグが代表例として挙げられるが(その他アメリカ製のエフェクターのプラスチックジャック)今までの修理歴の中で不良品と言えるものは、たったの一個のみであった(それでも機能的には問題が無かった)。これはスイッチクラフト社の成り立ち、つまりレイセオングループだったということが大きいと思われる。

以前、兵器としてのミサイルの映像を見たことがあるのだが、そこにはRaytheonというロゴが入っていたと記憶している。政治的・道義的議論は別として、スイッチクラフト社製の品質・加工精度・不良品の少なさは特筆に値すると思う。

実際の取り付け方法としては、ジャックプレートは写真㉝のジグを自作し、ジャックとポットは写真㉞の1/4″ドライブ規格の工具でナット(1/2″)を締める。

#7 ピックガード取り付け

P.G.(ピックガード)取り付けをやり直す場合に、修理として一番難しい点は、穴埋めした部分の硬さと塗装してある部分の硬さが違う点である。これによりドリルの刃先が軟らかいほうに逃げてしまい、P.G.取り付け穴の中心にネジ穴があけられないということが起こる。これに対しては埋木と周囲の硬度を同程度にしてしまえば上記の問題は避けられる。まずタイトボンドを使い埋木をし、上部を整形後、瞬間接着剤を滴下し埋木に少量吸い込ませる。1日程度おいて完全硬化させた上で、写真㉟のスクライバー等を使いマーキングしドレメルで穴あけをする。慣れてしまえばボール盤であけるより、このやり方のほうがあけた場所をネジ留めしながら作業出来る上、ブリッジ付近の場所から進めていくと、かなり精度が出せる。なお、深さも一度にあけるのではなく1/3程度ずつ確認しながらあけていくと、もし多少ずれても修正しながらあけられるという利点がある。取り付け終了後、もう一度P.G.を外し新規のネジ穴を面取りすれば(元の穴とさほどずれていなければ)取り付け直し跡も目立たなくなる。このテクニックはその他のネジ穴にも適用出来るので、今後ギター修理を志す方には高精度な作業・時間短縮(失敗してしまうとやり直す時間の方が長い)のためにも勧められる。

なお、レストア時に使用するP.G.取り付けネジはアフターマーケットパーツでステンレス製のものが存在し、ブリッジサドル高さ調整用の#4-40UNCホーローネジについても、探せばレングス1/4、5/16、3/8″と各種ステンレス製が存在するので、これらを使用すると見た目にも美しく仕上がる(ネジの規格については133ページの表と索引・用語解説の木ネジを参照いただきたい)。

・レストア後のP.G.アッセンブリー各種

補記としてP.G.やジャックプレートの取り付け穴の面取りについては10ページ写真⓫のようにドレメルにダイヤモンドホイールをつけて行う。これはネジを取り付ける際の塗装の割れを防止するためで、ネックやブリッジについては取り付け前にカウンターシンク等で面取りを行っておく（カウンターシンクについては索引・用語解説の木ネジを参照）。

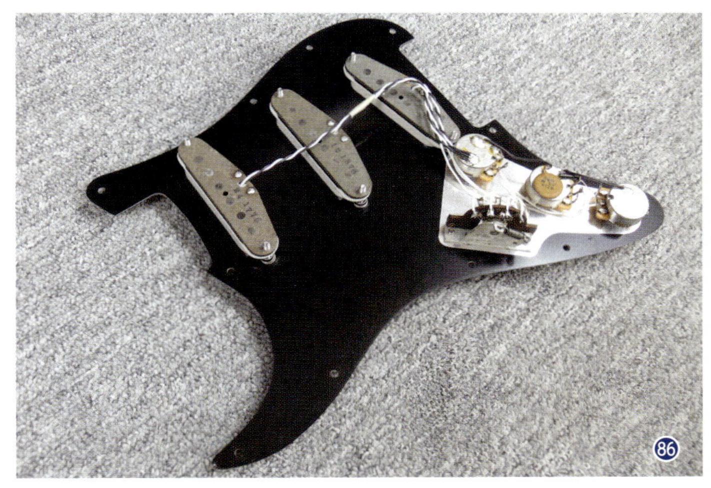

1976年サンバースト用

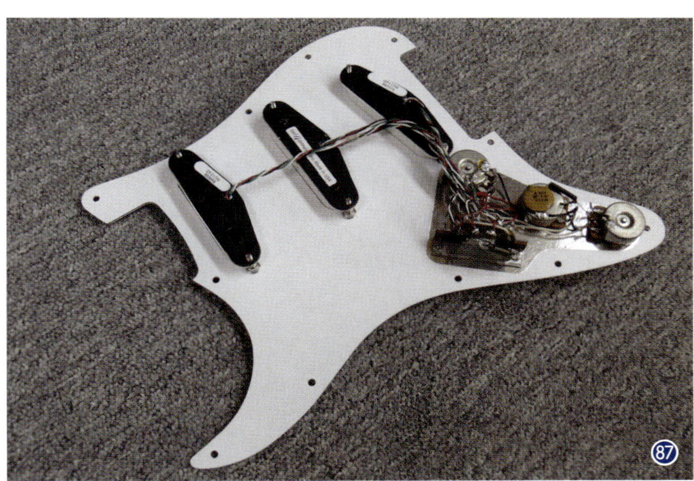

1977年ナチュラル用（ディマジオP.U.）

1979年アニバーサリー用

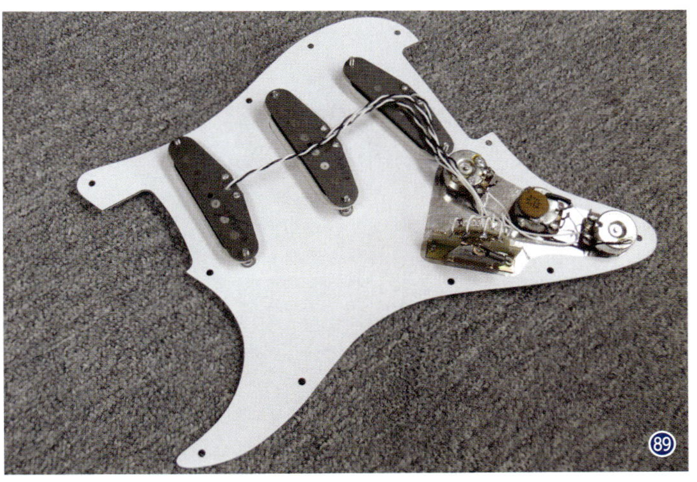

1979年改造　1971年仕様

・レストアに使用するネジ#6-32ステンレス製各種

写真⑳、㉑はともに左が1974年頃までのストラトに使用するオーバルヘッドスクリューで、右はそれ以降に使用するラウンドヘッドスクリューである。

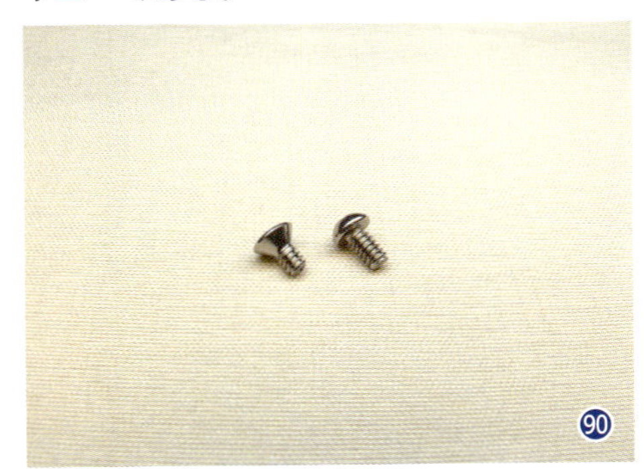

スイッチ用レングス1/4″

P.U.用　左．レングス5/8″
右．レングス3/4″

第5章　接　着

❶

❷

　写真❶、❷は1976年製でグリップ部の埋木が浮いてきている。この章では接着を必要とする修理・レストアを通して接着剤について述べると同時に、ギター製作・修理にとっていかに接着が重要であるのかを述べる。第3章のNCルーターの記述で最新の技術のみが最良ではないということを述べたが、これは接着剤についてもまったく同じことが言える。

#1　接着剤の分類と性質

❸

❹

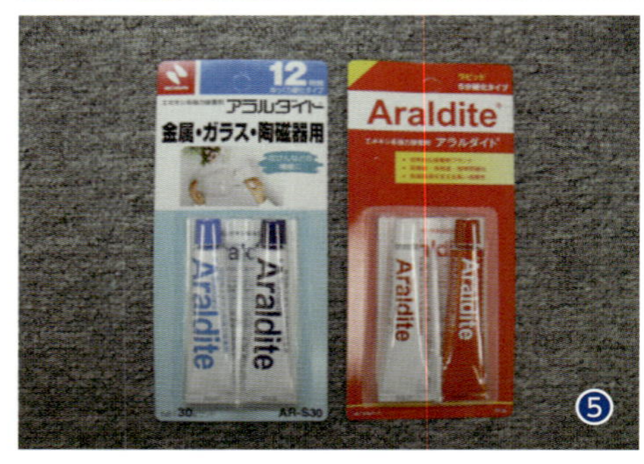

❺

　現在楽器製造・修理に使われている接着剤は以下に分類出来る。

・ニカワ（写真❸）

　古くからバイオリンなどの製作・修理に使用されている。これは動物由来の接着剤でまれに魚から作られる場合もある。パール状のものや粉状、棒状、液状のものなど、色々な種類があるが、楽器修理においては粉状・棒状のものが一般的である。また、種類の違いで水につけて膨張・溶解させる時間が異なる。アメリカではグラニュラーハイドグルーの名称で粉ニカワが入手出来る。

・木工用ボンド（写真❹）

　現在木工用として主流となっている酢酸ビニル系の接着剤で、同じく化学系の集成材・プライウッドを製造するためのユリア樹脂系のものなどがある。後者は主に業務用として高周波接着に使用され、その他エマルジョン系として様々な木工用ボンドが存在する。

・エポキシ（写真❺）

　2液硬化型の万能型接着剤で、1970年代からかなり楽器製作に使用されている。これを応用してネック折れをエポキシで修理してあるものをよく見かけるが、実は剥離に対してはさほど強くなく、現在のものはかなり経年変化に対して品質改良がなされているが、修理後、数年～30年という年月を考えるとあまり楽器用としては向いていないように思える。

・瞬間接着剤

　これに関しては“第2章ネック#4フレット打ち”で記述済み。

　ここでなぜ、上記1976年製のような症状が出るのかというと、実は木工用ボンドは接着強さを十分発揮するためには、ある程度の隙間が必要になるということが言える。以下その仕組みを説明するのだが、接着原理・方法というものはかなり奥が深く、それだけで一冊の本になってしまうので、ここでは楽器製作・修理というポイントに絞り述べる。木工用ボンドの接着の仕組みは水素結合力とファンデルワールス力(りょく)を除けば投錨(とうびょう)効果(導管に入り込み結合・隙間の充てん)が挙げられる。大まかにいえば指板材とネック材が“指板・接着剤・ネック材”と層になっており指板とネック材がダイレクトに結合しているわけではない。つまり前述の1976年製のように隙間が全くない場合、接着時にほとんどのボンドが逃げてしまい接着力が十分となっていない。これに経年による温度・湿度変化が起こると木材の膨張・収縮が繰り返され埋木が剥がれてしまうという結果になる。その他の例として某大手メーカー製のもので、製造後10数年でボディがセンターの継ぎ目から2つに分かれた典型的な接着失敗例も存在する(接着時圧力過多。なお、フェンダーでは1950～70年代を通してボディセンター部で継いであるものは、ほぼ存在しない。恐らくレオ・フェンダー氏の指示でボディ剛性を考慮した結果と推測出来る)。

逆のパターンとして、指板とネック材の接着時に多量にボンドを塗布するとこの層が厚くなり、異種素材の収縮率の違いから指板材がネック材より収縮した場合、長年の弦のテンションがかかることによりネックが順ゾリしてしまったものが多々見受けられる。なお、仮に指板材・ネック材ともにメイプルと同種の場合でも同じ木から両方を製材しない限り同質とはなり得ないし、接着方法が適切でなければ同様の結果となってしまう。しかしながら指板・ネック材が異種材であるということにも実はかなりのメリットがある。それは両方が適切に接着されることにより互いの変化を修正しあい、ネックとしての剛性を保つことと、1～6弦サイドの直線性が保たれるということである。筆者の経験としては追マサの材(【図A】参照)で製作されているワンピースメイプルネック・ラウンドローズネック(薄い指板)のものは、ねじれはあまり見られないが、正面から見ると程度の差こそあれC型もしくは逆C型に変化しているネックが見受けられる(【図B】、1・6弦サイドの直線が保たれていない)。

例外としてはアメリカ・カリフォルニア州のように一年を通じて湿度が低い地域ではこのような状態はほとんど発生せず、夏季に高温多湿となる地域で起こるように思える。実際の作業として筆者は木工用ボンドを使う場合、アメリカ・フランクリン社製のタイトボンドを使用している。注意点は材料をクランプし接着剤が多量にはみ出るほどの量であれば弊害のほうが大きいので、ヘラなどを使い両面に薄く均一(例えるとフィルム状)に塗布して使用する。

次にニカワについて述べるが、筆者は指板接着、トラスロッド埋木接着、ネック折れ接着修理(マホガニー材)などの強度・音質にかかわる重要な接着はすべてニカワを使用している。ニカワ接着の原理としては木材にニカワが吸い込まれ、接着する面と面がほぼダイレクトに接着出来る。つまり木と木が中間に層をつくることなく結合出来るからであり、裏を返せばネックセット接着などの場合はよほど寸法が合っていなければならない(切削加工がうまく出来ていないと不可)という前提がある。また、ボンドに比べてコストと準備する手間がかかるのだが、それらを補っても十分な結果が得られるように思う。

【図A】

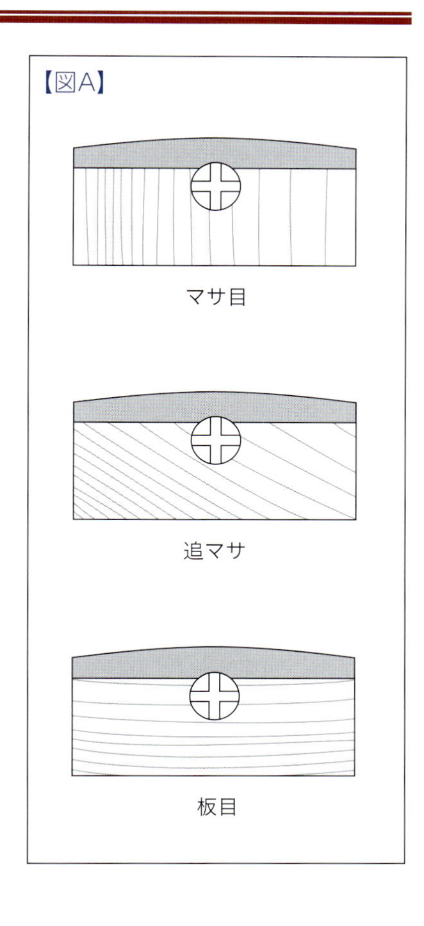

【図B】

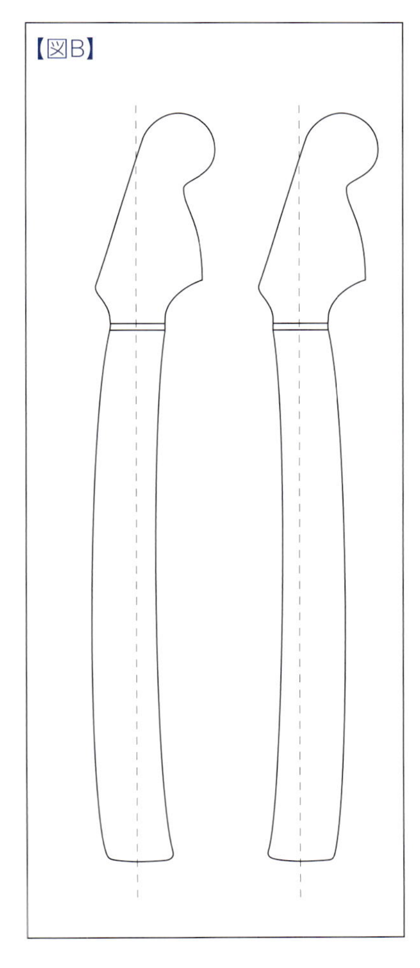

#2　接着工程での留意事項

1976年製の修理であるが、使用する工具はヘアドライヤーと衣類用アイロン、白色のタオル（移染防止のため）である。ヘッドトップ以外は塗装し直すので、まず塗装を剥離し埋木部両端にM4のトラスタッピングネジを入れるための下穴をあけ、濡れタオルをあてアイロンで高温の水分を与えながら温める。加熱量が不足する場合はドライヤーを併用し埋木全体を加熱していく。なお、ここではヒートガンは絶対に使用してはならない。加熱量が多すぎる上、ローズ指板接着面とフレットに悪影響が出るおそれがあるためである。十分に埋木が加熱されたら写真❻、❼のような方法で埋木を抜く。切削で除去する方法より短時間で出来ることと製作時の状態にパーフェクトに戻せるため、この方法がベストである。

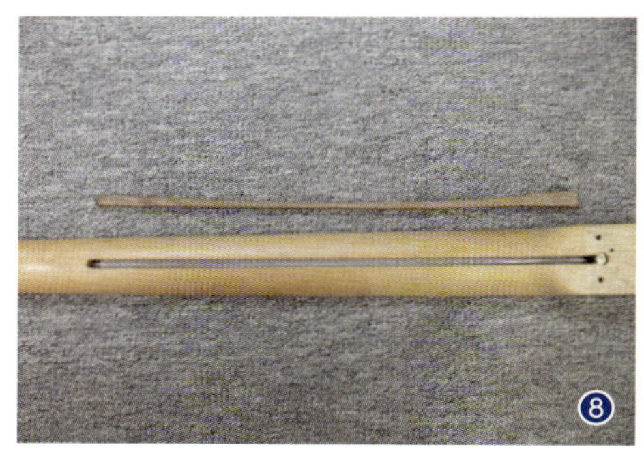

さらにこの修理で面白いことが一点出てくる。写真❽、❾のようにトラスロッドに白色の薄いプラスチックチューブが通されているのだが、これはボンドによりロッド自体が接着されることを防ぐための対策であり、後年の日本製のものではこれがより厚いチューブになっている（後年のギブソンも同様）。より厚くなった理由としては埋木の状態が多少ラフでもネックの中でトラスロッドがカタカタ鳴かないための工夫であるともいえるのだが、問題はこの埋木の状態がネック剛性を左右する一

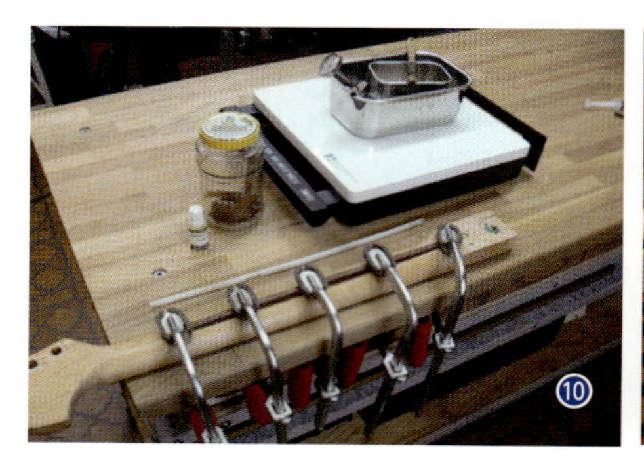

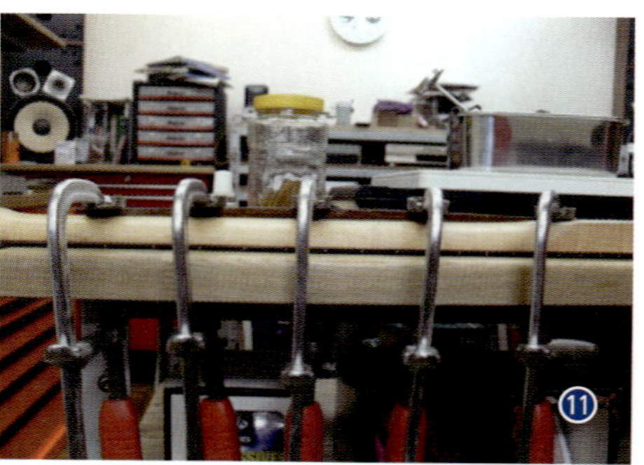

因となっていることである。事実としてロッド周囲の隙間が多ければネック剛性は確実に落ちる。これは重要な問題でもあるので実際の例で最後に詳述する。

プラスチックチューブを外し綿棒などを使いロッドにワックスを塗った上で埋木を作るのだが、ニカワ接着なのできつめに厚みを決定し（指ではなく手で押して入る程度で、この1976年製では実測6.66 mm）ニカワをネック側、埋木側両方に吸い込ませていく。ニカワは一般に使用することが難しい（ニカワ温度・濃度、接着環境温度）といわれるが、冬期であれば室温を15～20℃にすれば問題も無く、湯煎温度も水につけて膨張させ加熱し、溶解後65℃以下を保てば良い。なお、これ以上温度を上げてしまうとニカワの特性上、接着力が確実に落ちる（写真⑩、⑪）。

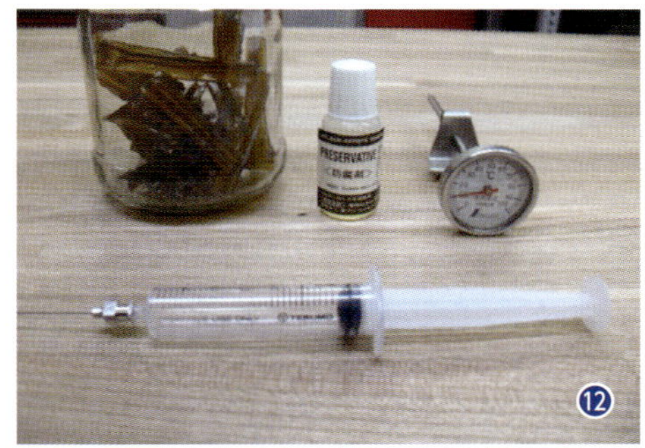

⑫
棒ニカワと防腐剤

⑬
ベリタス社スポークシェイブを使用し大まかに整形

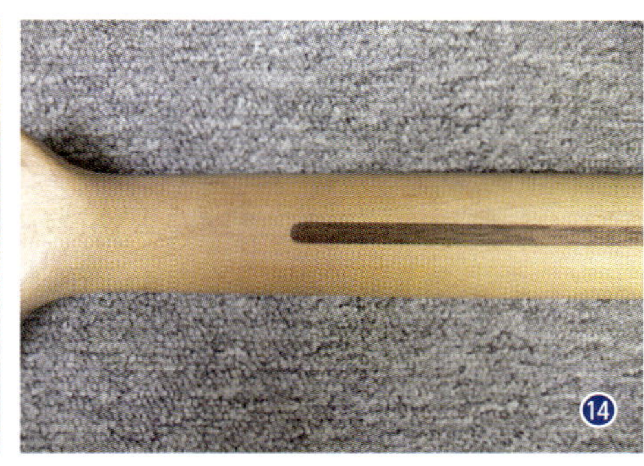
⑭
サンディング終了

さらに気を使うのであれば60～65℃を保ったニカワをコーヒーフィルターなどでこし、専用の防腐剤を添加する（写真⑫）。一番難しいのは濃度であるが、述べるのが難しいと同時に経験に負う部分が大きい。

簡単に説明すると、木工用ボンドとは違い、かなり薄い水よりの濃度としかいえない。濃度が高すぎると木材への浸透も悪く、やはり層になってしまい本来低濃度でも高接着性があるものなので、初めて使用する場合は端材で試したほうが接着後の強度確認も出来る。

⑮

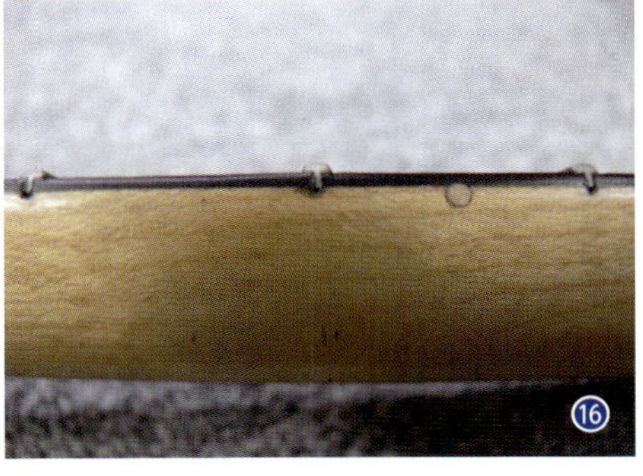
⑯

⑰

⑱

ニカワ接着の素晴らしい点は2章＃4で述べた1963年製で証明出来る。不用意な指板修正・フレット交換が数回繰り返された結果、指板が薄くなりフレットスロットがメイプル部にまで到達している（写真⑮、⑯）。

こうなると理想的なフレット交換は出来ないので、写真⑰、⑱のように熱・水分を与えパレットナイフで指板を剥がしたところ、ローズ指板とメイプルが隙間無く結合し理想的というより剥がすのも困難というほどのパーフェクトな接着であった。また、トラスロッドの埋木部ザグリも後年のものと比べると非常に狭くかつ埋木具合もタイトで、これは同時期のギブソンに関しても同じことが言えるのだが、溝加工でむやみに広い切削をしていない(写真⑲、⑳)。この点からも1950～60年代のアメリカのクラフトマンシップに基づいて製造されたギターは驚くほど注意深く製造されている。

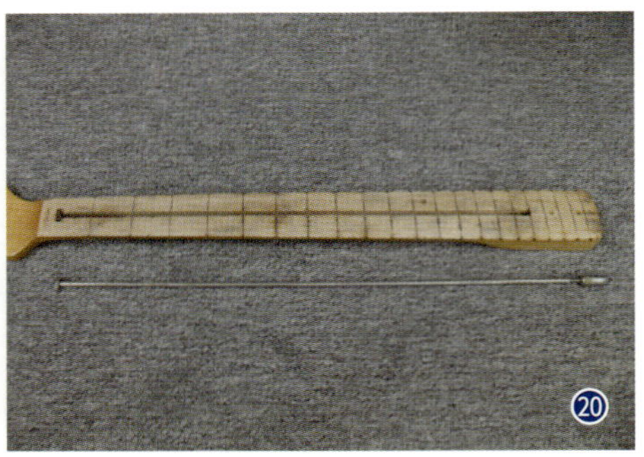

さらにもうひとつ、特筆すべき点を挙げておく。フェンダーにしろギブソンにしろほとんどの年式でトラスロッドナットは【図C】のように#10-32となっているが例外が存在する。

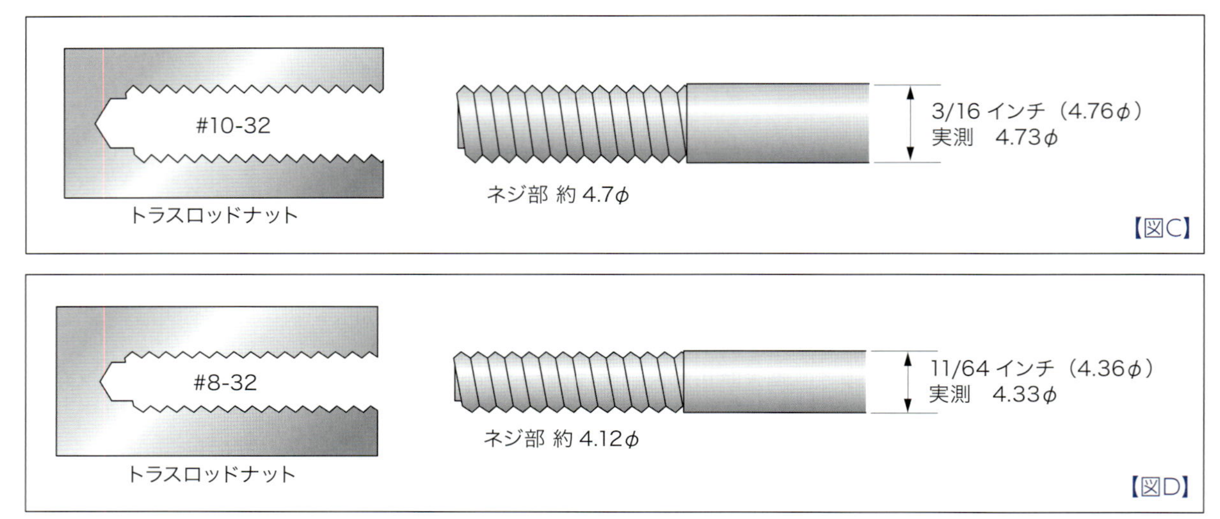

【図C】

【図D】

1960年代初期～中期頃のみが実はトラスロッドの規格が違っており他の年式より細い(【図D】)。これは細いほうがトラスロッドの効きが良く、仮に10mmφのロッドが存在したのならば効きが悪いのは容易に想像出来る(例として古い日本製のオーソドックスなトラスロッドはM5かM6であり、M6のものは確かに効きが重く感じられる)。なぜこのような変更が行われたのかというと、私見ではあるがギブソンに対する競争意識もあるように思われる。そこで以下ギブソンのトラスロッドについて述べる。

ギブソンのトラスロッドを修理のため抜いてみると不思議なことにネジ部のみが太く、それ以外は約4.24mm程度と細くなっている【図E】。これは明らかにある程度(強度的に十分であるのならば)細いほうがフレキシブル性に優れているため、製造コストが増すにも関わらずこの構造を採用しているように思える。また、トラスロッドの径の違いによる音

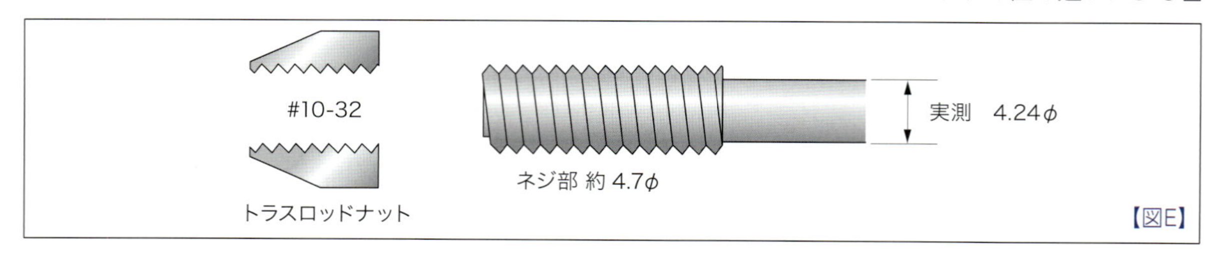

【図E】

質の差異も多少認められる。以前このことが疑問になりロッドを入れていないメイプルワンピースネックを試作したことがあるのだが、かなりアコースティック（ロックには不向き？）な音がしたように思う。

補記としてメイプルワンピースのトラスロッドを抜く場合、ヘッドトップの埋木プラグの中心に穴をあけ、ある程度この穴を広げ、加熱したハンダゴテを埋木中心部に入れ温めた上で、ロッドにポンチをあてハンマーで残った埋木プラグごと打ち出す（写真㉑）。

上．ヘッドプラグメイプルワンピース用
下．1960年代初期ローズ指板用

#3　接着作業

まず前述したネック内部のトラスロッド周囲の隙間が与える剛性への影響と修理方法・使用工具について説明する。なお、本来の主旨から外れてしまうのだが、ここは某メーカー製が（写真㉒で丸分かりになってしまうが）説明に最適であるのでご容赦いただきたい。某アーティストモデルで（これも誰だか分かる）世界限定本数のものなのだが、トラスロッドナットを締め、ある期間が経つと使用不能なほど逆ゾリしてしまう。そこでナットを緩めることになるわけだが、またしばらくすると今度は使用不能なほど順ゾリしてしまう。これを限定モデルゆえに何とかして欲しいと筆者の所に持ち込まれたのだが、このような不安定なネックは99.99％トラスロッドが中で遊んでしまうほど内部に隙間がある。写真の通り金属の板を溶接したタイプのトラスロッドで、これはロッド溝を加工する際にアールをつけなくても動作するタイプゆえ、同じ深さのストレート溝を切削すれば良いというもので、埋木すら不要というシステムである。これがメーカーサイドの生産合理化なのか改良なのかはさて置き、熱・水分を与えパレットナイフで解体してみた。すると案の定ロッド溝が規定よりもかなり深く、鳴き防止策としてスポンジが貼ってあった。もちろんこのメーカーだけを責めるわけではなく、指板を貼るタイプでオーソドックスな曲げたトラスロッドと埋木のネックでもこれに近い状態になることもある（なっていることもある）。埋木の強度・硬度が不足している場合に順ゾリを修正しようとして長期に渡りナットを締め込んだ結果、トラスロッドが埋木に強く当たることによって埋木がへこんでしまった場合である。また、製造時に埋木の押し込み不足という最初からのパターンもある。

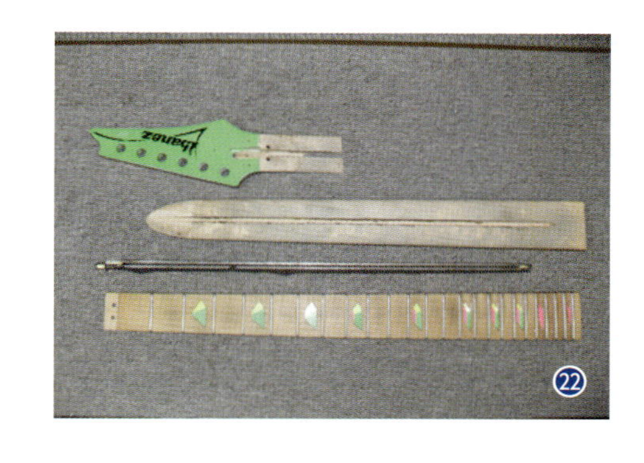

実際の修理方法だがロッド溝の深さとグリップ部の理想的と言えない木取りの問題もあり、スカーフヘッド部と指板は再使用し、グリップ部のみを製作して再接着することとなった（写真㉓〜㉕）。

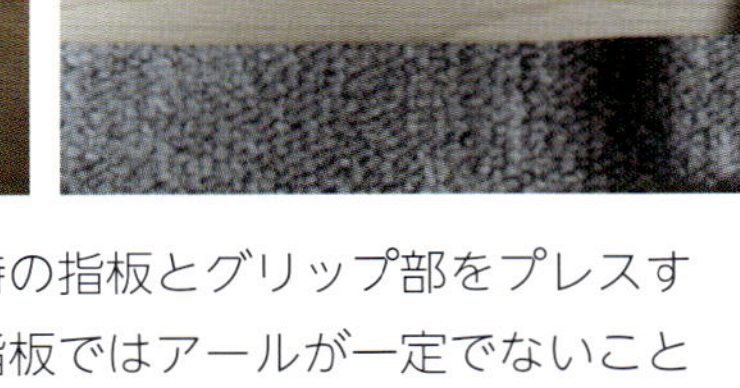

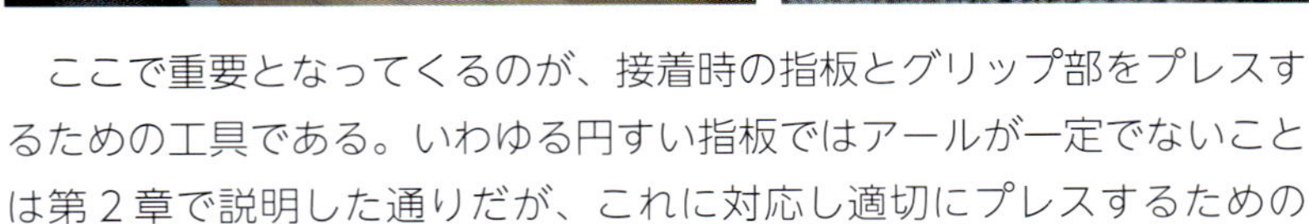

ここで重要となってくるのが、接着時の指板とグリップ部をプレスするための工具である。いわゆる円すい指板ではアールが一定でないことは第２章で説明した通りだが、これに対応し適切にプレスするための

工具は世界中どこにも売っていない。ということは自作するしかないので以前ギブソン修理のために作った工具を使用した。

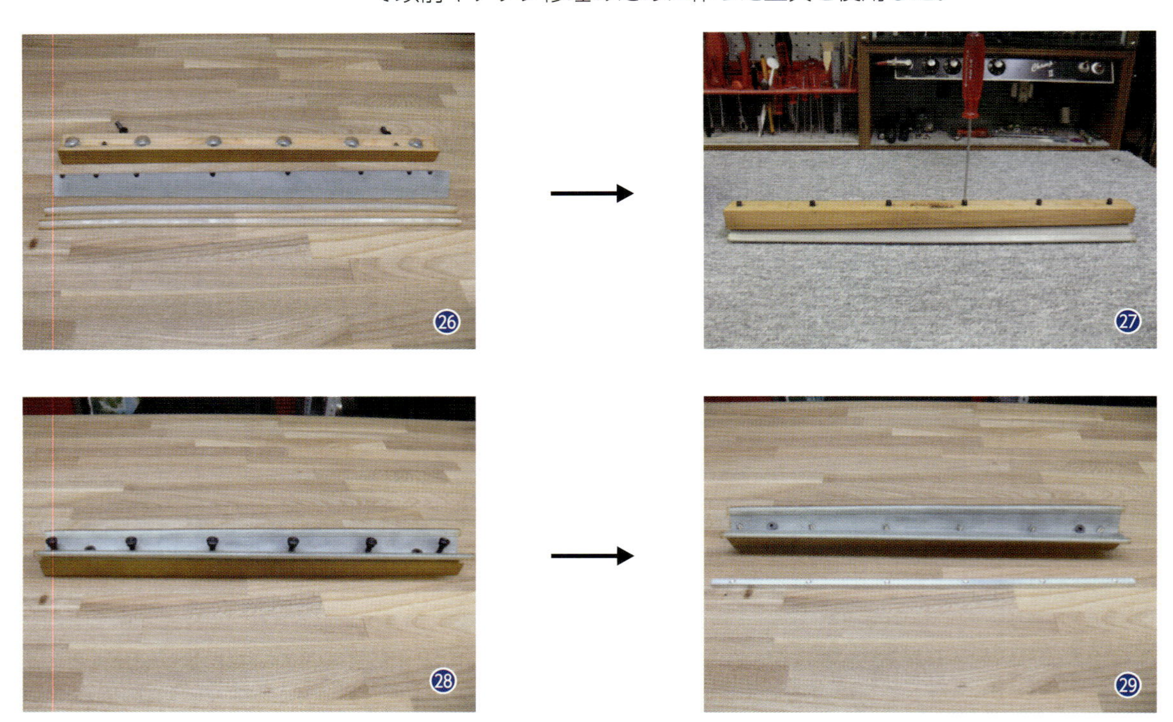

アルミのアングルをテーパー加工し木部には等間隔でM6ツメ付ナットが仕込んである(写真㉖)。1F側と最終F側で木部の厚みを変えてあるので、アングル部を含む完成状態では工具自体の厚みは同じになっている(写真㉗)。製作当初はスウイブルのパッド付スラストボルトを組み込んだのだが、改良としてセンターの押さえはアルミの角バーを加工したものとなっている(写真㉘、㉙)。なお、アングルの加工はルーターをスロースピードにしエンドミルで加工している。パテント申請もしておらず製品化もされていないので、個人的に作りたい方は写真を参考までに。

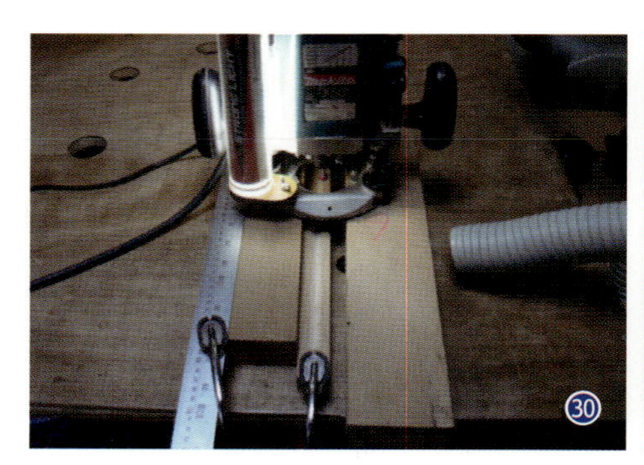

大型の工作機械もしくはCNCが無くとも、頭を使えば、無かった時代同様実はほとんどのジグは高精度で製作が可能だという典型例である(写真㉚〜㉜)。

指板接着のテクニックとして一点挙げると、薄く接着剤を塗布していても、いわゆる接着の必須条件としての“濡れ”が存在し、そのままクランプすると指板とネックに微妙なスリップが生じる。これを防ぐために今回は写真㉝〜㉟の通りロックナットをガイドとしたのだが、通常このガイドとなるものが無い場合にはフレットを抜き、フレットスロットにピンを打つ(要フレット交換になってしまうのだが)。プレス工具センターの角バーのサイド部分に(接着剤を塗布する前に)あらかじめ理想の場所に指板とネックをクランプし、細いドリルを使いフレットスロットとネックに同時に穴をあける。そして接着剤を塗布後、この穴にピンを打つと絶対にずれずにクランプ出来る。

その後グリップ部を切削しヒール部成形となるが、オリジナルのハイポジションつば出し部が薄いため、改良として必要最小限の加工にとどめた(写真㊱)。オイルフィニッシュも多少色合わせをしたのだが、あとは経年変化でネックにやけ色がつくのを待つ(写真㊲～㊵、バイオリン修理ではUV照射で色合わせ出来るマシンもある)。

最後に上記作業を踏まえた上で、この章の結論として筆者の私見を述べる。実際にニカワ接着のネックと化学系のボンド接着のネックでは、解体するのに手間がかかるのはニカワ接着のほうであり、ボンド接着のほうが割と楽に思える。もちろんオールドギターで使われているニカワの種類・質・作業時の適切な温度管理の結果であるとも言えるのだが、接着剤についての本を数冊読んでみると特に楽器の接着について"ニカワは適度な弾力性があり音がまろやかになる"もしくは"容易に解体して修理が可能"という趣旨のことが述べられている。筆者はこの内容について、適切な記述ではない上に事実誤認があると断言せざるを得ない。バイオリンのボディのように、接着面積が少ないものであれば確かに"容易に解体"ということも成り立つが、これは化学系のボンドでも同じことである。さらに重要な事実はニカワは適正な温度で湯せん後、硬化した場合も非常に硬質であるということである。この点でボンドやエポキシより数倍以上硬いように思える(計測方法にもよるが)。接着剤の本の著者である方々は、実際に自分でニカワによる接着・解体作業をした上で本を書かれたわけではないと思われるので、これを声高に非難したり揚げ足を取ることは意味がないと思うが、ここで学べることが1点ある。筆者が尊敬している自動車評論家の方の本に"教科書が間違っていた"という主旨の記述があったと記憶しているのだが、ニカワ接着についてはまったくこの通りであると思う。

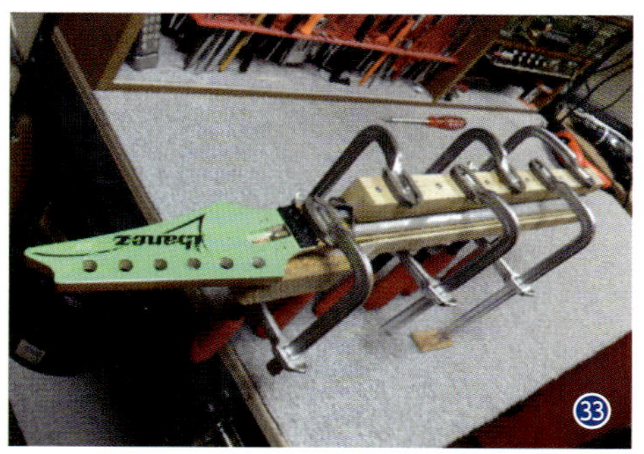
㉝

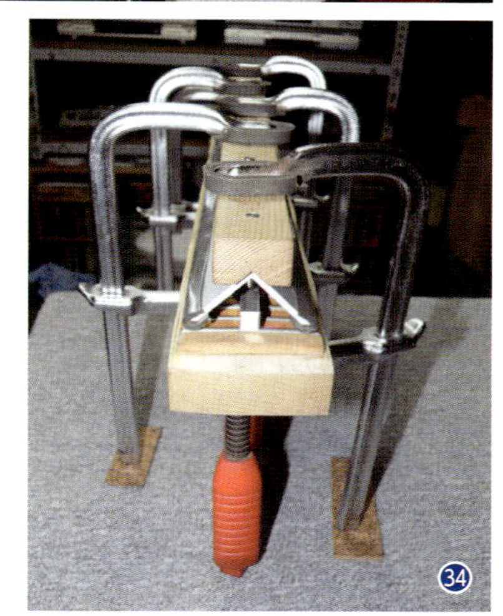
㉞

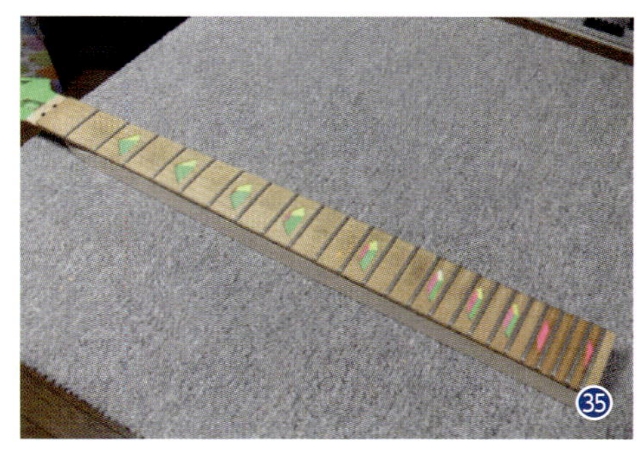
㉟

㊱

㊲

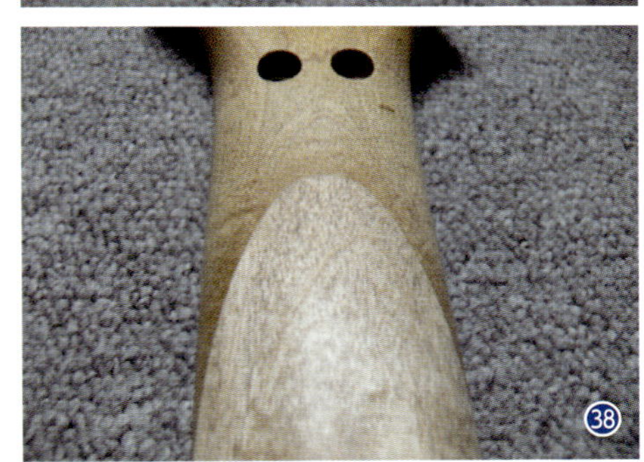
㊳

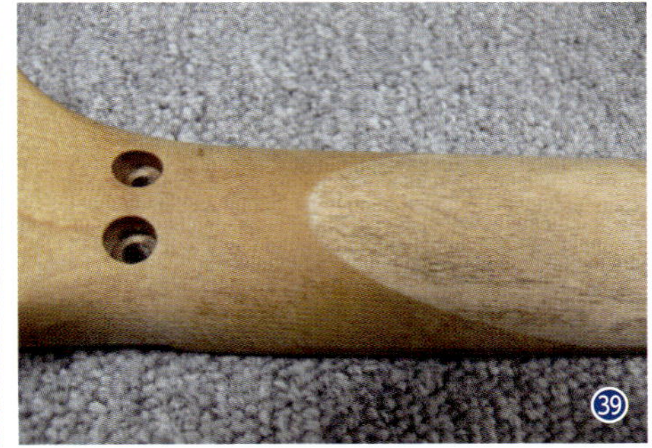
㊴

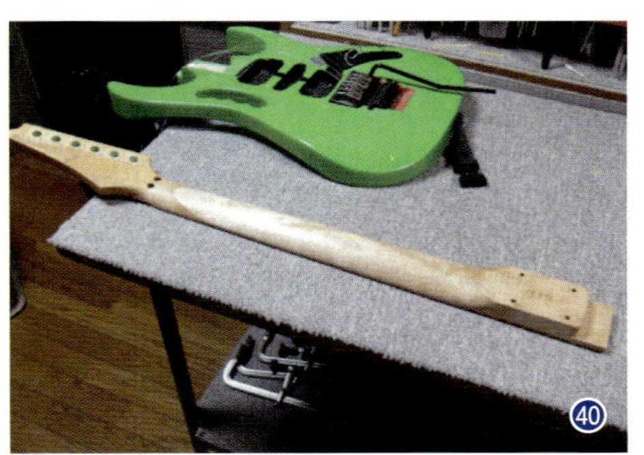
㊵

コラム　22フレット仕様改造

写真㊶、㊷のネックは筆者が改造した某コンポーネントメーカーのネックで、元は21フレット仕様のものを22フレット仕様にしたものである。見ての通り色・木目・導管のパターンもほぼ同じで改造した本人でも見分けがつかないほどの結果となっている。まずその前にこの改造を行うのであれば、アドバイスとして1980年代以降のスラブボード指板もしくはコピーモデルで行い、1980年以前のストラトでは行わないほうが良いと思う。一応1977年以降はNCルーターで製造されているとはいえネックは1970年代末まで一貫して手作業で製造されているためである。

大抵のリペアマンはノコとノミで不要部分を切削しているようだが、筆者はルーターを使用し切削している（写真㊸）。理由は短時間で済むことと高精度が出せる上、フレットスロットを残せるからである。第4章で述べたように熟達している場合1/100 mm程度の誤差であればルーペ無しでも見ることが出来、作業もまたしかりなので、この方法で行っている。要領としてはフレットスロット1・6弦側にルーターの刃をあて、ガイドとなるストレートエッジを調整することのみである。なお、この方法は写真㊹、㊺のようにフロイドローズのロックナット取り付けにも応用出来る。

上記写真㊻、㊼の通り1/100 mmの精度でフレットスロットが残せている。

参考資料として別のメイプルネックでの作業写真㊽、㊾で、これも同様の精度が出ている。なお、この2例でお気付きになられた方もいると思うが、この作業は全フレット交換・指板修正も同時に行うことをお勧めする。リペアマンの中には1〜20フレットまでを残し、21・22フレットのみ作業される方もいるが、木部のサンディングの関係でネックエンド側が下がり気味になり、音質的にも良くない場合が起こりうる(奏法としてハイポジション部で指をスライドさせた場合、パチッと音が出ることがある)。

㊽

㊾

次に指板材のストックの中から色・木目・導管のパターンの最も近い材を選び、薄い強粘着の両面テープで固定しルーターで厚みを決める。その上でフレットスロットに接する部分はストレートガイドを使いルーターで切削し基準面を出す(このときは、ずれないように必ずクランプを使用)。この方法であればサンディングで加工した場合より接着力が強く効くこととなる(写真㊿、投錨効果+材料の垂直性が保てる)。

㊿

51

52

接着硬化後に指板アールとエンド部を整形し22フレット部のフレットスロットを切ることとなるが、ここで問題が1点ある。第1章で述べたようにネックにはセンターがありフレットスロットはそれに対して垂直に切られていなければならないのだが、ノコをあてて20・21フレットで確認するとこれがまったく守られていない。このギターの場合、ネック1弦側サイドに対してスロットの垂直が出ており、全フレットスロットが1弦サイドを基準として同時に押し切りされているということが分かる(写真51、52)。結果としてオクターブ調整でなんとかなるということもいえるのではあるが、第1章の“メーカーでも完全に理解出来ていない”という典型例である。

53

上記のような理由もあり筆者は左の写真53のようにギター製作用のマイターボックスを改造し、ネックを自作のスライドボードに固定して送れるように改良してある。

最後にフレットを打ちオレンジオイルで油分を与えると、ほとんど見分けがつかなくなる。また、酸化と紫外線の関係で数年経つと作業した本人でも完全に分からなくなると思う。なお、スクライバーなどで引っかいて導管とし、パターンを合わせるというテクニックもあるが、このギターに関しては行っていない(写真54)。

54

第6章　塗　装

#1　塗料とシンナー

1. ニトロセルロースラッカーについて

ギター業界では一般的にラッカーフィニッシュという呼称が現在でも定着しているが、本当の意味でフェンダーがこれを実現出来ていたのは1960年代中頃まででであり、それ以降は現在に至るまで下地にポリエステルサンディングシーラーやウレタンもしくはビニールシーラーなどが使用されている。主たる理由としてはコスト低減の一言で片づいてしまうのだが、量産し、多量に売るという株主・経営側の立場から見ると当然と言える。ここで一番重要な点は、下地塗装に何を使っても消費者には分からないし、本物のニトロセルロースラッカーフィニッシュ（以下ラッカー）が失われて50年以上経た現在、下地を含めてすべての塗装をポリエステルかウレタンで仕上げたとしてもオリジナル状態のオールドギターを所有していない限り、トーンの差異を自分で感じることは不可能である。

さらにトーンの優劣がもし各個人の好みであり、耐候性・耐溶剤性に劣るラッカーが最高ではないという意見について筆者は十分に反論出来る。1970年代のフェンダーはボディ下地にポリエステルサンディングシーラーが使われ、ネックにはポリエステルが使われている。この場合、ポリエステルは2液混合による化学反応により硬化するので、塗装・硬化は極端にいえば24時間で終了する。ラッカーの場合は非常に薄く塗装した場合でも水研ぎ・バフがけが出来るまでに最低でも1週間から10日程度はかかる。これはラッカーが硬化するためには溶剤成分が初期揮発の後に時間をかけてゆっくり抜けていくことに起因する。

1970年代のフェンダーでは、上記のような理由もあり、NCルーターの登場も相まって生産本数は桁違いに増加する。しかし現在のギターマーケットを見渡してみると塗装状態の良い1970年代製のギターはあまり存在していない。本来、耐候・耐溶剤性の良いポリエステルのはずなのだが、実は経年変化で自己劣化しているものが数多くある。理由はポリエステルもしくはウレタンは一種のプラスチックにしか過ぎない塗料であり、その成分中の可塑剤や添加剤が経年により変質するからである。

さらにラッカーとひと口にいってもニトロセルロースが主成分でない、より耐候・耐溶剤性に優れたアクリルラッカーという塗料もあるが、これもプラスチックの一種であり、現在ではUV照射により硬化するものなど、様々な種類が存在している。しかしながらこれらもまたギター製造にとってはコスト低減のための塗料に過ぎない。

以上のことから、この章で解説のために使用する塗料はニトロセルロースラッカーのみである。筆者の経験上、60年の時を経てもなお適切な環境・管理下において製造時のクオリティを保っているのは1950年代のギブソンの塗装であり、この当時のラッカーフィニッシュが素晴らしいものであるという証明でもある。つまりニトロセルロースは何から出来ているのかといえば木材パルプからであり、単なるプラスチックではないのと同時にフェンダー社の塗装方法と違い、塗膜の厚みをかせぐために当時のギブソン社はホットスプレー(ホットラッカー)という手法を用いている。これは多量のものを一日中、塗装し続けるという産業用の手法・塗料で湯せんにより70～80℃程度に加温されたラッカーをスプレーするというシステムで、通常のものと異なる溶剤・添加剤が配合された専用のラッカーを使用する。これにより一回にスプレーした場合の塗料の厚みが通常の方法より厚く塗装出来るので木部を保護する役目はオールドフェンダーと比べて勝っている。余談として、ある著名な芸人の方の逸話として「なぜ、古いギターのみを使用されるのか？」といった趣旨の問いに対し「古いギブソンは塗りが違う」という大変風格漂う回答をなさったと記憶している。筆者の個人的な感想としてはオールドフェンダーの塗装は保護という観点から薄過ぎると思えるのだが、この薄さが音の良さにつながるという意見もあるので難しい点でもある。それでは塗装しない方が音が良いかというと結論はNOである。科学的・論理的な説明はまったく出来ないのだが、レストアの経験上、オールドギターのボディが散々な状態でも、ネックが生きている場合にボディを製作し直すことを何度も行った時に、塗装前にすべての組み込みをし、音を出してみると、かなり違和感のある音しか出てこない。本来、サウンドに影響があるのはネックの方が大きいということは経験上、分かっているつもりでも未塗装のボディからは期待する音は出ないということが現実である。

前説明が長く、文章ばかりになったので難解にならないよう、写真❶を参考に説明を続けると以下3点が問題となる。

1．大きな工場のような資本投下(土地・建物・設備)は、筆者のように一人で修理・レストア・製作を行っている立場では資金的に不可能であることと、仕事量からしてもナンセンスなのでホットスプレーや静電塗装の設備はありえない(写真のように1度に3～4台ぐらいが上限)。

2．つまり昔ながらの手法で塗り重ねていくしかないのだが、アルダー材に比べアッシュボディは導管が大きいため、これを塗料で埋めていく手間が数倍必要とされる。この対策として、市販されているウッドグレインフィラーという目止め剤を使用し、導管を埋めるとより簡単に下地が出来るが、木目が多少ボケることや数十年後に目止め剤自体が変質する可能性もある(ギブソンの場合、マホガニー材が主なので木目はボケにくい)。つまりフェンダーの場合、手間ということを考慮すると1960年代途中で下地処理がポリエステルサンディングシーラーに取って代わられた理由はここにある。

木目がボケる問題については至近距離で見ないか、ある程度の着色をするという後ろ向きな解決方法があるが、いずれも技術者として納得出来ない気もする。逆説的に述べると1970年代に何らかの理由でCBSフェンダーが3ピースとはいえアッシュボディに戻しえたのはポリエステルサンディングシーラーがすべてを解決出来たからともいえるし、

1950年代にスワンプアッシュからアルダーボディに変更された理由の一端として塗装に手間がかかり過ぎたから、ということも推測出来る。

3. 手間がかかり過ぎるということはひとえにコストが増大するということで、一例を挙げるといま何かの製品を購入した場合、パソコンでもiPhoneでも新品のギターでも何でも良いのだが、10年ほどで故障し修理不能になったとしても誰も文句はいわない。逆にこれに対しクレームを述べるほうが、どうかしているということが常識となっている。筆者がギターをレストア・製作している立場としてはボランティアで行っているわけではないので、上記の理屈を当てはめると現在のギター同様、10年程度でゴミにしてもかまわないといったことが正当化出来る。

しかしながら“モノ”というものはおもしろいもので、これもまた科学的・論理的な説明が出来ないのだが“長生きするモノ”からは何かしらの凄味が醸し出されると思う。筆者の身近なもので述べると、20年程度使用した上で、恐らく私以上に長生きすると思われるものは、1964年製の真空管式オーディオアンプ・マッキントッシュ(写真❷、❸)、1970年代のJBLスピーカーキャビネット(写真❹)、デイザー社ワークライト(写真❺)、スナップオン社の工具(以上アメリカ製)、インタースツール社のオフィス用チェア(ドイツ製)、桐ダンス(日本製)等々である。桐ダンスについては筆者が入手した時点で製造後70年以上経っているのだが、現在でも何の問題もなく使用出来ているのは驚異的ですらある。これらの製品に共通する点として、製作・開発者の努力・執念の結晶のような何かが感じられることと、それをサポートする従業員・会社の存在が挙げられる。また、同時に当時のアメリカ製品からは技術者やワーカーのプライドが感じられるように思う。事実として上記に挙げた会社の一つは、倒産の危機という失意の中、社長自ら命を絶った後、残された従業員が素晴らしい製品を世に問うた例もある。

❷

❸

❹

❺

なお、これらの製品は一般的に高価とされるのだが、筆者はまったくそうは思わない。どこかの石油王やIT長者しか購入出来ないのならば高価と思うが、上記工具やライトについては本来まっとうなワーカーが、まっとうな仕事を適正な価格で行うためのものであり、逆に現在の世の中を見渡してみると、安物をホイホイと買い、2〜3年でポイポイ捨てる風潮というのはどうかしていると思う。ただし、これらを購入している方々が何とも思っていなければ、それはそれで批判は出来ないかわりに古い日本のことわざにある“安物買いの銭失い”というのは正鵠を射ていると思う。この部分で筆者の結論を述べると、人の一生(もしくは会社)というのは宇宙の時の流れの中で一瞬の出来事にしか過ぎないとしても、アート同様優れた“モノ”は賞賛に値すると思う。

これらのことを踏まえ、あまり手間を省くのではなく自分で満足のいく仕事をするしかない。

さて写真❻のアッシュボディのサンバーフィニッシュである。実際に塗料をスプレーした回数は40回にのぼる。オールドフェンダーのアルダーボディであれば恐らく10回以内で、現在のポリエステルかウレタンであれば数回で済むので、この本を読み同じ方法でアッシュボディを塗装する方々は相当な忍耐力が必要とされると思う。なお、スプレー40回と聞いて単に40回スプレーすればいいから楽勝と思われる方もいるかもしれないが、スプレー3〜4回につき、その都度平滑面レベリングのサンディングを行い、余分な塗料を削り落としていくので誤解なさらないように願いたい。

❻

❼

2. シンナーについて

写真❼の通り、そもそもなぜ塗料とシンナーを分けて売り、塗装の際に混ぜ合わせるのかというと、メーカーサイドでは流通させる際の品質管理の問題などが存在し、塗装の現場ではシンナーの種類、配合量を選ぶことが出来るといった点が挙げられる。

実際に使用する場合の理論としては、塗料をシンナーで溶解し、スプレーによる塗装後にシンナー成分が揮発することにより樹脂成分が硬化していくというのが一番簡単な説明で、これ以上知りたいのであれば専門書を読むことをお勧めする。元来、塗料は主に自動車産業の進歩という歴史によって、より耐候・光・薬剤性などを増すために開発されたものである。例としてアメリカ2大自動車メーカーの塗料の変遷を述べると下記の通りである。

1. 1920～50年代中頃　GM　ニトロセルロースラッカー
   1930～50年代中頃　フォード　エナメルペイント
2. 1950年代中頃～　GM　アクリルラッカー
   フォード　アルキドエナメル
3. 1960年代中頃～　アミノアルキド(熱硬化性)

ここで読者の方々は驚かれたと思うが、ニトロセルロースラッカーはもの凄く旧式の塗料である。出どころは第一次世界大戦終了後に大量に余った火薬・爆薬の原料である硝化綿を何とか有効利用出来ないものかと研究され、そこで出来たものがニトロセルロースラッカーである(それもそのはずで硝化綿の別の呼び名はニトロセルロースそのものである。また、英語表記ではNitrocelluloseで本来意味的にもナイトロセルロースの方が分かりやすいと思うのだが)。しかしながら、旧式の塗料であるとはいえ前述の通りこれこそがギターの塗装にはベストであると述べたのでショックを受けないでもらいたい。

それでもなお、塗装にクラック(ヒビ)が入ったり、変質してしまったオールドギターが存在し、それに対して批判的な意見があることは承知しているのだが、これらはシンナー配合量の過ちやシンナーの質そのもの、もしくは不適切な種類のシンナーを使用した結果というのが筆者の考えである。このことについては#2で詳しく述べるとして、現在ニトロセルロースラッカーで塗装する場合、1950～60年代と比べて明るい材料となることがある。それは昔のものより現在のシンナーの方がより質が高いというところである。これはヨーロッパにおいて環境配慮型もしくは人体に対する安全性という観点により規制が厳しくなったことにより、シンナーの主成分が芳香族炭化水素類であるトルエンやキシレンからエステル類の酢酸エチルや酢酸ブチルになったためである。これによりニトロセルロースに対する親和性が以前より増し、質の高いシンナーになったのであるが、ではなぜ最初からそうしなかったかというと単にトルエンやキシレンの方が原材料費として安価であるということと、シンナーはどのみち揮発して無くなってしまう性質のものなので安いほうが都合が良いと考えられていたことによる。しかしながら後述する不揮発分を低くするための高沸点・遅乾燥性シンナー(いわゆるリターダー)などは少ないながらも残留する成分があるので、やはり多少高くとも酢酸エチル・酢酸ブチルが主成分のシンナーを使用した方が良い(ちなみに多量に使用する産業用として低コストのトルエン・キシレンが主成分のシンナーは現在でも生産されている)。

さらにもう一つの注意点として塗料メーカーは自社の塗料に最適な溶剤として同時にシンナーも生産しているので、メーカーの設計通りに同メーカーのものを使用することを勧める。理由として一例を挙げると酢酸エチルの沸点は77℃で酢酸ブチルは127℃となり、これにより揮発していく順番が異なるため、シンナー中の数種類の溶剤・希釈剤の配合量を適切にすると理想的な揮発・硬化が実現出来るように設計しているためである。なお、筆者の使用している塗料メーカーでは、夏・冬用と季節に応じた専用のシンナーも製造している。

最後に環境配慮や人体に対する安全性によりシンナーの質が向上したと前述したが、逆に配慮がさらに進んだ結果、水性のラッカーというものが生産されるようになっている。これは私見ではあるが出来ればギターの塗装には使用しないほうが良いと思う。自動車産業や建築用に多量に使用するのであれば環境に負荷をかけない水性化の規制対象たりえるとも思うが、せめてそれ以上に長生きするギター・ベース用であれば文化的見地から少しぐらい大目にみて欲しいと願う。

#2　塗装環境

塗装を失敗するとリカバリーに数倍の手間がかかってしまうため、以下の条件を守ることが重要となる。なお、何事も実践の上、トライアンドエラーを繰り返し、その過程において自分で考えた上で本を読むということは重要であり、筆者自身はそれにより98%程度独学で何とかなったのだが、ナンセンスな努力を避けるためにも以下のポイントは順守すべきだと思う。

1. 塗装ブース内温度

塗装可能温度は10℃～29℃でベストは15℃～25℃。30℃を超える場合は即中断する。

2. 塗装ブース内湿度

塗装ブース内湿度は70%以下。これを超える場合は即中断もしくは最初から塗装しない。

3. 絶対不可条件

気温30℃以上かつ湿度70%以上。この2つが重なると最悪の塗装条件になるのだが、世の中、便利なものが存在し、塗料の中に前述したリターダーシンナーを添加する手法がある。これは夏季に上記気象状態となった場合、通常の方法で塗装するとシンナーの揮発速度が著しく早くなる上に、空気中の水分の影響で被塗装物が白化してしまう。専門用語で“かぶり”もしくは“ブラッシング”と呼ばれる現象で、これを修正するにはシンナーのみを白化した部分にごく薄くスプレーするという方法があるが、あまりほめられた方法ではない。リターダーシンナーの語源は英語のRetardで、遅くする・遅らせるという意味の通り高沸点・遅

コラム　オールドフェンダーの塗料

オールドフェンダーに使用されているニトロセルロースラッカーは、ゼネラルモーターズ社(GM)が車の塗装に1950年代中頃まで使用していたものとまったく同じである。開発・製造はテフロン等で良くも悪くも有名な化学メーカー・デュポン社で、これは火薬の原料の硝化綿(ニトロセルロース)を製造していたことと、GMがデュポンの大株主だったことによる。

なお、カスタムカラーについては同社のDUCOと呼ばれるニトロセルロースの物とLUCITEというアクリルラッカーも用いられている(アクリル樹脂もデュポン社の特許で、1956年に同商品名で自動車産業用塗料として一般向けに先駆けて製品化している)。

乾燥性の溶剤・希釈剤が主成分となる(アメリカの映画をよく観る方ならば悪いイメージでこの単語をご存知だと思う)。これを多量に添加すると1970年代から1990年代のギブソンに見られるように、塗装自体、特にネックグリップ部の塗装が軟化している場合、残留成分が手の汗の成分と反応したり、ボディを磨いたときにトップクリア層が垢のようにボロボロ剥げてくる場合がある。恐らく完成直後は塗装が完全硬化しているとは言い難い状態で出荷したことが推測出来るが、残留成分が10～20年かけて劣化した結果である。現在では大量生産を行う大メーカーは温・湿度をコントロール出来るブースで塗装を行っているはずで、このような事態はまれだと思うが、筆者の私見としてリターダーシンナーの使用は控えた方がいいという結論である。

4. 乾燥条件

上記のように夏季には塗装を素直に諦めた方がいいときがあるが、逆のパターンで冬の低温下ならではの問題もある。ラッカーはウレタンやポリエステルに比べて低温下での乾燥性が良いとはいえ、10℃以下の場合、シンナーの揮発が著しく遅くなるために乾燥工程に無理が生じる。そこで考えつく方法として、何らかの手段でブース内を加温すれば良いということになるが、換気扇による排気が必須な上、火気を使用したものは有機溶剤が揮発しているので絶対に不可となり、別の方法をとったとしても結露の問題が出てくる。結論として10℃以下での塗装は諦めたほうがいいというのが筆者の考えである。ただし、日中10℃以上の場合に塗装し、塗料中の溶剤がある程度揮発し塗面の平滑が出た上で乾燥ブースに入れるという手法はとれる。この平滑が出るまでをセッティングタイムといい、これをとらずに急激に乾燥させると爆発的に溶剤が抜けることにより必ず塗装にトラブルが出る。

ここで乾燥ブースを作ってみようという方のために述べておくと(次の項で塗装ブースを建てるという行為よりも簡単である)1度に作業する量がギター3、4台分であれば面積は最低タタミ1～1.5畳程度で十分。使用するヒーターは600～1500W程度のオイルヒーターで、換気扇を使ったセッティングタイムを1時間程とった上で乾燥ブースに入れヒーターのスイッチを入れる。ご存知の方も多いと思われるが、オイルヒーターは温まるのにかなり時間がかかるため、この場合、逆に好都合に働く。温度の目安としては20～25℃をキープし、揮発した溶剤がブースから抜けるよう、完全密閉は避ける(写真❽、❾)。

❽

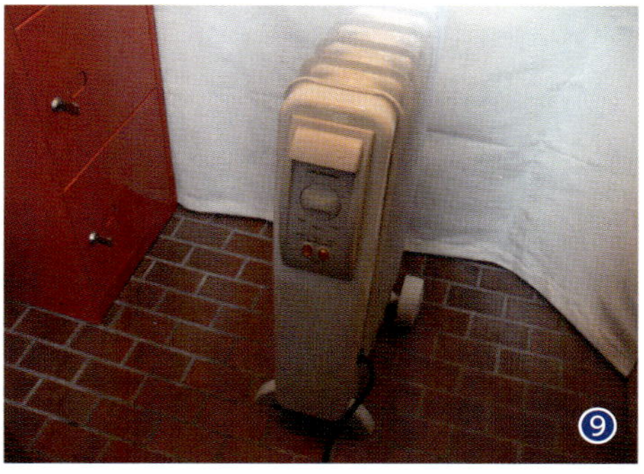
❾

5. シンナーの配合比

問題となるのはオールドギターでよく見られるクラック(塗装割れ)である。これが有るほうがオールドギターの風格があって格好いいという人もいれば、だからウレタンやポリエステルフィニッシュの方が優れているという人もいる。ギター以外の塗装の世界では商品にクラックが入るのはあくまで不良製品なのだが、ことギターの場合これが正しいという結論は出ないといったところが難しい。なぜクラックが入るのかというと、一般的には塗装後に木が温湿度変化・経年により動き、塗膜がそれについてこられずにひびが入るからとされている。しかし材料の木は含水率が10%以下に乾燥された上で加工されているので、極端に膨張したり縮んだりすることはない。変化するのであれば板材は通常、木表方向(樹皮側)に順ゾリに曲がるのでクラックは木目にそって入るはずなのだが、実際は正面からギターを見ると横方向に大きく入っているものが多い。つまり一般的に言われている理論ですべてを説明するのは無理があるということになる。

次に筆者の経験からくる感想なのだが、塗装直後のギターからは最高のトーンは出ないという点である。恐らく塗装後1～2か月では溶剤が完全に抜けきっておらず、完成後、半年から一年程かけて微量に残った溶剤が抜けていくといった推測が出来る。事実、その他の例を挙げるとコンクリート建造物の最高強度が出るのは完成後、何年も経ってからである(時間をかけて水分が抜けると同時に化学反応が起こる)。この場合の計測方法は簡単なのだが、ラッカー塗装の場合、数年後に塗膜硬度が上がると同時に、塗膜が縮んだ後にクラックが入ったということが計測出来れば良いのだが、ギターの場合、木で出来ている上に温湿度の変化も考慮に入れるとその計測は難しいというのが現実だろう。もちろん材料の木も種類と個体差による硬度の違いがあるのでさらに難しいともいえる。

世間一般であまり言及されていない事実として、クラックが入る理由の一因は前述の通り、当時のシンナーの質が高くないものがあるということと、季節の寒暖差に応じて、もしくはテクニックとしてシンナーの量を増減するということが挙げられる。よく聞く話として“長年の職人の勘と経験で調合する”といったたぐいの話なのだが、こと塗装に関しては間違っていると思う。大昔のクオリティーコントロールのとれていない時代の話なら分からないでもないが、現代の塗料はメーカーの厳密な管理の元で製造されている上、化学式を使い、それこそ科学的に設計・製造されているものなので、ここはやはり塗料メーカーの配合比率を順守することこそが一番重要である。一つ残念なことは、この結果が出るのは10年後という点である。

6. 明るさ

最後に塗装をする上で絶対的に必要となることは十分な明るさである。当然の話なのだが意外とこれを守らずに塗装する方々が存在する。理由としては塗料ミストが多量にライトに付着し、結果的に必要最低限の光量に達していないからと推測出来る。塗装ブース内に外光を適切に取り入れるか、ライトを清掃しない限り、どれだけ塗装の腕があっても、よく見えていないのであればまったくのナンセンスである。

#3 準 備

1. 塗装ブース

あまりに硬い話が続いたので、ここでの説明が単なる準備ということもあり、以下、軟らかく述べたいと思う。ギターの修理を始めた頃に木工同様、塗装も独学でやってみよう思っていたのだが修理があまりにも忙しく気がつくと10数年が経っていた。その間、塗装はすべて外注に出していて、ギターリペアマンとして塗装が出来ないことに、内心忸怩たる思いがあったというと人間的にとても謙虚に見えるかもしれないが、実際は塗装のとの字もやったことがないにもかかわらず“オレがやった方が絶対にウマい”と思っていた(この本を書いている時にケンキョってどんな漢字だったっけ？ とすべて手書きのため、辞書で調べたくら

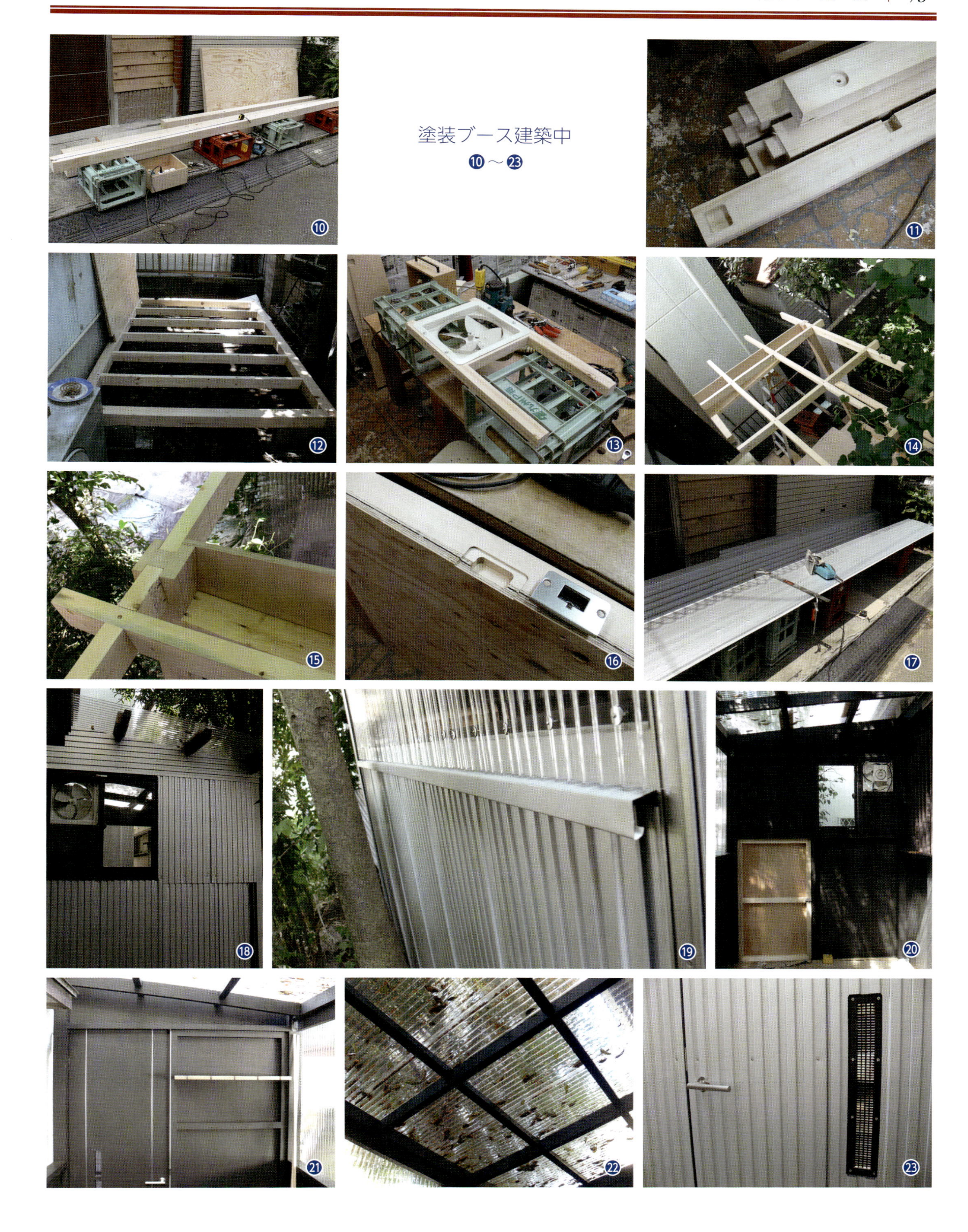

塗装ブース建築中
⑩～㉓

いなので本当だと思う。つまりどこかの誰かのように自分の辞書にケンキョという文字が無いことに気がついた）。

まず塗装ブースを建てたのだが、これもまた独学というより本も読まず、誰にも何も聞かず、インターネットが無いので何も調べず、経済学部卒だから建築学的知識はまったく無し、という感じで建てたものが前ページの写真⑩〜㉓のものである。

建てるスペースも非常に限られていて、木を扱う仕事がらジャマでしかたのなかったキンモクセイの木を切り倒すのもしのびない上、すべて一人で建てたので時間は結構かかったが、満足のいくものが出来た。将来引っ越すのは確実なので、木部ははめ込みネジ留めで接着は一切無しではあるが加工精度が良いため、強度も十分確保出来た。これから自分で建ててみようという方のためにアドバイスすると、どれだけ小さくてもドアを正面だけでなく奥にも計２枚取り付けることである（写真⑳、㉑）。これにより作業前と後の掃除が楽になるだけでなく内部を丸ごと水洗い出来るので外に建てる利点としてお勧めする。

塗装ブースを建てた後、筆者の顧客である一級建築士のＫさんが見に来た時の話である。耐震構造用の金具をまったく使っていない筆者オリジナルの工法を見て「違法建築中の違法建築」と苦笑いしていたので、こう切り返した。「母屋にくっつけずに３mm離してあるからOK」というと「図面を見せてくれ」と、さすが一級建築士と思えるようなリクエストをされた。そこで図面を書いてあるタバコのカートン包装紙一枚を差し出すと「こんだけー!?」と某美容家並みの声量で驚かれた（つまり図面そのものは筆者の頭の中に入っている）。

ちなみにこの出来事から筆者が言いたいのは、設計出来ない者は何を修理するにしろ、修理業をしない方が良いということである。つまり設計能力・資質に欠ける者はギターの修理には向いていない（単なる部品交換業なら別だが）。一例を挙げると、その辺の自称ギターリペアマンに「フレットの位置ってどうやって決めるのですか？」と聞いてみると分かると思う。恐らくおもむろにiPhoneをいじり始めるはずである。そういう人はもともとギターリペアマンに向いていないし、ギターの修理を業とする資格は無い。話が多少辛辣になったので、まとめとしてほのぼのとした話で終わりたい。

㉔

この塗装ブースを建てた夏は本当に暑かった。暑さのあまりマイビールサーバーを導入し、仕事の後本当によく飲んだ（とはいっても建てているだけで本当の意味での収入となる仕事はしていないのだが。また、この塗装ブースは労力・経費的にみて絶対にペイしないということも何となく分かっているのだが）。しかしその時、菩提樹のナントカが分かったような気がした。それは人生とは仕事の後にビールを飲むためだけでも意義がある!! ということである（写真㉔、ビールサーバーの脇で。決して木の下ではなかった）。

なお、ブース外側のサイディングについては、同い年で建築業を営む友人Ｓ君がブース完成間近に遊びにきた折、「外側はどうすんの」と聞いてきたので「ペンキを塗って終わり」と答えたとこ

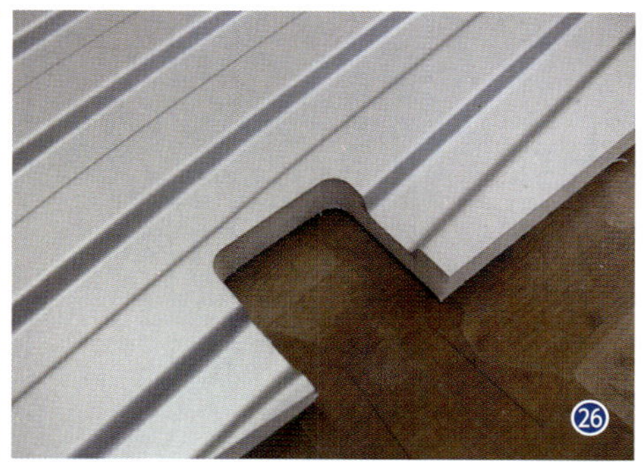

(写真㉕、㉖)金属加工用エンドミルをルーターに装着し低速で加工したサイディング
(写真㉗)取り付け後。こんな加工をしていると、いつまでたっても終わらないという典型例

ろ、おもむろにブースのサイズを測りはじめた。そして数日後、トラックに乗って笑みを浮かべながらやってきたS君の一言「オゴリ！」。見てみると荷台には未加工の金属製サイディング(商品名ガルスパン)がちょうどブース分、積まれていたのだった。この時、筆者はうれしいというより心の中で「あー、また作業が増えてしまう」と泣きたくなった。

2. 換気扇

これについては何をさておき業務用の有圧換気扇を取り付ける(写真㉘)。一般家庭用と違いパーツが金属で出来ており、耐溶剤性のみならず排気能力も格段に違う。塗装作業の場合、素早くVOC(Volatile Organic Compounds：揮発性有機化合物)を外へ排出することが重要で、複数のものを同時に塗装する場合、ブース内にこのVOCが高濃度でたまっていると最初に塗装したものが汚染されてしまう可能性がある(自分の健康も含めて)。

取り付けの注意点としては、取説にも書いてある通りモーターの過負荷を避けるため、使用限界静圧以下で使用することとなっているので空気取り入れ口を必ずつくる(ちなみに筆者はギターアンプ・マーシャルJCM800の排熱用パーツを流用)。なお、写真㉙の通りアルミサッシの窓の手前に加工して取り付けると外部にフードや防虫網はもちろん専用の電動シャッターを付ける必要がなくなる。余談としてこの換気扇は友人兼顧客のMさんに塗装ブース建築記念としていただいたものである。世の中は広いとはいえ換気扇をいただくのは筆者だけだと思う。前述のサイディングのS君同様、Mさんに感謝したい。

3. 備品・安全用具

・温度・湿度計

天気予報で温度・湿度が発表されているが、実は同じ建物の中でも日当たりの良し悪し、風通しなどによりかなり違う。そのため、最低限温度計・湿度計はブース内に取り付ける。一応、大気圧計もついでに付けてみたのだが塗装との兼ね合いについては正直よく分からなかった。なお、湿度計についてはデジタルよりもウエットタオルなどで簡単にリセット出来るアナログ式がお勧めである(写真㉚)。

・防毒マスク

最初に塗装を始めたのが6月後半だったため、タイムリミット的に1か月である程度進めておかねばならないといったあせりから(8月は高温多湿のため、塗装不可)、最初は適当なマスクを付け塗装していた。

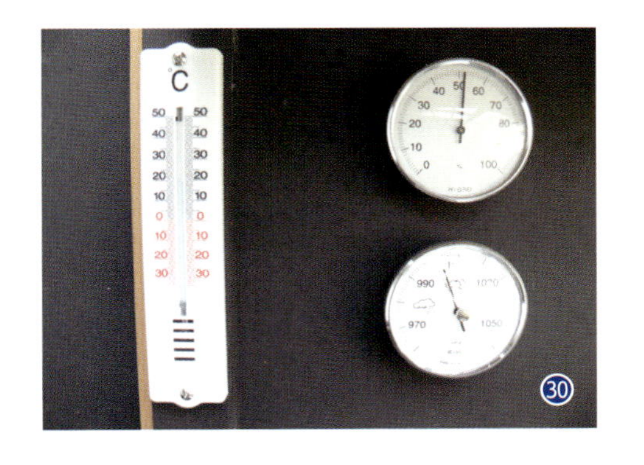

そして予定通り塗装作業は順調なまま７月後半をむかえ、その日がやってきた。

朝起きると、何となくというより、かなりフワフワしているのである。その日は燃えるゴミの日だったので、ゴミ袋を持ったまま何だか変だなと思いつつもゴミ集積所へ向かったところ、大変なことが起きていることに気づく。頭の中で危険を知らせるアラーム音が大音量で鳴っているのである。これは何の警告音なのかとあたりを見渡すが何も無い。しかしそこは道路の中央で、左右をまったく確認せずボーッと渡っている自分がいることにようやく気がついた。もし車が来ていたら間違いなく私だけでなく車を運転されていた方も含めて大惨事になっていたと思うと、人間の危機に対する防御本能は素晴らしいということを実感した出来事だった。しかしそれでもなぜこんなにボーッとしているのかはさっぱり分からない。自慢ではないが多量に飲酒してもまったく二日酔いにならないので前夜のアルコールのせいではないということだけは分かった。アルコールを飲む上で“飲酒量で負けたことがない”という趣旨の頭の良くない発言をする方がまれにいらっしゃるのだが、筆者はそういう人にも飲酒量で負けたことがないので、アルコールのせいではないというのは当然ともいえる。また、このことにより人からは“鉄の肝臓”とも言われているが、肝硬変の場合を考えるとこの表現は文字通り間違っていると思う。

㉛

ボーッとしていても仕方ないので、いつも通りに塗装ブースに向かい、塗装を始めた時、すべてが理解出来た。有機溶剤を吸入すると驚くほどシャキッ‼（この文字４倍程度）としたのである。結論はこれが俗にいう“シンナー中毒”という症状である。筆者のリペアショップはラッカーナッツというのだが、あやうくミイラとりがミイラになるところであった。というわけで慌ててアメリカにオーダーしたのが写真㉛のRespirator Mask（防毒マスク）。効果はこれさえあれば着用の上、傘とビニール袋をもって東京メトロに突入しても大丈夫（違法なものは何一つ持ってなくても多分、共謀罪か何かで逮捕されると思う）というぐらいのものなので必ず着用していただきたい。オチとして実はこの本は英語圏向けに書かれているため、アメリカ向きに述べると、このマスクさえあればサダム・フセイン大統領のいた頃のイラクに突入しても大丈夫ということである（結局何も出てこないのだが。一応アメリカンジョーク）。

・グローブ・防護用具

グローブに関しては耐溶剤性があり手にフィットすれば何でも良い。筆者が使用しているのは写真㉜のディスポーザブル・ニトリルグローブである。

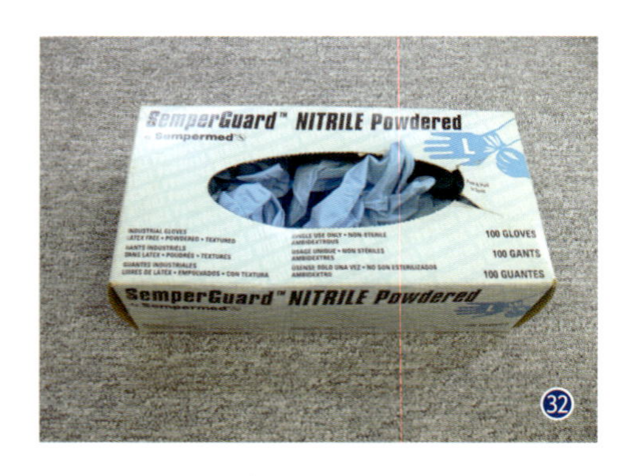

㉜

ゴーグルに関しては、プラスチックレンズの眼鏡をしている方は注意が必要である。シンナーが悪影響を与えるためで、筆者はわざわざ今どきあまりはやらないガラスレンズにしている。

防護服についてはアメリカでも州によっては人体に対する安全のため、様々な防護用具・服を塗装時に着用することが義務づけられているようであるが、最低限、被塗装物を服から出たホコリで汚染しないように注意する。

#4 工具・ジグ

エアスプレー塗装をするための工具と自作ジグについて述べる。一応エアの流れの通り、順番通りに説明するが、何か一つ欠けても適切な塗装は出来ないので、塗装する場合はすべて揃えることをお勧めする。

1. エアコンプレッサー・エアホースリール

㉝

エアコンプレッサー(以下コンプレッサー)とは空気を圧縮しエアツールを動作させたり、塗装のためのスプレーガンに圧縮空気を与えたりするためのもの。塗装に特化するのであれば高価なものよりオイルレスコンプレッサーの方が向いている。現在は中国で生産されているものがほとんどで、昔より劇的に価格が下がったということはグローバル経済の良い面というところかもしれない。

注意点としては適正かつ安定的な電圧を必要とするため、設置する場合は分電盤や電力メーターに近いコンセントを使用する。使用上の注意点は空気を圧縮すると必ず水分が発生しタンク内下部にたまるので、使用後は毎回必ずドレンボルトもしくはボールバルブをあけ水を排出する。また、水分対策のテクニックとして多湿の時期は設置してある部屋をエアコンでドライ運転し、コンプレッサーが吸入するエアを強制的に除湿する方法もある。

エアホースについてはなるべく径の大きいものを使用する。写真㉝のものはアメリカのメーカーのもので3/8″規格で出来ており通常のものと比べてかなり太い(外径15.5mm、約5/8″)。なぜ径が太い方が良いのかというとコンプレッサーから塗装ブースまで10～15m程ホースを引きまわした場合、かなりの圧力損失があるからである。これに関しては、ホース内径の違いによって流量N/minに対して何MPaが距離に応じて失われるといった計算が出来るのだが、難しい計算をするより使用してみれば簡単に体感出来る。なお、参考までにメーカー名はLegacy。現在は中国製造でこれもまたコンプレッサー同様、アメリカ製だった頃に比べ、劇的というより激的に値段が下がった。

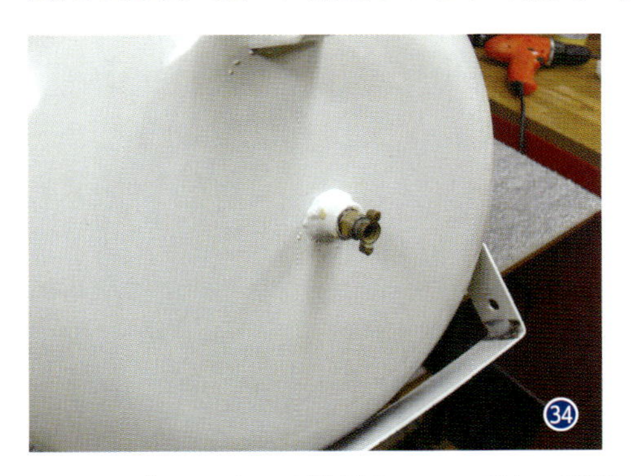

㉞

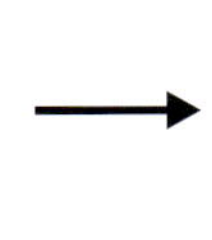

㉟

コンプレッサーの改造については、世間一般で売られている製品は必ず改良出来る余地があるというのが筆者の考えである。レオ・フェンダー氏は、そのおそるべき才能の一つとして、自分が世に出した製品についても改良し続けた。ギターアンプを例にとって説明すると1960年代初頭のコンサートというギターアンプを各年式購入し調べてみて分かったことだが、毎年のようにどこかに変更点があり、設計・改良に対するレオ・フェンダー氏の執念といったものが感じとれる。一般的にはギター・ベースの方が分かりやすく評価も高いが、ギターアンプに対するレオ・フェンダー氏の功績は、計り知れないと思う。

今回改造した写真㉞のコンプレッサーについては、本来は木製の脚ではなくハンドルとホイールがついている。このホイールは市販されているほとんどのコンプレッサーについており、コンプレッサーの移動に使用する。しかし実際に建築現場などで使うならともかく、大半は一度設置したら故障するまで二度と動かさない。その上、構造上タンク下部に水分排出用のドレンプラグがついており、ホイールによる地上高が低いことも相まって手を入れづらいという問題がある。そこでまず地上高を上げるために脚を製作しドレンしやすくした。次にせっかく作業台に乗せたので、旧式のオーリングを使ったドレンプラグを外し、写真㉟のようにボールバルブを取り付けて完成とした。理由は単純でドレンする際に水と高圧の空気が同時に排出されるため、この部分のオーリングが小径ゆえ傷みやすく交換が必要になるからである。

後日談として、購入してから数年間このコンプレッサーを、修理依頼品のギブソンES-335などの内部清掃の他、愛用のアメリカ製ニューバランスの中の清掃などに使用していたところ、友人兼顧客のN君28歳がまったく同じコンプレッサーを購入し「同じように脚を作って下さい」と電話連絡の上、わずか20分後に持ってきた。常日頃まったくインターネットが使えない私を手助けしてもらっている義理も恩義もあるため、「めんどくせー」といいつつも、すぐに作業台に上げてみた。するとそこには新型としてボールバルブが標準装備されていたのであった。やはり改良すべき点はあったようである。

最終的にジャンク品のエアコンプレッサーを入手し不要なコンプレッサー部を除去した上でエアタンク部に改造を施し、写真㊱のようになった。予備タンク＋2系統エア・アウトレットで水分対策としても十分である（水分はコンプレッサータンクにたまり、予備タンク側はほとんど圧縮エアとなる）。

2. エアトランスフォーマー

塗装業界では古くから一般的にトランスフォーマーというが、エア圧を制限するという意味でレギュレーターとも呼ばれている。写真㊲のものは水分と5ミクロン以上の異物を除去する能力もプラスされているものでアメリカではウォーターエクストラクターという呼び名が一般的である。これもまた前述のものと同様、アメリカ製造や日本製造の頃と比べて劇的に安くなった。あまりの安さに多少心配になり、少々高めの台湾製を購入しブース内に設置したところ素晴らしく具合が良かった。それにしても日本製の1/4以下の価格でこのクオリティが出せる現実に驚くと同時に日本の先行きがちょっとだけ心配になった。何はともあれこれと同等のものをお勧めする。

3. ブローガン・スプレーガン

写真㊳がブローガンでエアダスターとも呼ばれるもので、圧縮空気でサンディング後の粉やホコリを塗装前に飛ばすために使用する。前述の通り筆者はスニーカーの内部清掃にも使っているぐらいあたりまえの前なので、ここで取り上げるのを完全に忘れてしまっていたぐらいなくてはならない必需品。なお、このブローガン（マックツールブランド・ス

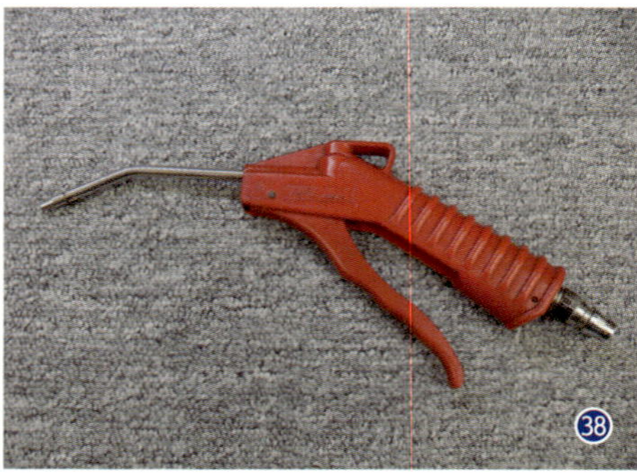

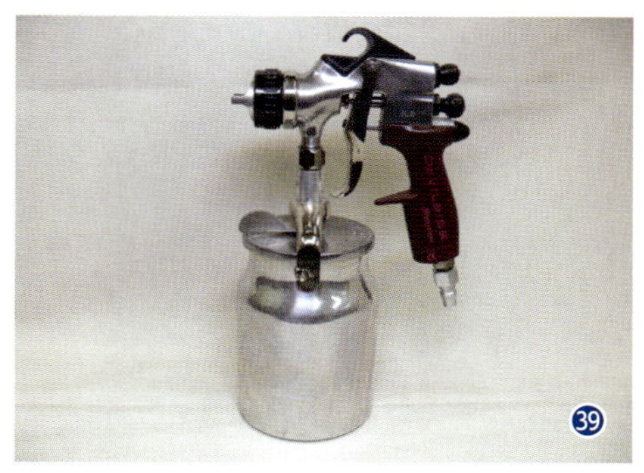

1990年代HVLPスプレーガン

最新型LVMPスプレーガン

イス製)を含めスプレーガンも筆者の使っているものは少なくとも20年以上前のものなので、まったく同じものが現在も入手可能かどうかは微妙である。

写真㊴、㊵が塗料を入れてスプレーするためのスプレーガンで、用途・好みに応じて上もしくはサイドカップの重力式や下カップのサイフォン式がある。また、近年ではガンそのものではないが、3M社のPPSという塗料カップにとって替わる画期的なシステムもある。メーカーとしてはアメリカDEVILBISS(デビルビス)社とドイツSATA(サタ)社が有名だが、これもまた現在では台湾や中国のメーカーのものが非常に多い。なお、現在ではスプレーガンを上下に向けやすいことから、サイドカップ方式の使用がどの産業でも圧倒的に多いようなのだが、筆者の使用しているものはすべて下カップのサイフォン式である。理由はオールドフェンダーがそうだったからという単なる見てくれと格好から入るという人間的な一面もあるデビ派。でもいつか高価なサタもバンバン使ってみたいと思う本日48歳独身。とまあ冗談はさておき、実際の使用方法と構造・詳細は#5で述べる。

4. 塗装用ジグ

30代後半からやたらと首が痛かったり(借金は無いのに首が回らなかった)、40代で右肘が激烈に痛かったりして、ある程度の年齢になると体にガタが出てくるようになった。42歳で左目も壊れたので、それもこれも仕事のし過ぎが原因なのだろう。そこから得られた教訓として、無理な姿勢・環境で長時間作業するより工夫したほうがましという結論に至った。読者の方々にとっては何で塗装に関係のない筆者の健康問題を読まなければならないのかと不思議に思われるかもしれないが、1970年代フェンダーのアッシュボディを複数台、仕事としてリフィニッシュする場合、左手でこれをホールドし、右手でスプレーすると間違いなく左肘がおかしくなるのは目にみえている上、じっくり落ちついて仕事をするとなると必然的にジグが必要となる。自分の健康を考える上で、ジグは自分で作った方が良い(実際にほとんど売っていないというより、売っていても設計が根本的におかしいので役に立たない)。

・ネック用ジグ

写真㊶のものはジグというよりハンドルで筆者が設計したものである。ハンドル部はスナップオン社のドライバーを流用したもので、1990年代末にモデルチェンジとなり生産終了となっていたのだが、偶然にもこれを作る時に再生産された。耐溶剤性もありドライバーハンドルのデザインも世界で一番これが優れていると思うので、再生産してくれたス

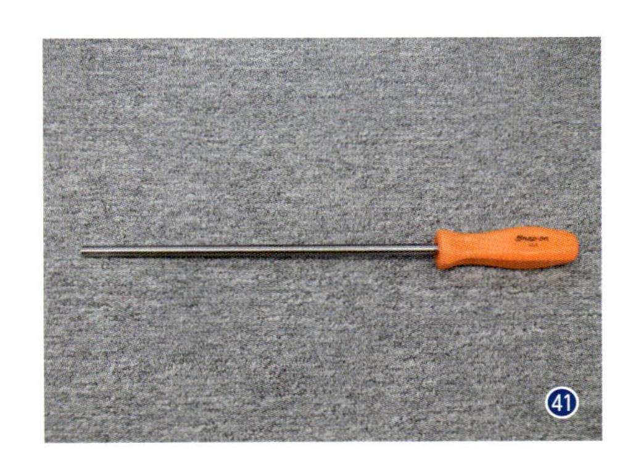

ナップオン社に感謝すると同時に、アメリカでは10数年の時を経て“これでなければ”と思っていた“誰か(単数形・複数形にかかわらず)”の要望が再生産につながったと思われるので、この方にも深く感謝する。たかがドライバーハンドルと思われるのも仕方ないのだが、筆者にとってはデッドストックの差し替え用ドライバーブレード同様、血眼で流通在庫を探していたので心の底からそう思っている(近年の純正ブレードは日本製で筆者にとっては使いものにならない)。

なお、筆者は大型の旋盤を持っていないので、バーについては図面を引き専門業者に外注した。バーはステンレス製で直径9mm、ハンドルにネジ込む部分はプラスチックが相手なので5/16″NCとし、トラスロッド部は当然#10-32とした。1960年代初頭のトラスロッドの規格#8-32のリフィニッシュには適合しないが(62ページ参照)その場合は別の方法をとるか、その仕様でバーを作る。

・ボディ用ジグ

これもまたジグというよりハンドルで直径19mm(3/4″)のステンレスパイプをベンチバイスでつぶして作ったもの(写真㊷)。一番難しい点としてハンドルを引っかける部分の穴あけが挙げられる。金属加工の常識として、いきなり最終径の9mmであけずに小径のドリルビットで複数回、修正しながらドリル径を上げてあけていく。

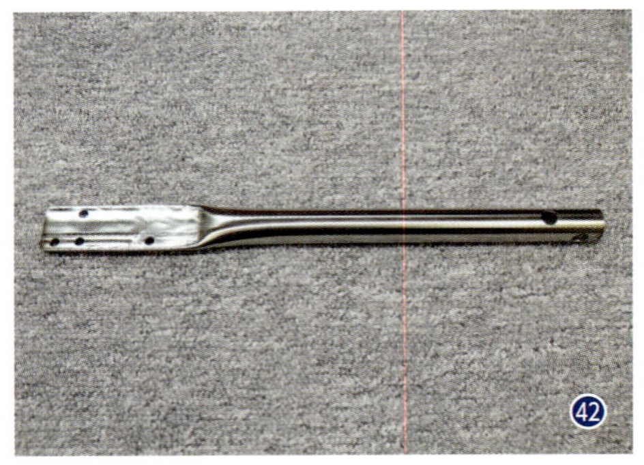
㊷

写真㊸のグレーのバルカンファイバーはハンドルとネックポケットの間にはさみ、ハンドルとボディが密着するのを避けるためのもので、密着していると塗料によりくっついてしまうので必ず自作する。固定方法としては一般的に99.9%木ネジを使い、ネックポケットにねじ込んでいるようであるが、その方法はボディのネックセットスクリュー部が多少広がってしまう上に、その他の場所にネジ穴をあける方法をとったとしても安易で格好悪いといわざるを得ない。そこで筆者の方法は写真のようにステンレスのキャップボルトを皿加工し、ボルトとセレート付のフランジナットで固定している。セレートについて説明するとSerrate：鋸歯状のもしくは鋸歯のあるという意味で、もっと簡単にいうとナット底面にギザギザが付いている。1970年代以降のフェンダーアンプではスピーカーが振動により緩むことを防ぐためにこのナットが使われている。正確にはSerrated Hex Flange Locknutという。

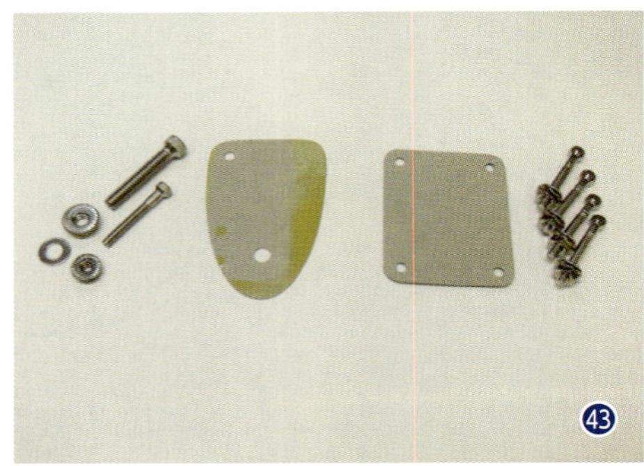
㊸

キャップボルトについては1970年代の3点留め用として、太い方は1/4″-20レングス1-3/8″で、細い方は#8-32レングス1-1/4″を皿加工の上、使用する。4点留めに関しては、ネックポケットの深さが3点留めに比べて浅いため、#8-32レングス1-1/8″を使用する。なお、日本やヨーロッパではインチネジが入手しづらいこともあり#8についてはメトリックのM4で代用することも出来るが1/4″のボルトはM6で代用出来るとはいえ径が細くなってしまうので、出来ればインチのボルトで揃えたい。

補　記

メトリックに慣れている国の方々はアメリカのインチ表記・規格にかなり苦労するのだが、オールドギターはパーツだけでなく設計まで含めてすべてインチで成り立っているので、ギターリペアを仕事とするのであれば理解に努める他ない。むしろ1980年頃以降のアメリカ車はインチもミリも併用して生産されているため、これを理解するよりパーツ点数の少なさからギターの方がよりとっつきやすいと思う。参考までに筆

㊹

者がインチ規格のネジを理解するために読んだ本は写真㊹の『Inch Fastener Standards 8th Edition』というタイトルの本で、1146ページありアメリカで売られている。価格は500ドル程度だったと記憶している。

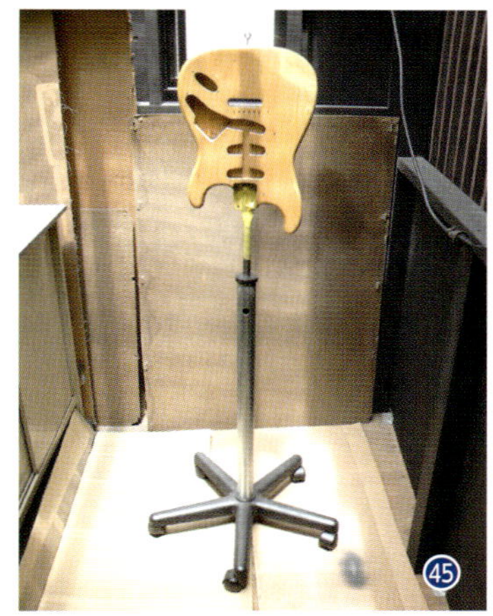

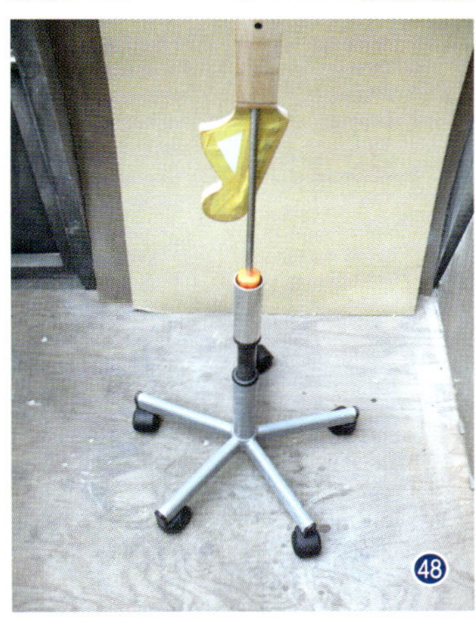

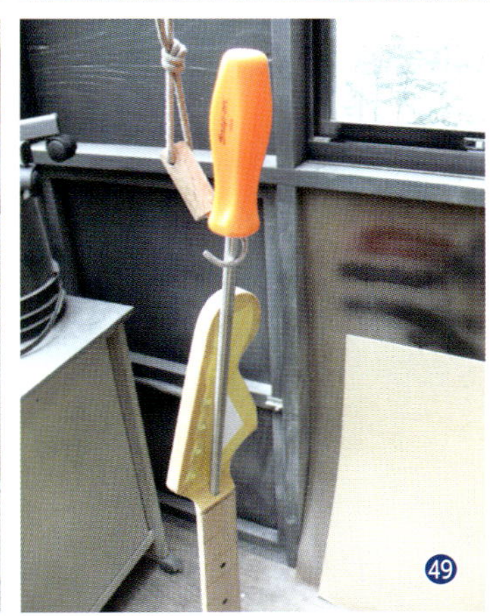

・ボディ・ネックホールドジグ

写真㊺～㊾はすべて筆者の自作ジグである。使用方法は写真で一目瞭然だが、ボディ用は10年程使用されたオフィスチェアのガス抜け廃棄品を再利用したもので、ネック用も同じようにして作った。パイプについては工事現場の足場を組むための単管パイプを切断し、サイドに貫通穴をあけ上部を製作した。上部の木製部分の作り方は以下を参照いただきたい。

ボディ用を作った時あまりにも多忙だったため、写真を撮ることを失念してしまった。そのため、写真㊿はネック用で、プライウッドを加工し製作した。ボディ用はプライウッドを4枚加工し接着したと記憶している。なお、この加工は旋盤を使わずにトリマー＋トリマーテーブルを使い、かなり高度な木工加工の説明をしなければならないため、今回はご容赦いただきたい。機会があれば次の著作で述べたいと思う（それ以前にこの本がある程度売れてもらわないと不可能なのだが）。

#5 ボディ塗装

ボディ塗装の実践に入る前に、ボディカラーと、それに伴う下地処理の違いについて、もう少し説明を続けさせてもらいたい。以下写真51～58がフェンダーの代表的な4パターンである。

1. ボディ色

・トランスペアレント（写真51、52）

1972年ストラト　ナチュラルフィニッシュ

Transparent：透明な・透き通って見えるという意味で代表例としてナチュラルフィニッシュがある。ほとんど着色せず材色を生かしたものから経年変化を再現したものまで様々あり、各個人で好みが違い、その差も大きい。フェンダーでは薄い黄色が基本だが、その他に木目の見える乳白色のものや、テレキャスターでおなじみのバタースコッチと呼ばれるものもある。

ナチュラルフィニッシュの一番手間がかかる点は、リム（ボディサイド外周部）の部分まで透けて見えるので、塗装前のサンディングを完璧にしなければならないことである（木口部分のサンディングについては第３章#4を参照）。この手間により実はアッシュボディのナチュラルフィニッシュが一番コストがかかる気がする。

・サンバースト（写真53、54）

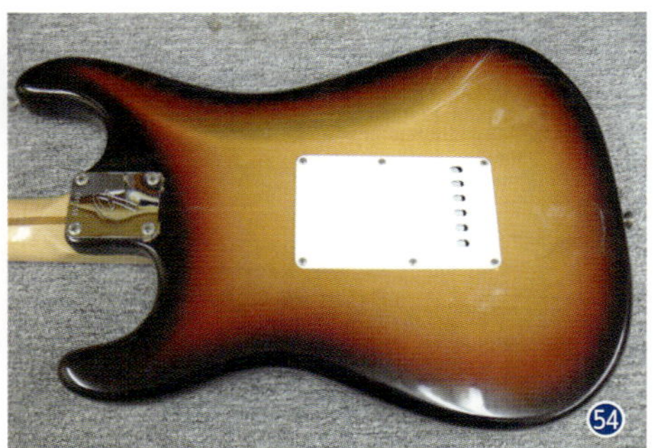

1971年ストラト　サンバースト

1954年のストラトで採用されたカラー。ダークブラウン塗りつぶしのリム＋ブラウンのバースト部＋トランスペアレントのイエローセンター部で構成されておりフェンダーの代表的フィニッシュ。1958〜59年頃に赤が追加された上で、いつのまにかブラウンがブラックに変更され呼び名も２トーンサンバーストから３トーンサンバーストへ変わった（なお、ボディ材は1956〜57年頃にスワンプアッシュからアルダーへ変更された）。

利点としてはナチュラルフィニッシュと違いリムの部分が塗りつぶしのため、サンディングをそこまで神経質に行わなくてもいい点が挙げられる。一方、芸術的なサンバーストを塗装するとなると、かなりのノウハウと腕が必要とされる。そのためオールドフェンダーでも各塗装者によりかなりのバラツキが認められることと、失敗を恐れるあまり、ある年式から塗装方法を変更したためにダイナミックさが失われたように思える(この点については後に詳述する。以上、筆者の私見である)。

・オペイク(写真55、56)

1968年ストラト　オリンピックホワイト

Opaque：トランスペアレントの対義語で不透明な・不透明体という意味。この本を読んでいる方の場合、かなりの割合でご存知だと思われるが、サンバースト塗装に失敗し、その上から赤・黒・ブルーなどを塗装し、木目どころか失敗をも塗りつぶすというネガティブ(?)ながらも経済的な一面もある。それを抜きにした場合には赤一色などいかにもアメリカ的なカルチャーのアイコンとして何か特別なものが感じられるように思える(資本主義なのだが)。

1960年代初頭、イギリスのフェンダー輸入代理店だったセルマーが、カスタムカラーを発注しても中々入荷しなかったため、サンバーストの上から赤をブッかけてかなりの数をオリジナルカスタムカラーとして売ったともいわれているので、その後のリフィニッシュも含めて本物のファクトリーフィニッシュを見分けるのは難しいと思う。

現在オールドのカスタムカラーはサンバーストに比べてかなり高価なのだが、生地仕上げ時のサンドペーパーの跡はもちろん、木目も見えなくなるので、実はこの方法が一番低コストともいえる。なお、このように書くとかなりアイロニカルに思えてしまうのだが、人の好みや希少性ということを考えると、これもまた正解はないといったところだろう。

・メタリック(写真57、58)

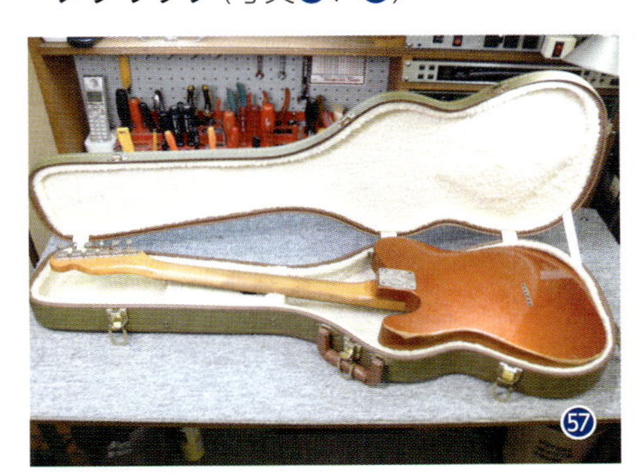

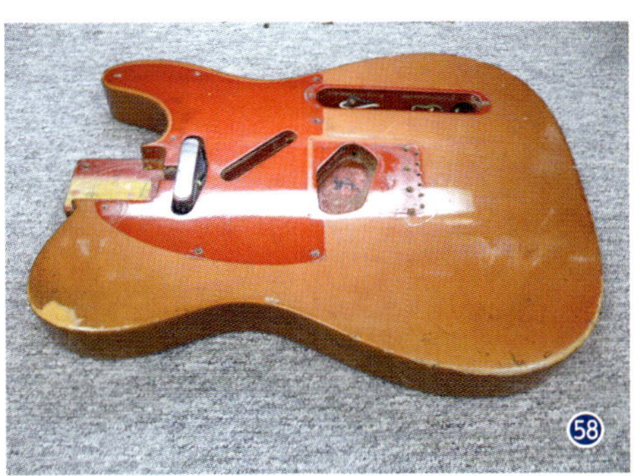

1967年テレキャスター　キャンディアップルレッド

アルミやブラスの粉もしくは片を使用し、クリアラッカーと着色剤を混ぜて塗装する。好みの問題なので断定はしないが、いくらこの金属粉・片に対して攻撃性の少ないクリア塗料を選択したとしてもギターを使用するものと仮定した場合、30～40年で自己劣化し木部を保護する役目は終了する。その期間で十分に元がとれるともいえるし色に対する人の好みについて、これが正しいということは絶対にいえないのだが、筆者の私見としては耐候・耐久性ということに関して疑問符がつく。

　さてお待ちかねの実践編である。まずボディ塗装する前の下処理として、サンディングを終えたボディに付着した粉などをブローガンにより除去する。さらにブローで取りきれない細かい粉については3M社製のクロスやハケを併用し、完全に拭き取った上でもう一度ブローする。なおこの時、油分を付着させないように手をよく洗うかニトリルのグローブを着用する。

59

60

　ボディエンドに写真59の#3ロングアイスクリューを取り付けてついに塗装開始と思っていたら、このストラップボタン用の穴も曲がっていてだめということが判明した(写真60)。その他のパーツ取り付け穴はここ以外すべてやり直してあったのだが、ここまでやらなければならないのは1970年代製ならではのことである。つまりすべてのネジ穴が信用出来ないという結論であった。

61

2. 下塗り・ラッカーウッドシーラー

　用意するのはニトロセルロースのウッドシーラーとメタノール・酢酸エチル・酢酸ブチルが成分のシンナー(写真61)。市販されているウッドシーラーとしてビニール系やウレタン系のシーラーもあるので間違えないようにしたい。ここで使用するものは主成分としてメチルシクロヘキサン・イソプロピルアルコール・酢酸エチル・酢酸ブチル・ニトロセルロースが挙げられるのでニトロセルロースラッカー専用の下塗り塗料となる。サンバーストであろうが何色であろうが次の中塗り塗料の吸い込み止めのベースとなるもので、ボディ生地調整の最終仕上げという意味合いもある。

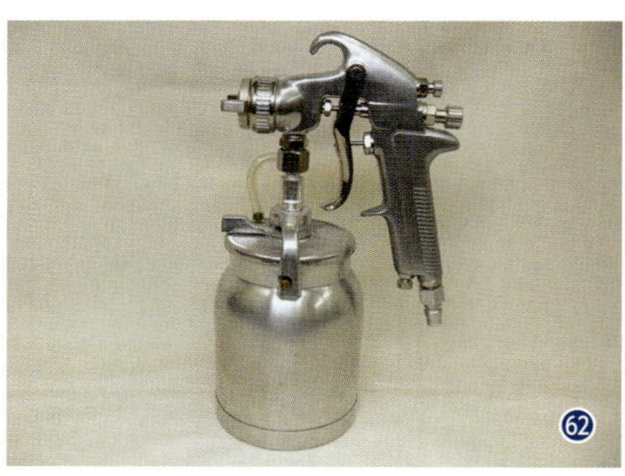
62
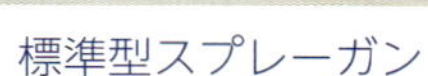
標準型スプレーガン

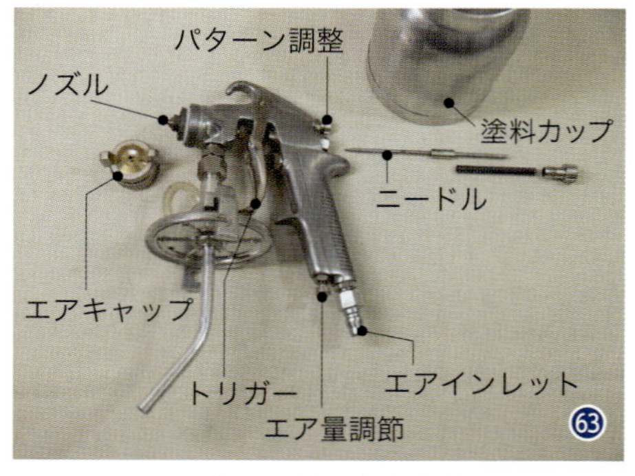

63

スプレーガン各部名称

　ここでスプレーガンの説明として写真62、63を見てもらいたい。

　トリガーを引くとニードルが引っ込み、エア圧により塗料がノズルからスプレーされるという単純な仕組みで(これを1888年に考えた人は偉いと思う)、塗装パターンを丸か縦長にするにはパターン調整ツマミを回し、エアキャップがその役割を担う(と、どんな塗装の解説書より簡単に数行で書いてみた)。

ここで順守することはたったの3点である。

〈順守1〉 バースト部塗装時のように塗装パターンを丸にしない。つまりバースト部は丸の塗装の連続である。よってボディをスプレーする場合は面積が大きいので、パターン調整は縦長のままでOKである。これは缶スプレー塗装を一度でも経験したことのある人なら簡単に分かる理屈だと思う。

〈順守2〉 スプレーガンに入るエア圧は0.2MPa(メガパスカル)もしくは30Psiかこれより少し上程度で十分である。0.25MPaよりエア圧が高いと塗料とエアをむだに消費するだけなのでブース内のレギュレーターで上記圧力に設定する。なお、スプレーガンにエア量調節ツマミがついている場合は、これを最大にするかどうかは任意で調節する。

〈順守3〉 塗料噴出量を決めているのはトリガーやニードルというよりノズル径が重要なので、ここは最大でも1.8ぐらいを選ぶ。車のドアやフードを塗装する場合は2.0以上で良いのだが、あくまでそれより小さいギターの塗装なので1.4～1.8といったところが適正である(写真のものは1.8)。

以上を守ればあとはコツだけで、これも以下の3点のみである。

〈コツ1 ボディとスプレーガンの距離〉

約20cmといったところで、これより遠いと塗料がむだになる上、仕上がりがパウダー状になる(金属塗装の場合、次のスプレーのために意図的にこのように塗装する場合がある)。逆に20cmより近いと塗料のタレが生じやすくなる。

〈コツ2 スプレーガン運行速度〉

遅過ぎるとタレが生じ、速過ぎると塗料の付着が足らない。よってベストな運行速度というものが存在するが、これればかりは経験した方が手っとりばやい。適切な運行速度が実現出来ていれば、きれいなウエットコートに仕上がる。

〈コツ3 塗装面とスプレーガンの角度〉

ベストは90°である。実例を挙げて説明すると、ネックの場合、摩擦によるスレも多分にあるのだがボディエッジ同様、エッジと呼ばれる部分が一番剥がれやすい。これは単にスレの問題だけでなくエッジに対して90°でスプレー出来ていないことにもよる。よってボディの場合、アール部・側曲・平面と3段階にスプレーすることが重要である。

以上コツとして3点を、いかにも簡単な作業という説明で終えるが、このあとアッシュボディならではのサンディングという地獄のような作業が待っているので覚悟していただきたい。

補記として、ウッドシーラーを複数回スプレーする際の注意点として、一度の厚塗りを避けるために2～3回に分けるのだが、塗装間隔時間として、溶剤の初期揮発が終わるのを待つため、30～60分程度あける(環境温度が季節によって異なるため。なお、これは中塗り・上塗りでも同じ手法をとる)。

塗装終了後、1～2日程度おきウッドシーラーが硬化したところで#320のサンドペーパーで下地が出ない程度に丁寧にサンディングする(以降、表記の都合上、サンディングを研磨と呼ぶ場合有り)。

64

3. 中塗り・ラッカーサンディングシーラー

次に用意するのが写真64のサンディングシーラーである。何がウッドシーラーと違うのかという疑問に答えると主成分は似たようなものが配合されているのだが、ステアリン酸亜鉛が加えられており塗装後に研磨しやすいようになっている。塗装面の平滑を出すための中塗り専用のシーラーでその原材料由来により多少透明度が落ちるため、サンディング時にほとんどを削り捨てることが重要となる。色々調べてみるとこれは第二次世界大戦後の日本で開発され世界中に広まったようなので、日本の塗料メーカーの実力のほどが分かる。実際のギター塗装に使用する場合、アルダーであればスプレー数回で十分だが、アッシュの場合、ウッドグレインフィラー(目止め剤)を使わないのであれば、30回程度スプレーが必要となる。

ここで重要な点は3〜4回程度スプレーし、硬化後サンディングすることである。理由としては木目が 〰〰 (木部のでこぼこ)となっているので塗料をスプレーしても 〰〰 (塗料のでこぼこ)となるために何回スプレーしようが、その都度サンディングしないと平滑面が出ないといったことによる。また、乾燥・硬化が進むにつれ平面が出せていたつもりでも時間が経つと溶剤が抜け 〰〰 (塗装面のでこぼこ)という状態になるためにスプレー回数が必要となる。

65

66

写真65、66がそのサンディングの様子で、スケジュールを以下述べると

1日目：ウッドシーラー研磨 → エアブロー → サンディングシーラー3〜4回スプレー → 乾燥ブース(環境温度15℃以下の場合)

2日目：サンディングシーラー研磨 → エアブロー → サンディングシーラー3〜4回スプレー → 乾燥ブース(同上)

となり、スプレー4回につき1回サンディングする場合、トータル30回スプレーするとなると7回程サンディングが必要となり、気象条件が良いと仮定しても中塗りだけで8〜10日程かかるということになる。

逆の考え方で、途中のサンディングをまったくせず30回スプレーした上で、最後にまとめて1回でサンディングを終わらせる方法を誰でも考えつくと思うが、溶剤が多少残ったまま塗膜が厚くなっているので、サンディングに適した硬化状態になるのはその厚さゆえ1〜2か月後になるのは目にみえている。つまりこの方法はサンディング作業までの時間を考慮すると無理があるということになる。

結論として最終的に理想的な塗膜厚にするためには、ニトロセルロースフィニッシュの場合手は抜けないということと、塗装の明瞭度のために研磨によりほとんどのサンディングシーラーを削り落とすということである。

4. 着色方法 染料・顔料について

67

68

ここではナチュラルフィニッシュを例にとり着色方法について説明したい。写真67、68は染料による着色塗装を行った後にサンディングしたものだが、“なぜ塗面のフラットは既に出ているのにわざわざもう一度、サンディングを行ったのか”という疑問が浮かんだはずだ。

着色について述べる前にこれをまず説明すると、サンディングすることにより塗膜が活性化し、次にスプレーする塗料に対する付着性が向上するためである。特に塗装後、雨が続いたなどの理由でしばらく塗装が行えなかった場合、溶剤の大半が抜けているのでこれを行うと前回の塗装に対する密着性が確実に良くなる。なお、使用するサンドペーパーは#320～400程度で十分である。#600ぐらいでないとペーパーによるキズが深くなってしまうと心配するかもしれないが、上記理由の補足としても成り立つ点として、次に塗装する溶剤成分がペーパー跡を溶かしてくれるので問題はない。とはいえかなりソフトにペーパーがけすることが重要であり、力をかけ過ぎないようにしてほしい。

次にこれに気づいた方はほとんどいないと思われるが(もし気づかれたのであれば筆者の方が驚く)、スプリングキャビティの内部は30回もサンディングシーラーをスプレーされているのに塗料が厚塗りされていない点である。市販されているギターのようにポリエステルサンディングシーラーを使用している場合、ここにこってりとシーラーが残っているのをご存知の方も多数いると思われるが、サンディングが困難な場所ゆえそのようになっている。ここでタネをあかすと、筆者の場合、ルーターにトップベアリングパターンビットを装着し、ウッドシーラー部を残しつつそれより上のサンディングシーラー層を切削した上で着色層をスプレーするという手法をとっている。なお、このような行為は本当に大人げないの一言なのだが、コスト面を無視すると写真通りのクオリティが実現出来る。

本題の着色方法は、材料として染料と顔料の2種類が存在する(写真69)。もちろんニトロセルロース用なので油性を選び、水性のものを使ってはいけない。黄色で簡単に説明すると、写真70左の染料は鮮やかで右の顔料は落ちついた感じの色となり、原液の写真や文章では説明しづらいので次のサンバーストの部分を参照していただきたい。あくまでも黄色については好みなので、どちらを選ばれても良いと思う。一応、高級木製品の塗装テクニックとして染料の後に顔料をスプレーするという手法もあるので、これもまたサンバーストのところで述べたい。

黒については木目を隠す方向に働いてほしいため、使用するのは顔料のみである。赤については染料のほうが顔料より耐光性が劣る場合があるので顔料を使用する(写真71)。1960年代初頭の3トーンサンバース

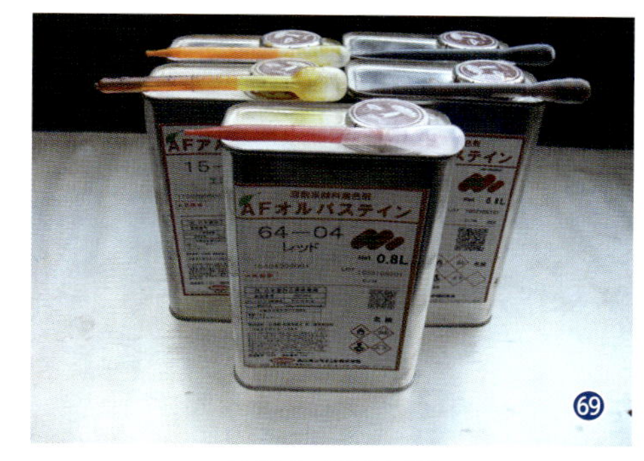

69

染料と顔料各種

70

71

トの赤が退色し、2トーンサンバーストに見えるものがあるということはよく知られていると思うが、恐らく耐光性に乏しい染料を使ったためと推測出来る。現在の染料が当時より良くなっているとはいえ、ここでは十数年後に起こりうるリスクを避けるため、なるべく顔料を使用した方が良いと思う。また、オールドフェンダーのように生地着色という木にダイレクトに着色する方法もあるが、アッシュボディの場合、ある程度の塗膜厚にすると、いわゆる"色が遠い"といったことが起きるので、ここではその手法はとっていない。なお、クリアラッカーに対する着色剤の配合比は以下サンバーストで述べる。

5. サンバースト

ここで使用するスプレーガンは写真73、74の設計自体はかなり旧式のものでHVLP(ハイボリューム・ロープレッシャー)方式以前のもの。現在では自動車塗装補修用にもっと性能の良いスプレーガン(LVMP方式：ローボリューム・ミディアムプレッシャーで塗着効率がHVLP方式より高い)が存在するのだが、わざわざ旧式の標準型を使用する。理由としていつ頃からかは明確ではないのだが、1960年代のある時期から芸術的サンバーストとは呼びにくい単なるボカシ塗装になっている点で、これは以下のことに起因しているように思える。

バースト部をスプレーする場合、ある程度のミスであれば許容範囲内として出荷出来るが(これゆえに個体差が大きい)、取りかえしのつかないミスの場合、カスタムカラーとして塗りつぶすしかない(つまり二度手間)。これを避けるためには失敗しない方法をとるしかなく、エア量を絞り、塗料噴出量を下げるためにスプレーガンのノズル径を小さくする方法が挙げられる。しかしノズル径を例えば1.0～1.2程度の小径にすると必然的に塗料の高微粒化がおこる(注：スプレーガンのエアキャップ部の穴径・数・配列にも左右される。写真75)。つまり自動車修理の場合のスポット補修にはボカシ塗装として最適となるのだが、これで塗り重ねながらスローに塗装するとサンバーストの芸術的ともいえるダイナミックさがまるでなくなってしまう。Splash感というかシブキ感というか表現が非常に難しいのだが、これが無いと遠目に見る場合はともかく、良かった頃のフェンダーの芸術的サンバーストにはなりえない。筆者の好みではあるが、現在に至るまでこれが再現出来ないということは失われた技術でもあるように思えるので、ここではこれを再現したいと思う。現在生産されている高額の再生産モデルが、金属パーツの経年シミュレートをしようが何をしようがオールドギターと何かが違うと感じてしまうのは、上記のような理由によると思う。

ここで筆者の方法を以下に述べると、上記バースト用スプレーガンのノズル径は写真73が1.7で写真74が1.4と用途からすると大きめで、エア圧は通常より少し下げた0.15MPa(約22Psi)程度が経験上ベストだと思う。ただし一気にスプレーしなければならないのでスプレーガンのガンさばきは前もって練習するしかない。順序は通常の考え方であればリム → バースト部の順でスプレーするのが当然と思われるのだが筆者の方法は逆である。こちらの方が理にかなっていると思うと同時に、実際エルボー・ウエストコンター部を表と裏からスプレーする場合に失敗しづらいと感じるからである。事実として1950年代のある年式の2トーンサンバーストはこれに類した方法で塗装されている(順序こそ違

3トーンサンバースト

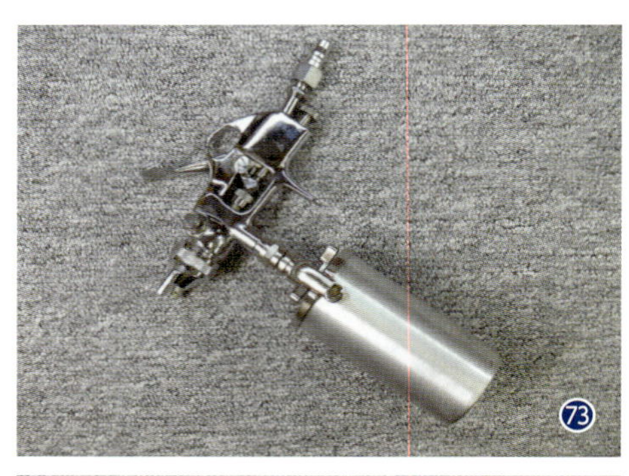

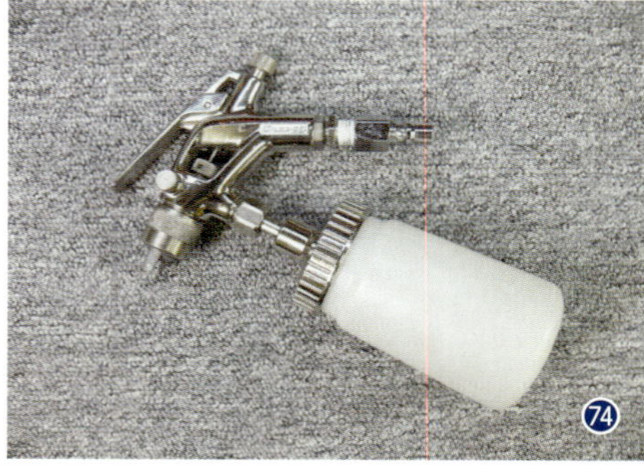

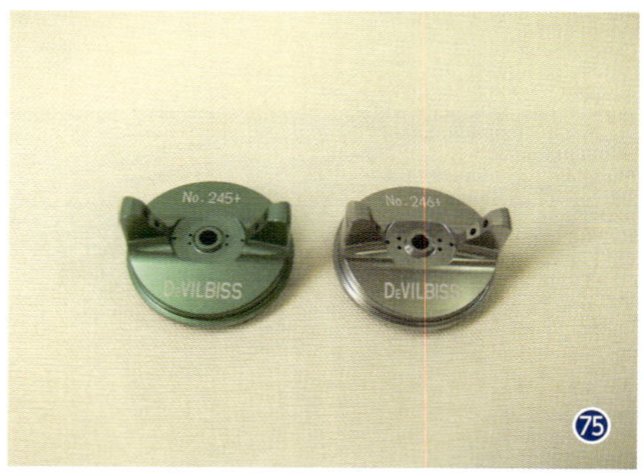

同一スプレーガンにおける
エアキャップの違い

うようだが考え方は同じ。なお、断定は出来ないのでこれは後年の研究成果を待つ他ない。なぜならオリジナルコンディションの1950年代のストラトを、研究のためにすべての年式で剥離するわけにはいかないからである)。

次にクリアラッカーに対する赤と黒の配合比率であるが、筆者の使用している塗料メーカーとの違いなどもあるために何%とは断言出来ない。そこで一番分かりやすい方法として写真76のように、ある程度の量を添加しコピー用紙にスプレーしてみる方法である。これならば文字のツブれ具合・隠ぺい具合を容易に確認出来るため、この方法をお勧めする。気になる人もいると思うので一応書いておくと、写真のコピー用紙には、アメリカGM社のオートマチックトランスミッション(4L60-E)バルブボディの修理方法が書かれている(端からみると単なるギター修理工なのだが実はという典型例である)。

最後にサンバーストが塗装出来たのであればトップクリアラッカーをスプレーする(テクニックとしてサンバースト塗装後に色押さえとしてサンディングシーラーをスプレーする方法もあるが、透明度が落ちるため、筆者は1970年代製のリフィニッシュとしてこの方法をとらない)。スプレー回数としては4回程度で、それ以上は好みに応じて増やしてもらってかまわない。方法はウッドシーラー・サンディングシーラーとまったく同じなので、その部分を参照してほしい。なお、一番手間のかかるアッシュボディで説明したのでアルダーの場合の説明は省略する(この章を読みかえすと、よくお分かりいただけるため)。細かい注意点はクリアラッカー塗装前にネックポケットのマスキングを取り除いておくことで、ネックポケット周辺の塗装が耐剥離性という意味で理想的になる。

トップコートをスプレーする前に、下地色が次のスプレーの溶剤成分により滲まないようにするための塗装工程で、色止めと呼ばれる工程がある。通常は滲み防止のため、色押さえとしてサンディングシーラーをスプレーすることになっているが、クリアラッカーを使用する場合でも(同割合のシンナーを混合するので)着色後30～60分のレベリングタイムをとった上で、1回目として薄くスプレーすれば問題はない。前述の通り筆者は1970年代製をレストアする場合、3トーンサンバーストの明瞭度を保つためクリアラッカーで“色押さえ”をしているが、1950～60年代中頃製までのレストアであればサンディングシーラーを“色抑え”として使用している。理由としては、上記と逆で意図的に着色層の明るさを抑え、落ち着いたクラシックな外観にするためである。

写真77、78がポリッシング前の、筆者が差し替え用として製作したボディで、色抑えとしてサンディングシーラーを使用したものである。この場合、イエロー部については、前述と同様の理由で染料を1回スプレーしたあとに顔料をメインとして着色している。

注意点は、色止めとしてのサンディングシーラー層を研磨する場合、クリアラッカーと違い削れやすいので#600程度のサンドペーパーを使用することをお勧めする。

なお、新規に製作したボディについては、今後本物として流通することを避けるため、テンプレート固定用のジグ穴をあけず、コントロールキャビティの形状をオリジナルとは変えてある(1976年以前のオールドフェンダーのボディは、テンプレート固定用のジグ穴を埋めた跡がある)。

2トーンサンバースト

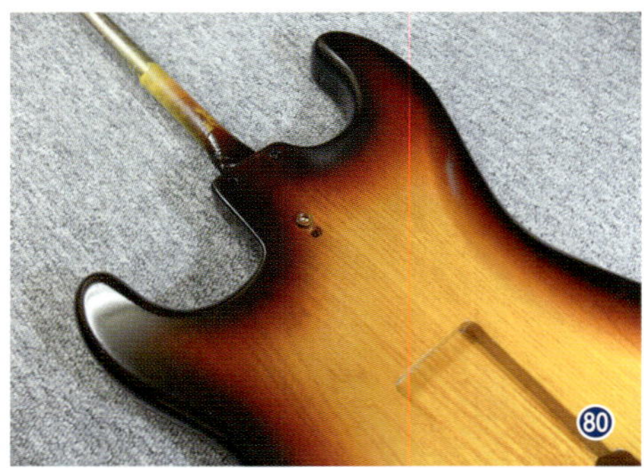

補記として３トーンサンバーストを塗装する場合の注意事項は（オールドギターでもそうなっている個体があるが）以下順番の通りである。

①ブラックバーストスプレー

②レッドバーストスプレー

③ブラックバースト部　ブラック補正スプレー

なぜこのようにもう一度、③のブラックバースト補正をするのかというと、②の赤の濃度が高く、かつ隠ぺい力の強い顔料使用のため①のブラックに勝ってしまった場合、このブラックバースト部が細くなってしまう上に何となく変な感じになるからである。

写真79～81がその典型例で、ブラックバースト補正前のものとなり、顔料赤がブラックの上に乗っているのが分かる。また、1960年代に③の補正が無いまま出荷されたものも多数存在するが、恐らくサンバーストに対して違和感を覚える時があるのはこれが欠けているからともいえるので、なるべくこの補正塗装は行った方が良いというのが筆者の見解である。なお、行うのであれば赤への影響を少なくするためにスプレーガンをボディ外側へ向けて追加スプレーするとよりうまく行くと思う。ボディ塗装の結果は以下の通りである。

イエロー部が染料使用のサンバースト

ちなみに上記写真82、83と下記写真84、85は同時にスプレーしたので赤の濃度・色はまったく同じはずだが、下地色の着色方法の違いにより違う赤に見える。つまり望んだ色を出すことや補修としての色あわせは経験を積まないと難しいことだと思う。

イエロー部スプレー１回目染料使用、２回目顔料使用のサンバースト

#6　ネック塗装

ボディ塗装の項でスプレー塗装の方法をほとんど述べてしまったので、ここでは塗装前のトラブル対処法と最終下地処理についてまず述べたい。

1．ポジションマーカー交換

1950～60年代製のオールドギターではメーカーを問わずこのトラブルの修理依頼が多い。理由としてギブソンでは特にそうなのだが、ほとんどがABSプラスチック製以前のセルロイドでポジションマーカー(以下マーカー)とバインディングが作られていることによる。

セルロイドについて簡単に説明すると1868年頃に偶然にもアメリカとイギリスで同時期に発明されたもので、アメリカではセルロイド、イギリスではザイロナイトと呼ばれ一般的にセルロイドと呼ばれるようになったのはセラニーズ社の商品名Celluloidとなってからである。主原料は硝酸と樟のう(昔の防腐剤でクスノキの幹・葉から抽出される。1970年代より前に生まれた方なら防虫剤としてご存知だと思う)でニトロセルロース同様、硝酸は火薬の原料でもある。主な用途は映画や写真のフィルムとして1889年から流通していたようなのでもの凄く旧式の部材であるということが分かる。

オールドギターに使われている当時のセルロイドは湿気や経年変化で劣化・収縮する傾向があり、もし1か所のみマーカーが外れて無くなった場合、これをABSプラスチックやアクリルで代用するとかなりの違和感を覚える。とにかく安く修理してほしいという依頼ならともかく、オールドギター修理では必ず良質のセルロイドを使用し修理することが重要であると思う。また、劣化が著しい場合、フレット交換も含めてすべてのマーカーを交換するのがベストである(マーカー接着後の整形と指板修正を同時に行えるため。なお、修理料金はこれにより高くなってしまうが、オールドギターの質感を考慮すると歴史的価値を含めてそうすべきだと思う)。補足説明として前述の通り、高額な再生産モデルが何をしようがオールドギターに似ていない点の一つとして塗装が違うということを述べたが、マーカーのみならずバインディングもABSプラスチックにしてしまうと、まったく別の質感になってしまう。これは製品としての良し悪しの問題ではなくビンテージもしくはクラシックという観点でそうすべきだとも思える(サウンドへの影響には関係ないという観点からするとずいぶん保守的な考え方とも思うが、次の世代へこれらを残すという点でも重要だと思う)。

そこでこの本の主題である1970年代製ストラトの場合である。写真㊻は1976年初期製でマーカーが劣化しているものはこの年式ではほとんど無い。理由としてメイプルワンピースの場合、塗膜がマーカーを保護しているため、劣化しにくいといったことが推測出来る。しかしながら劣化しているものが少ないとはいえこのように収縮しているものも出始めているので、この修理方法を以下説明する。なお、2017年現在の話なので数年後にはこの症状が1950～60年代製同様、かなり出てくると思う(補足として1960年代中頃までのフェンダーではマーカー材料としてバルカンファイバーが使われている。これはピックアップボビンの材料を転用したものと思われる)。

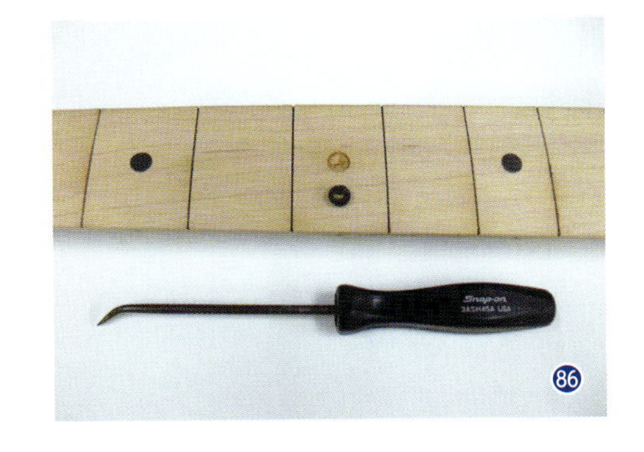
㊻

実際の作業としてフレット交換・指板修正を始めた時、まず気になったのが5フレット部のマーカーが1個だけ収縮していることであった。筆者としてはこの頃には既にプラスチック製になっていると思い込んでいたため、何か変だなと思いつつハンダゴテを熱しマーカーに当ててみたところ蒸発音とともに穴があいた。つまりプラスチックのように熱で溶けるのではなかったので、その時初めてセルロイド製ということに気がついた(セルロイドは原材料からお分かりの通り可燃物というより激燃物なので要注意)。この作業の前にアメリカで市販されているABSプラスチックのマーカーを入手し準備万端という感じで始めた作業だったのだが、これは困ったなというのが正直なところであった。なぜなら世界中を見渡してみてもこの17/16″径(6.74 mm φ)のセルロイド製マーカーは売っていないのである。調べてみるとセルロイド生産国として以前はアメリカ・日本・イタリアなどが挙げられたが、現在ではごく少量もしくはほとんど生産していないということが分かった(例外としてピックに使用される薄いセルロイド材は中国で生産されている)。

87

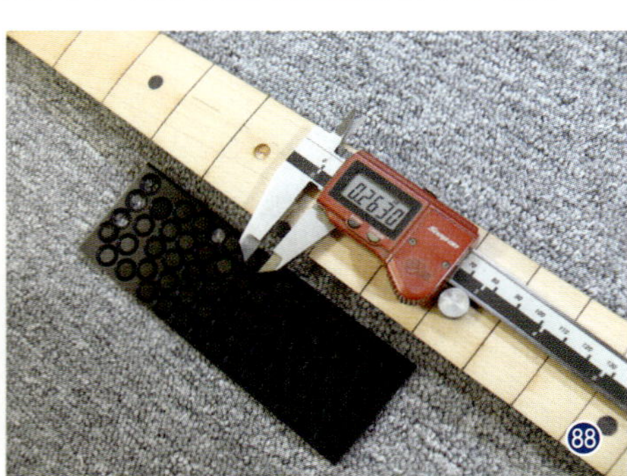
88

市場にないのであれば自分でこの17/64″径(0.2656″φ)のマーカーを作るしか方法がない(写真87、88)。ここで本当に自分で自分を褒めてあげたいのだが、こういう時代もくると予見し、15年程前に日本製セルロイド材を各種・各色購入しておいたことである。日本製セルロイドの質が高い証明として、筆者の使用しているセルロイド製ペンケースは30年以上劣化・収縮もせず今現在も使用出来ている。本題の作り方の説明としては上記の写真通りで、2 mm厚の材料をプラグカッターで加工するだけである。

次に接着方法はセルロイドの場合、溶着という手法をとる。単にくっつけるだけではなく部材を溶かした上で強固に接着出来る。以下がその手順である。用意するものはセメダインとアセトン(これもまた爆薬の材料)。セメダインといえばプラモデルで使ったことがある方も多々いると思われるが、これのみでは材料を溶かす力が不足するので溶剤としてアセトンを添加し、よく混ぜ合わせた上でパーツに塗布する。固定方法は写真89の通りで、力をかけてマスキングテープを貼り、数時間置く。写真90がサンディング後で他のマーカーとの整合性もとれ交換も分からない結果となった。

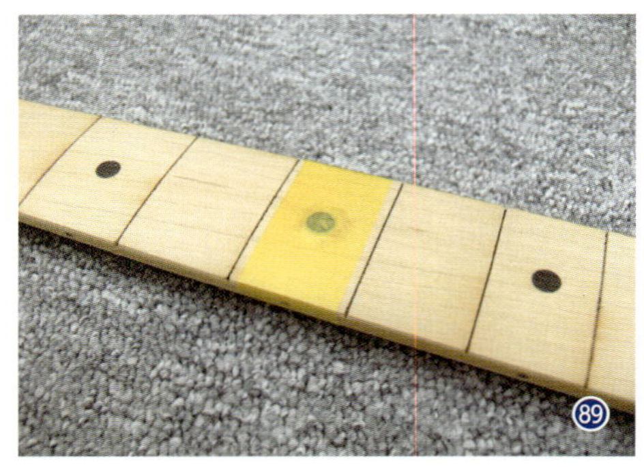
89

90

補記として、より小径のプラグカッターを使用すれば、1/4″径(6.35 mm φ)用のマーカーも作ることが出来る。これは1960年代中頃までのフェンダーのみならずギブソンのオールドギター(レスポールスペシャルなど)にも使用出来る(写真91)。

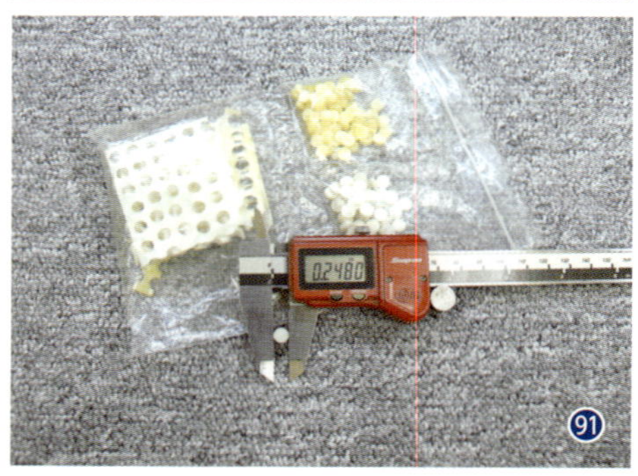
91

2. 漂白方法

漂白の説明として使用するものは、1976年初期製ストラトであるが、前述のポジションマーカー交換のものとは別もの。写真92、93のように塗装が剥がれ非常にコンディションが悪いのみならずボディの製作状況を含めて“劣悪”の一言に尽きるストラトであった。ネックの塗装剥離に関しては使用過多というよりエッジの塗料付着量が少ない上、木部とポリエステルの密着度が低く、早い時期に剥がれたと推測出来る。それ

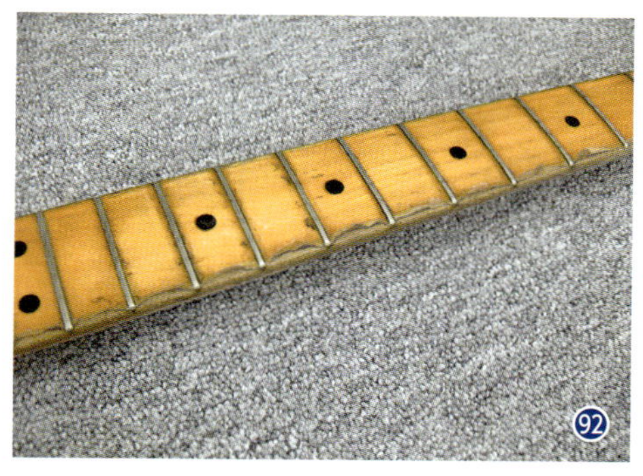

ゆえ塗装の剥がれた部分に汗・手アカが長年染み込んだ状態で、修理預り時に触れるのもイヤという感じであった。しかし仕事である上、以前のオーナーに何の愛情もかけられなかったと思えるストラト(恐ろしいことに製造時にも何の愛情もない)を何とかせねばと思い、しばらく放置の後、やっとレストアを始めた。

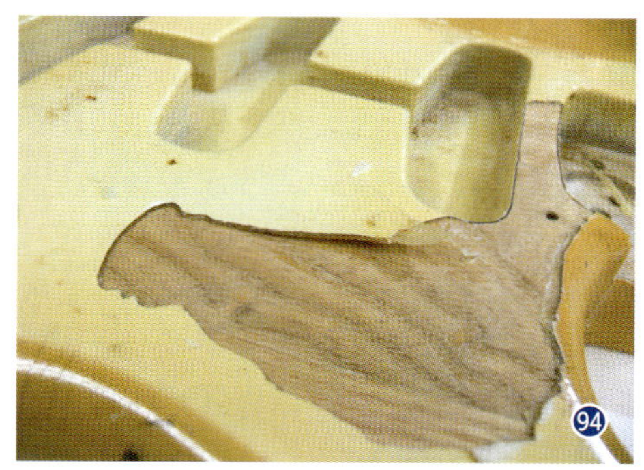

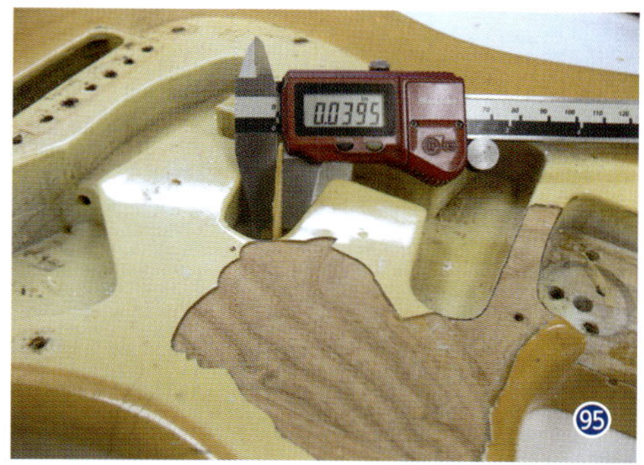

興味のある方もいると思うので参考までにこのボディを解説すると、塗装の厚みは最大0.0395″で1mmオーバーという塗膜厚(写真94、95)。もはやこれは塗装と呼べるものではなく単に大量のポリエステルで処理されただけのハードプラスチックコート以外の何ものでもない。さらにスプリングキャビティ加工時に切れの悪いルータービットで無理やり加工したため、材料を飛ばしてしまっている(写真96、97塗装部)。筆者の推理では、このような無様な結果となるためには数人が関わっていると思われる。順を追って述べると、①ボディ加工者A→②生地仕上げ作業者B→③塗装作業者C→④ポリッシュ作業者D→⑤組み込み作業者E。以上、少なくとも5人は不良をまったく無視して作業を続けている。最後の検品作業者Fはここにスプリングカバーが取り付けられていたため分からないとしても、仕事に対するモラルの欠如ということを考えるとゾッとしてしまう。さらに経営側の観点から見てこれを無視して出荷せよということも分からないでもないが、これだけ多量の塗料を使うことのコスト増について何も考えていないようにも思えるので、

当時のアメリカの石油製品(ポリエステル塗料)が多分に安かったか製品の質に対してどうでもよかったのだろう。問題点は以下さらに続く。

98

99

筆者はレストアの常としてトレモロブロックキャビティは必ずルーティングしなおしている(トレモロ可動範囲改良と塗装剥離のため・写真98)。なお、この部分は筆者による加工・修正済み(写真99)。

100

クリアのジグを当ててみると写真100の通り驚きの結果となった。ボディセンターとしてマイクロティルト調整部とボディエンド中心部を合わせたところスプリングキャビティが最大4mm弱傾いている。ここまでのずれはまれなのだがでたらめにも程があるので、この部分はアッシュの端材を使い、切った貼った(本来の意味と漢字は違います)で直すしかない。もし筆者が当時のCBSフェンダーのオエライさんだったら、レオ・フェンダー氏に対し恥ずかしさのあまり切腹するか、これに関わった作業員全員を……。という結果になっていたことは想像に難くない。とにかくこのストラトは出来不出来のいかんにかかわらず極東の島国に島流しになったようなので、今後何としても適切なレストアを施し再生させたいと思う。

101

102

ネック再塗装の下準備として、まず劣化したポリエステルをすべて剥離する。その前にヒールのマイクロティルトパーツ取り付け部の剥離方法をネックの章で述べていなかったので、以下がその追加説明である。写真101のように、ポリエステルが硬いためエンドミルで塗装を除去する。工夫すれば特殊なジグを製作せずとも剥離可能である(写真102)。

何台同じ作業をしても近距離がよく見えているのであれば1/100mm程度の精度で結果は同じ(単にまとめて行った方が合理的かつ楽)である。なお、写真103、104で左のネックエンドが欠けているのは組み込み工程でのミスである(パーツ取り付けのネジ穴がネックエンド側にあけられているため、プレートにより木部が破損したと思われる)。

補足として、せっかく3台並んだのでネックデイト（製造年・週・曜日）の解説をしたい。上の写真は2枚とも並びは同じで、左から1974年、1976年、同となり以下がその表記である。

①0903-1224
②0903-0765　下段04017
③0903×0865　下段04017

まず左端の0903はすべて同じでストラト・メイプルワンピースという意味である。ここが0901だとストラト・ローズ指板となる。以下は下4ケタの説明である。

①1224は第12週、次の2は火曜、最後が74年の4となる。
②0765は第07週、次の6は76年の6、最後の5が金曜。
③0865は第08週、次の6は76年の6、最後の5が金曜。

なお、②③共通の下段04017は不明で、上段下2ケタが①と表記方法が異なる。このように年式によって多少変更点がある上、作業者全員がこの方式を理解していたのかという疑問もあるので、あくまでも目安程度と考えたほうが良いと思う。ここで興味深い点として“なぜネックの生産管理が出来ているのにボディの管理がまったく出来ていないのか”ということである。

本題のネックを漂白する理由として挙げられる点は長年の汗・手アカで汚染された部分をサンディングのみで除去する場合、かなり削り落さなければならないということである。これによりグリップシェイプのみならずネック幅も狭くなってしまうため、必要最低限のサンディングで済むように漂白を行う。

実際の漂白方法として専門書を読むと、シュウ酸や過酸化水素水もしくは亜塩素酸ソーダなどで漂白するとなっている。ここで問題となるのは、これらの薬剤は木工製品を製造する前の辺心材（いわゆる白太と赤味）の色あわせをする場合に使用するという点である。効果が強すぎると材色を殺して白くなりすぎ、ひいては材自体を傷めてしまう可能性もある。そこでネックの場合についてはヤニ・アク・カビを除去する木材専用の漂白剤を使用する。木材用として市販されているものの主成分は次亜塩素酸ナトリウム・界面活性剤などで汚れを浮かしつつ漂白出来る。良い点としては材色を殺さない程度の漂白効果になるように濃度調整をしてあるのでまっ白にならずに済む。コツは次ページ写真105の通り

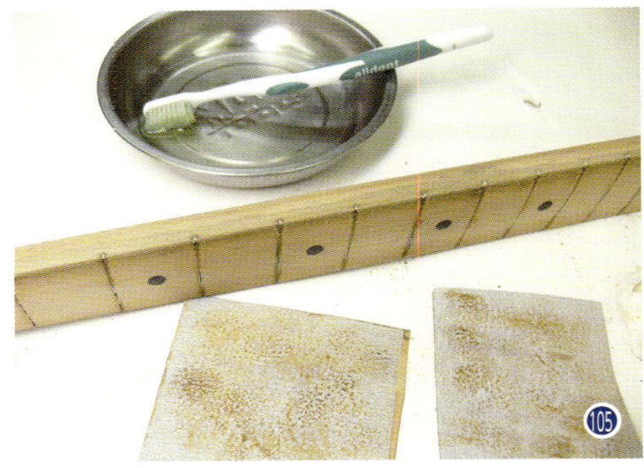

#320のサンドペーパーを使い、サンディングするというより汚れをペーパーに移しとるという感覚で作業する。1回で除去出来ないほどの汚れであれば、筆者の経験上これを3回繰り返すとある程度目立たなくすることが出来る。難点は業務用のみの販売なので少量では売っていないことであり、主成分は衣類・キッチン用とほぼ同じなので、ネック1本しか使用しないのであれば濃度を含めて各々研究をしてほしい（塩素ガスが発生するため、酸性のものとの併用は絶対不可）。

3. 脱 脂

ネック塗装の下処理として一番重要なことは油分を除去しておくことである。ボディ塗装と違いメイプルワンピースの場合は特にそうで、フレットを打つ工程があるために指が木部にある程度触れてしまうことが避けられない。この油分が残ったまま塗装すると塗料がハジかれてしまうため、欠かせない処理となる。使用するものは一般的にシリコンオフと呼ばれているノルマルヘキサンが主成分の非極性の溶剤（写真106、商品名プレソル）で、金属塗装の前処理剤として広く使われているがギター塗装での使用はまれである。使用方法はキッチンペーパーなどに少量含ませネックを拭き、もう一度から拭きするというように非常に簡単な作業なので、塗装不良を避けるためにもお勧めする。

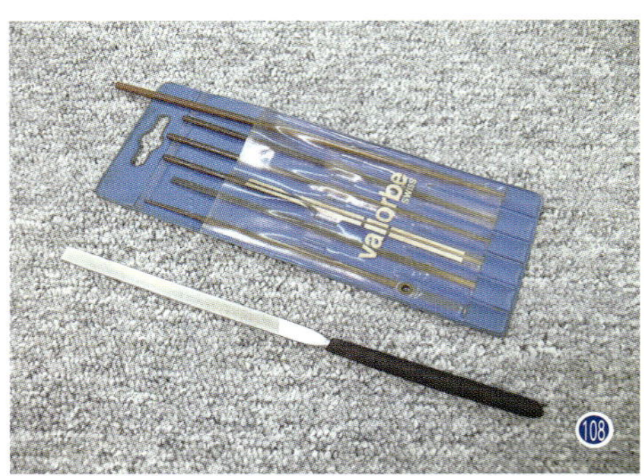

ヘッド面マスキングについては写真107の3M社のものが使いやすい。また、外周部カットにはサンドペーパーではなく目が非常に細かいヤスリ（写真108、丸・平の2種）を使うとうまくカット出来る。なお、このヤスリを使ったテクニックとして、ヘッド面マスキングを剥がした場合、新規塗装面と非塗装面ヘッド部との段差がわずかに出来るので、この段差をヤスリで処理し、ヘッド面にかからないよう、再度クリアラッカーをスプレーすると新・旧塗装面がうまくつながる。これはローズ指板ネックの塗装テクニックとしても使えるので上記ヤスリ2種は必携である。

実際の工程としてはボディ塗装と違い、塗料吸い込み量の少ないメイプルゆえあまり手間はかからない（写真109、110）。順序は次の通りとなる。

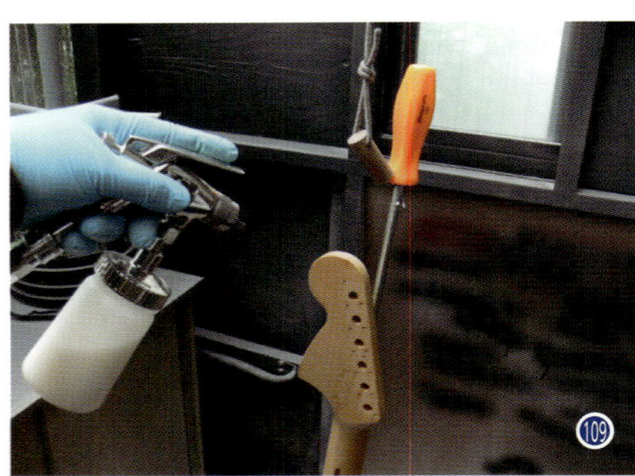

1. マスキング・シリコンオフ処理・エアブロー
2. 着色スプレー（1～2回程度・濃淡調整含）
3. トップクリアスプレー（3～4回程度・それ以上は任意）

なお、サンディングシーラー使用については第2章#4フレット打ちの項で述べた通りなので参照してもらいたい。

次ページ写真111、112は塗装後、水研ぎ・バフがけを行ったものである。オリジナルのままのヘッドトップ面と新規塗装面もうまくつながった。

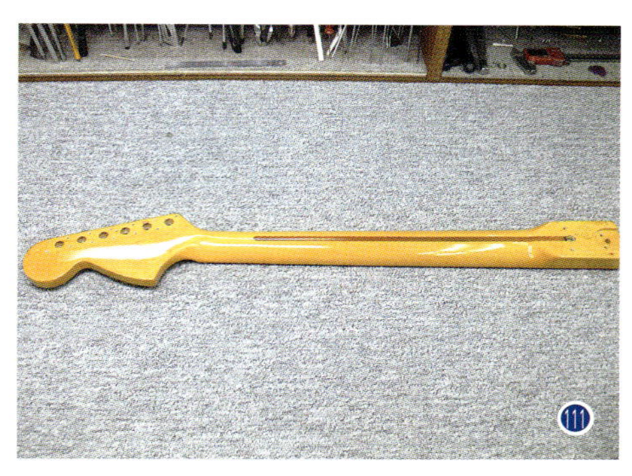

4. スプレーガンクリーニング

以上でスプレー塗装の説明は終了となり最後はスプレーガンのクリーニングについて。一般的にスプレーガン用のクリーニングブラシが売られているが、塗装作業を終えた後、シンナーを使いその都度クリーニングするとあまり必要性を感じない。

方法はカップに残った塗料をビンなどに移し、数回トリガーを引きガン内部に残った塗料を排出する。その後キッチンペーパーなどでよく拭きとり、カップにシンナーを適量入れ数回スプレーする。これはうがい洗いと呼ばれている方法で、次に残ったシンナーを捨て、エアのみで空吹きする。最後にエアキャップ・ノズルなど各部をシンナーで拭きとれば終了。なお、上記を含めて適切なクリーニング・管理をすればスプレーガンは長持ちし、オーバーホールキットを購入しておくと一生ものともいえるので、安価な物を購入するよりクオリティ・オーバーホールキットの有無を考慮した上で購入することを勧める。

#7 ポリッシング

1. 水研ぎ

水研ぎ・バフがけの説明の前に、まずこれらが出来るまでの塗装終了後の乾燥期間について説明する。一般的には最短で7～10日と説明されることが多い。しかし、ベストな仕上がりを求めるのであればニトロセルロースフィニッシュの場合、これでは短すぎるというのが筆者の結論である。ではなぜ上記のように短期間でOKとなったのかというと、もちろん季節による寒暖差もあるのだが、ひとえに納期・保管場所・作業料金回収の問題によるものと思える。塗装終了後に長々と放置するより、上記3点をコスト的にみれば短期間で終わらせた方がはるかに経済的といえる。しかしながらこれにより水研ぎ跡が完全に消えず、ひいてはバフ目が残ってしまうということになる。結論として筆者の経験上、最低でも1か月、欲をいえば冬期の場合は2か月放置し硬化をじっくり待った方が良い結果を生むので、この期間を十分に認識した上で以下読み進めてもらいたい。

一般的に水研ぎといわれているが実際に使うのはせっけん水である。これにより耐水サンドペーパーが目詰まりせず、引きずりキズが付くことを防ぐ。なお、木工作業に使用する通常のアルミオキサイド系サンドペーパーを使用することは不可でシリコンカーバイドの耐水ペーパーを使用する(この2つは用途がまったく違う)。

ここで重要となるのはサンディングブロックとしてのあて木。筆者の尊敬する自動車評論家の方が“あて木を見れば研磨のウデが分かる”という趣旨のことを書いておられるが、これは本当だと思う。問題はギター

塗装に向いているあて木は売っていないので自作するしかない(写真113)。写真114の右は平面用でプライウッドに硬質ゴムを貼ったもので、左はフェルトの曲面用である(耐水性を高めるために木部はウッドシーラーで塗装済)。これらを貼るための接着剤はタイトボンドⅢが最適で、通常のタイトボンドは使用しない。アメリカ製木工用ボンドの優れている点として質もそうなのだが屋内用のタイトボンドの他、屋外用として耐水性に優れたものを生産しているので、これを使用すると目的に合致する。使用上の注意点は、水溶性のエマルジョン系ボンドでありながら硬化後の高耐水性と相反するようなことを実現してあるものなので、通常のタイトボンドと違い使用前によく混ぜなければならない。まれにタイトボンドⅢはくっつきにくいという感想を耳にするが、樹脂分と水分が分離しているためで、これらをよく混ぜないとまったく意味が無い。

あて木が出来たのであれば用意するものはキッチン用の中性洗剤と水のみ。せっけん水と上記したがアルカリ性より中性のものが被研磨物に対する攻撃性が少ないため、経験上こちらの方が良いと思う(ポリエステルではないのでアルコールは不可)。濃度に関しては使ってみるとすぐ分かることだが数パーセントで十分。使用する耐水サンドペーパーは以下の順番通りである。

#400→600→800→1000で、これ以上はバフがけのコンパウンドの種類により任意でよい。コツは圧をかけずに軽く研磨し、こまめにペーパーを替えるという2点のみである。木工用と違いペーパー替えを惜しんでいてはろくな結果を生まないので引きずりキズを防ぐためにも順守する。また、#400という粗目から使って大丈夫かという心配もあろうが、圧をかけなければむしろトータルの作業時間が短縮出来る。注意点は#400で一度につや消し状態にするのではなく、#1000が終わった時点ですべての塗装面がつや消しになるように作業すること。さらに#500、700、900が抜けている点については研磨テクニックの一つで、例えば# 400を使用する場合、研磨により砥粒が#500に近づくので、中間のペーパーを使っても部材・時間のムダでしかないということである。最終工程では水研ぎ終了後にウエットタオルなどで残った洗剤成分をよく拭きとり乾燥させる。

2. バフがけ

写真115のバフは市販のバフアッセンブリーを使い、筆者が設計・製作したもので上部はアメリカの通販で購入出来るWOODSTOCK社製である。通常バフといえば特注となり大型のものになってしまう。それゆえに据え置き型がほとんどでコンクリートフロア固定となるものもあるため断念した。筆者の作業環境では移動式とした方が便利なため、この

アッセンブリーを購入し何に取り付けようかと考えていたところ、アメリカ・LYON社のスツールがあったことを思い出した。ギブソンのPAFピックアップの生みの親であるセス・ラヴァー氏がこのスツールに腰かけている写真を見たことがあるので、アメリカでは昔からある一般的なものだと思われるがこれを流用することにした。

作り方は駆動ベルトを通すために木製天板とスチール製座面をそれぞれルータービットと金属加工用エンドミルを使用し、ルーターで同一のジグにより加工する。ジグを固定したまま順を追って上記のように加工すると穴が完全にシンクロするため、この方法を勧める(写真116)。なお、モーターについてはリサイクルショップに偶然ころがっていた千円程度の中古品で友人からのいただきものである。製作後、さすがアメリカはDIYの国ということをこのアッセンブリーで思い知った。なぜなら上記のように特注すると福沢諭吉が30～40人必要となる上、中型で簡単に移動出来る理想的なものは筆者自身見たことがない。その結果、作った当初SNSにアップしてみたのだが、ヨーロッパとアメリカの高級宝飾品店からの反応がかなりあった。小型のものはベンチグラインダー並みのものしかないので宝飾業界の方には受けたのだろうと推測出来た。なお、最終型としてボルテージコントロール用のスライドトランスも付けてみたところ、さらに使いやすくなったと思う(これもいただきものなので顧客の皆様に感謝したい)。

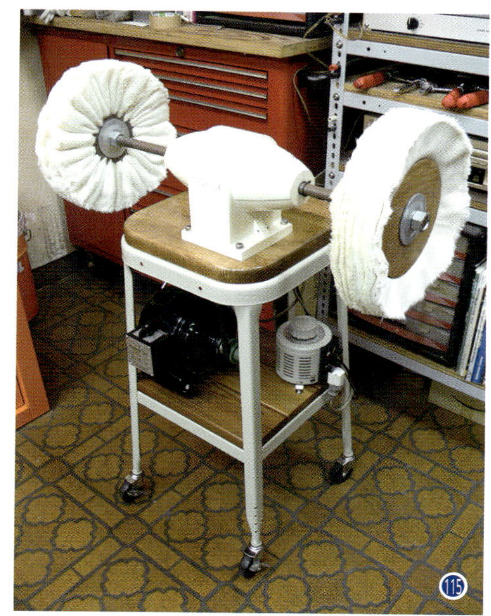

115

116

実際の使用法はスティック状のコンパウンドをバフホイールに塗布し被研磨物を押しあてて作業する。コツは強くあて過ぎないことと最適な回転スピードでバフがけすることである。一般的にニトロセルロースラッカーフィニッシュの場合、700 ～1000 rpm(ポリエステルは1000～1600 rpm)が適正回転数といわれているが、2か月乾燥期間をとった場合については1300～1400 rpm程度でもかまわないと感じる。もちろんバフホイールの径・材質も考慮に入れなければならないが、筆者の使用している、アメリカで市販されている12″径のものでは上記回転数でも問題は出ない。ただし1600 rpm以上は絶対に避ける。なぜならニトロセルロースはウレタンやポリエステルよりも熱可塑性が高いためである。理論的にはポリッシングコンパウンドの作用だけでなく、この摩擦熱により塗膜がわずかに融けてツヤが出るといった一面もあるので、もしバフの製作からするのであればモーターの回転数・馬力と、モーター側・バフホイール側のプーリーサイズも含めて計算の上製作することをお勧めする。スピード過多の場合、かなり浅くあてても摩擦熱が多く発生するゆえ失敗に終わる。お勧めはしないが指をあててみると驚くほどよく分かる(誰かを拷問しようとしない限り、本当にお勧めはしない)。

バフホイールの材質についてはアメリカ市場で3種類が容易に入手出来る。硬→柔の順に挙げると、Canton→Domet→Muslinとなり、ポリッシングコンパウンドの種類により専用として使い分ける。コンパウンドについてはドイツMenzerna(メンツェルナ)社のソリッドコンパウンドが優れていると思う(写真117)。一例として、どのメーカーであれ高級車とされる車のウッドパネルの大半はこれでポリッシュしてあるようなので筆者の経験からも勧められる。実際に筆者が使用しているものを詳しく書いておくと粗→細の順にIP(INTENSIVE POLISH・GW16)→FF(FINAL FINISH・Atol6)→SF(SUPER FINISH・P175)の

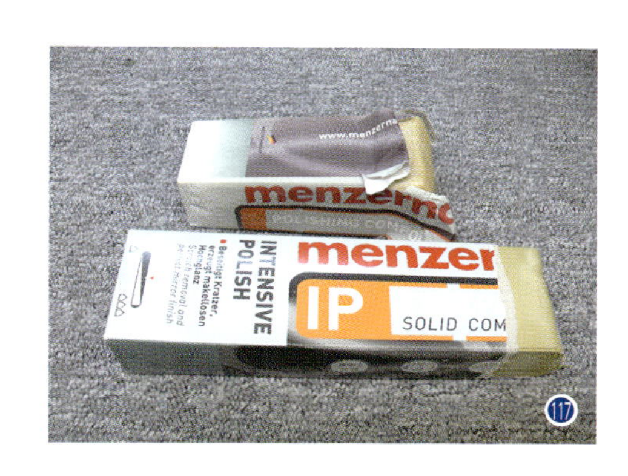

117

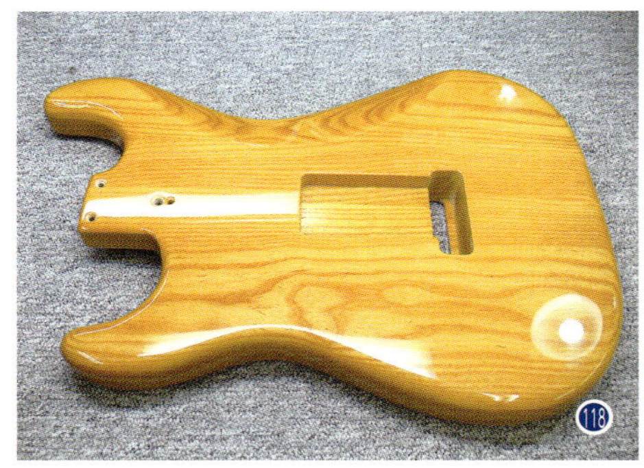

3種類となる。一般的にはこのメーカー問わずポリッシングというとコスト低減のため、2種類で終わらせるのが普通なのだが、3種類使用すると写真118のように仕上がる。市販品にはほとんど存在しないような品のあるツヤ・テリとなり、これぞ本物のニトロセルロースラッカーフィニッシュといった具合である。しかし、ここまでポリッシュすると塗装した本人ですら触れるのもイヤという感じとなる(一年後にはこのギターのオーナーにより大なり小なりの傷が付くのは見えているのだが)。

補記として前述の通り、摩擦熱により塗膜がわずかに融けると書いたが、これがバフホイールに付着したままで作業すると何のためにポリッシュしているのか分からなくなる。それを避けるため、古くなったコンパウンドを含めて除去する専用工具が写真119のRakeという工具で、これもまたアメリカ市場で入手出来るので同時購入した。最後に水研ぎ・バフがけのテクニックとして磨き方向をその都度90°変えるといった方法がある。つまり付いた研磨跡を直交させるということで、これについては各々試していただきたい(フレットすりあわせの項で述べている理屈と同じ)。

3. 作業後

・水研ぎ後

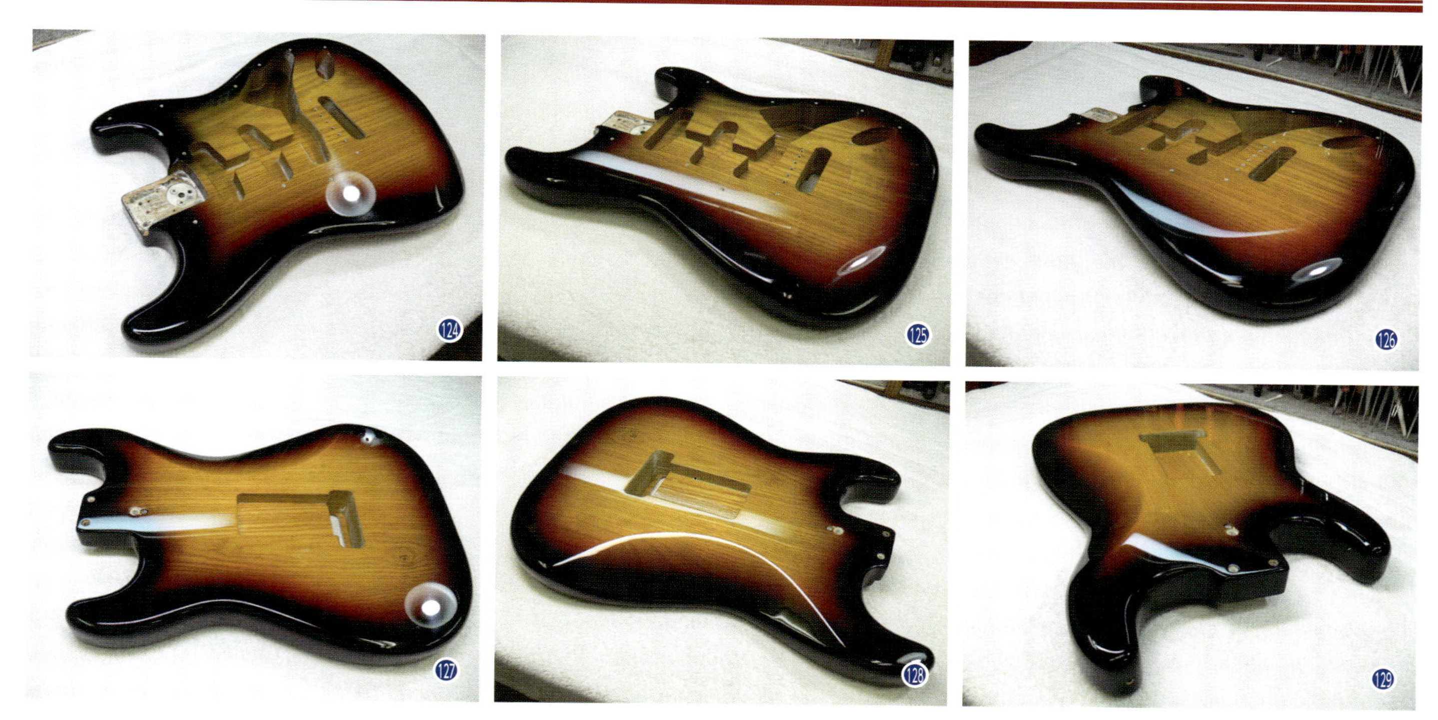

・バフがけ後

写真⑫～⑫の塗装クオリティに到達するための期間は塗装を始めて4か月半であった。塗装歴40年以上のいわゆる名人といわれる方のクオリティに数か月程度で勝ったということは、前述の通りやっぱり"オレの方が絶対にウマイ"ということである。とまあ、ここだけ切りとって読まれると不本意かつ傲岸不遜な人間にみえるのもいかがなものかと思うので一例を挙げて述べると、年収数億円の方が"人の何十倍も働いた"という趣旨のことを述べられるパターンをお見受けするが(五千万円程度でこの理屈を述べる方もいらっしゃるようだが)、これはまったくの事実誤認である。人の1日は万人に等しく24時間であり、せいぜい働いても2.2倍程度で、1年365日、休まず働いたとしても計算上は3倍程度である。つまりその本人の努力というより職種・運・場所・時流に負う部分が大きいだけである。1日が24時間である限り人の10倍働いて経験を積むということは絶対に不可能である。いかに見聞を広げ、自分の頭で考え、試行錯誤することこそが重要であるかということだと思う。願わくば読者の方々も、単なるギターレストアの本だけではないと何かを感じとっていただければ筆者としても幸いに思う(それにしてもこの章を書くために費やした時間・労力・費用は結構かかった。実践される方のために一応書いておくと上記3点を金額に換算すると恐らく数万ドルだと思う)。

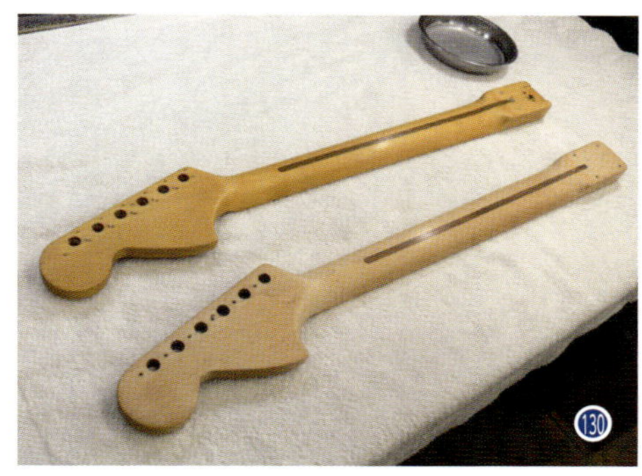

ネック水研ぎ後

ネックバフがけ後

染料濃度の違いによる着色差(手前から淡→濃)

第7章　最終組み込み

#1　1970～1971　Stratocaster Detail

最終章のファイナルアジャストメントに入る前に、ここではオリジナルコンディションを保つための全体のクリーニング（ディーテイル）を3ボルト最初期の1971年製のストラトで行う（写真❶、❷）。

現在のオーナーが入手後に不具合が2点あり筆者の元に持ち込まれたもので、オリジナルフレット・ナット・フィニッシュの大変状態の良いものだが、スペック的にも1970～71年製はかなり特殊なため、ここでクリーニング方法や部品のオーバーホールも含めて述べたい。

まずネックの製造年月日は1971年10月で、これより少し前であれば4ボルト仕様となり、現在の価格ではかなりの開きがあるので、スペック同様大変興味深い（写真❸）。

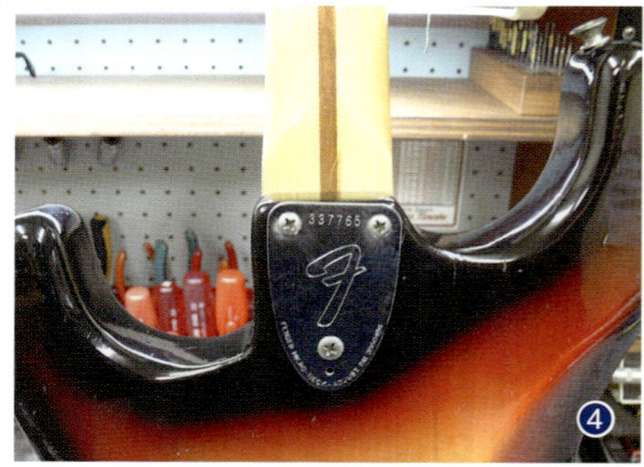

なお、ここで断っておきたい点として、ネックエンドのスタンプまたはピックアップのデイティングさらにシリアルナンバーは絶対的なものではなく、あくまで目安ということを理解していただきたい（偶然もしくは意図的に間違っている場合がある。例として1993年頃のスティーヴィー・レイ・ヴォーンモデルでボディデイトは正確だったのだが、

ネックデイトは2000年というものがあった。筆者がこれを発見したのは1999年だったので、未来から？　と驚いた）。

左ページの写真❹の通り、３ボルト最初期ということでセットボルトの穴あけ加工がうまく行えておらず、ボディに対してネックセットプレートが斜めについている。

持ち込まれた不具合の一つとして、チューナーを回すとき異常に力が要るということで分解したところ、製造時に封入されたグリスが経年変化により硬化し、不具合が生じている（写真❺、❻）。この場合、ケミカルな溶剤を使うよりも写真❼のように水に中性洗剤を入れ煮た方が害もなく、グリスも簡単に軟化する。

唯一の注意点としてＦキーの場合、ボタン部はプラスチック製でウォームギアシャフトに接着してあるので、ギア部のみを熱湯につけ少しずつグリスを取り除く（写真❽）。また、クルーソンの場合は一応ギアカバーを外して分解修理が出来るのだが、金属の疲労破断が起こる場合があるので、分解せずにボタンより下を熱湯につけグリスを軟化させた方が良い（ボタンは金属製だがリスクを避けるため）。

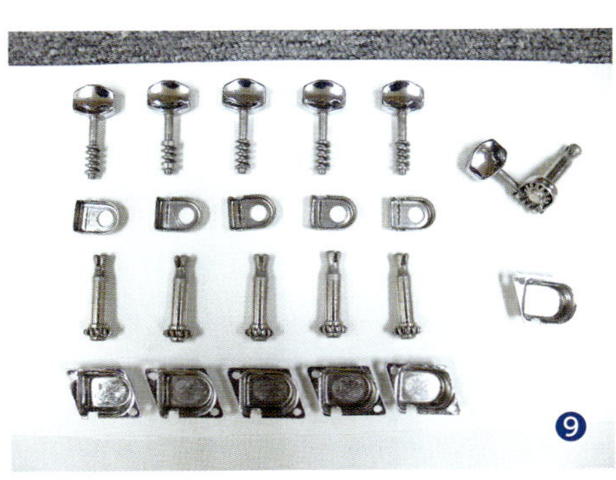

製造・組み込み時の順番通りに並べ、コンパウンドで磨いた後、グリスを少量入れ元通りにする（写真❾）。チューナーの組み立てについては、ポンチなどでのハンマリングは論外なので、写真❿のようにディープソケットを使用すると均一にプレス出来る。ちなみに写真のものはスナップオンの12mm用のものでバイスはソフトパッドに交換してある。

⓫

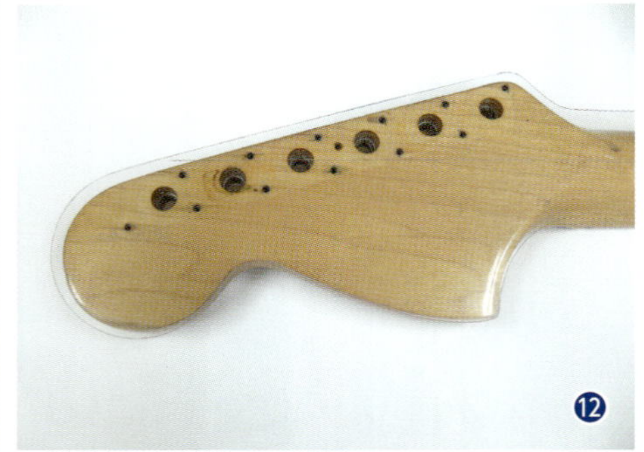
⓬

1970～71年製は製造数の関係で修理に持ち込まれることはまれなのだが、LAやナッシュビルのギターショップを訪れた際に、偶然にも10数本見る機会を得た。筆者のイメージとしては他のラージヘッドに比べてかなりヘッドが小さいというふうに見えたのだが、人によっては大きいということを述べられる方がいるので、分解したついでに計測・研究してみたところ、非常に面白い結果が得られた。

第1点は写真⓫の通りナット幅が標準のBネックにもかかわらず他の年式より細く、これは他の1970～71年製にもいえることで40～40.5mm程度しかない点である。筆者の考えとしてはトラスロッドの説明でも述べた通り、これもギブソンとの競争の結果と思える(事実として1966～69年頃のES-335やL5などはナット幅がかなり狭い)。

第2点は写真⓬のようにクリアーのジグ(1968年12月製造のネックから型をとったもの)をあてると、ナット幅の狭さに対応してヘッドが小さめに設計・製造されていることが分かる。意外と認識されていないが、1950年代からのオールドフェンダーのネックの設計はネックセンター上に3弦チューナーシャフトセンターがあるので、これに合わせるとヘッド6弦側から先端部にかけての設計が小さめに変更されている。

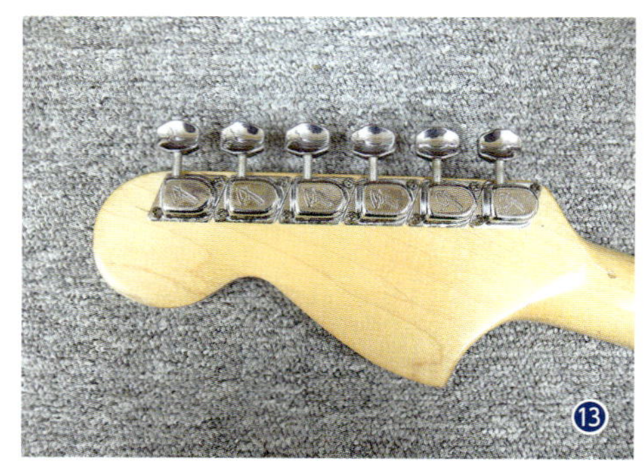
⓭

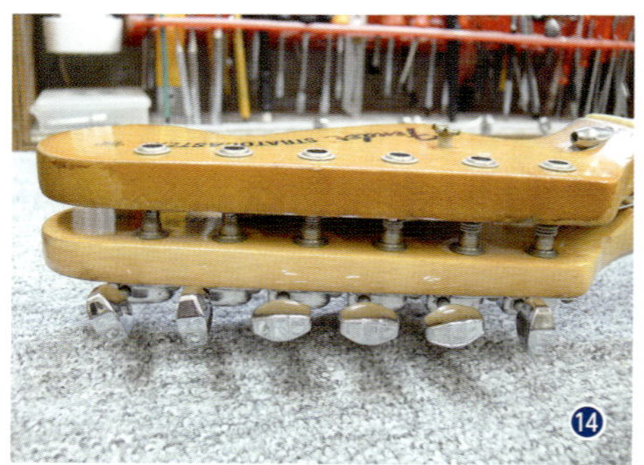
⓮

さらにサウンドに影響するファクターとしてオーバーホール後のチューナーを取り付け、1973年製のネックを上に置いて比べてみると、ヘッドの厚さがかなり薄いということが分かる(写真⓭、⓮。なお、1972年頃になると1960年代中期～後期程ではないにせよ多少ヘッド面積が大きくなる)。メイプルワンピースでヘッドが小さい上に厚みも薄く、アルダーボディ+鉄ブロックシンクロということから、アンプを通さずに音を出してみるとまるで1950年代のようなサウンドに感じられ、これはこの当時5種類のネックが製造されていることに起因しているようにも思える。そこで右ページの表がその5種類となる。

問題となるのはトラスロッドがヘッドトップから仕込まれている①のネックで、このアンカーが入る穴をあける場合、ブレットナットの径より大きくあけなければならない。それゆえ最初にヘッド部マテリアルから削り取る部分が多くなり、ヘッドが薄くなるというわけである。

では、“なぜ少量生産の1970～71年４ボルトメイプルワンピースネックに、その他のネックの規格を合わせるのか？”という疑問につい

1970年代初期　ネック仕様表

	フィンガーボード	ヘッドプラグ	トラスロッドアジャスト	ネックセットボルト
①	メイプルワンピース	✓	ネックエンド	４ボルト
②	メイプル指板		ネックエンド	４ボルト
③	ローズ指板		ネックエンド	４ボルト
④	メイプルワンピース		ヘッドブレット	３ボルト
⑤	ローズ指板		ヘッドブレット	３ボルト

ては、１点目は量産する際に製造規格を統一すればコストが下がるということと、２点目はほとんど知られていないことだが、①のネックは４ボルト用の修理交換用ネックとして1972年６月頃まで製造され続けていたということがその答えである。

⑮

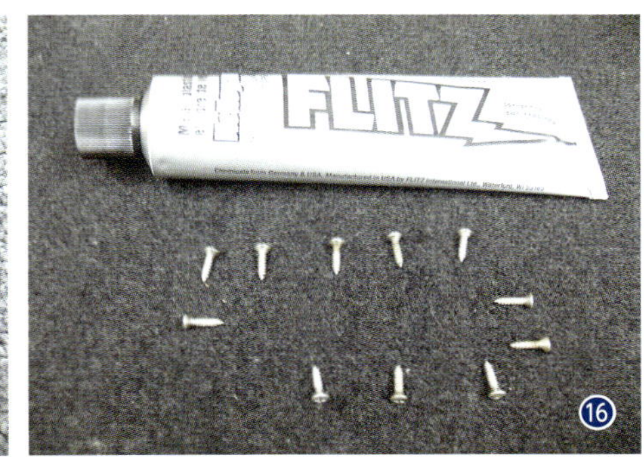

⑯

次に金属パーツを磨く方法とコンパウンドについて述べる。まずなぜサビが発生するのかを説明すると、ある特定の外気温以上で湿度50％を超えると金属にサビが発生するという状況になる。つまり裏を返せば湿度50％以下に保てば環境温度が何度であろうがサビは発生しづらいということがいえる。

実際の作業例としてトレモロスプリングを取り上げると、写真⑮のように中程度のサビであればメッキ層の上にサビが浮いてきているだけなので、ほぼ元通りに出来る。さらにこれ以上サビに覆われてしまうとメッキ層が破壊されてしまうので、そうなる前の作業が重要となる。写真⑯が磨き作業に使うフリッツというコンパウンドで、今までかなりの種類のメタルコンパウンドを使用してみたのだが、経験上これがベストである。5.29オンス（150g）入りのものだが、業務で使用しないのであれば、これより少量でも売っているのでそれで十分である。単なるメタルコンパウンドでなくプラスチックなども磨けるので、筆者は牛骨ナットの仕上げやフレット磨きにも使用している。アメリカでは宝飾業界でも使用されているので性能的には素晴らしいものだが、唯一の例外としてゴールドメッキされたものには絶対に使用してはならない（ゴールド層が無くなってしまう）。

言葉で説明するより写真⑰～⑲で十分であろうが、注意点としてステンレスワイヤーブラシをドレメルに装着して使用する場合、回転中に抜けたワイヤーが目を直撃する恐れもあるので必ずゴーグルを着用する。なお、ネックセットプレートとブリッジプレートは傷防止のためワイヤーブラシは使用せず、フリッツをクロスに少量とり磨くだけにとどめる。

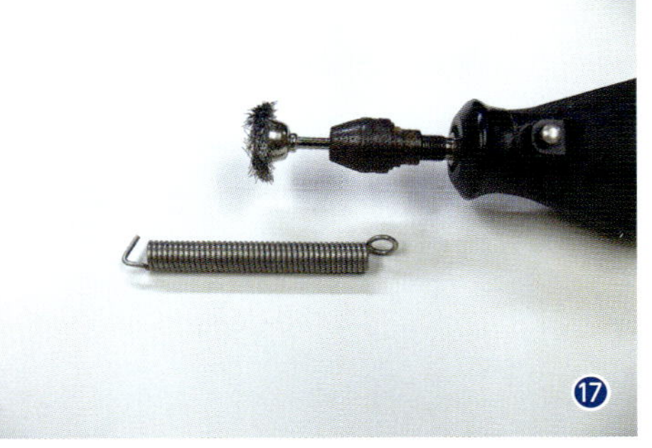
⑰

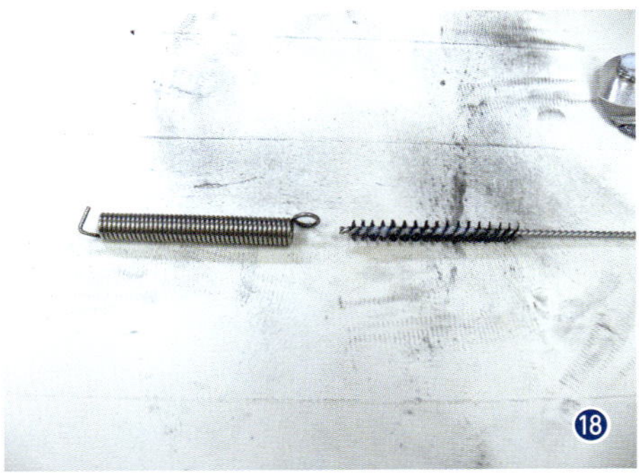
⑱

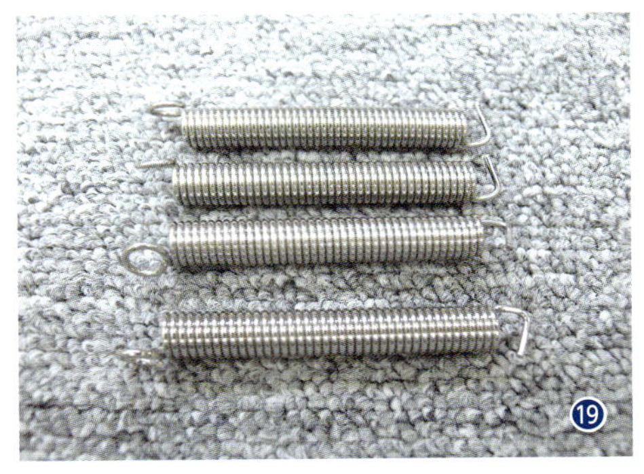
⑲

トレモロを分解しオクターブアジャスト用のスプリングを磨くと面白いことが分かる。フェンダーはここの部品はすべて左巻き（カウンタークロックワイズ）となり工業規格として世界標準とは逆の巻き方となっている。トレモロスプリングは右巻きなので、なぜここが左巻きになっているのか謎である。その他の例としてはギブソンのピックアップ高さ調整用スプリングもそうなのだが、筆者の趣味としてのレストア経験の中でもカナダ製ガムボールマシン（MACHINE-O-MATICというクールな会社名のもの）の中で使用されているスプリングも左巻きだったので、北米のスプリングメーカーに聞いてみたいところである。また、1967年に公開されているパーツリストのトレモロスプリングのイラストは実際は右巻きであるにもかかわらず左巻きに描かれているので、単なる規格違いなのか謎は深まるばかりである（音質には関係ないのだが）。

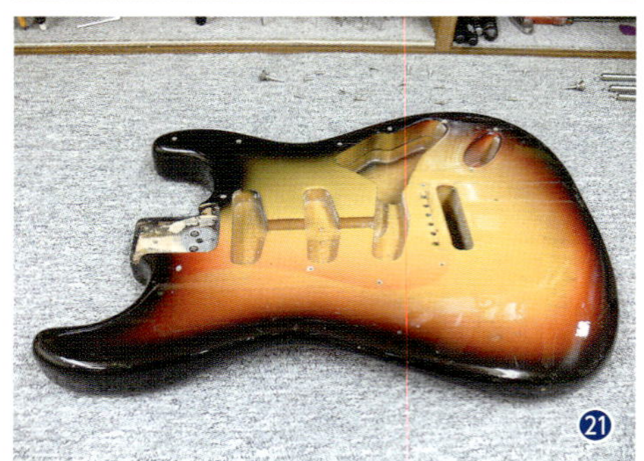

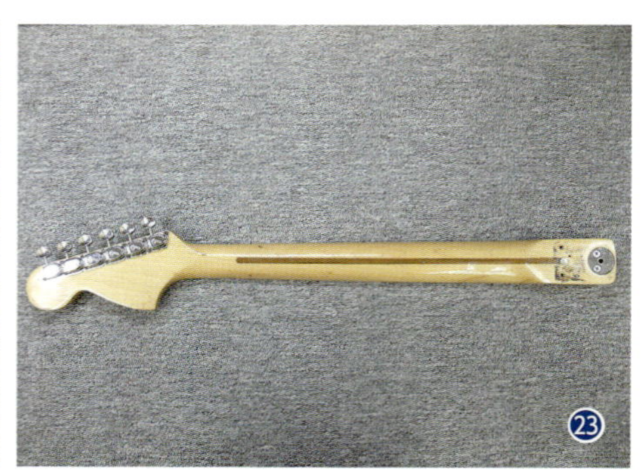

エレクトリックギター・アンプの世界には非常に不思議なところがあり、なぜか塗装が剥がれていたり、汚れて古く見えたりすることに価値を見い出す方もいる。また、最新の製品を古く見えるように加工した上で“ニュープロダクツ”として売ることもある。しかしながらこれがクラシックカーやビンテージファニチャーの世界であればボロいの一言で終わってしまう。美に対する考え方や感じ方は人それぞれなので一方的に断じることはあまり意味をなさないとも思えるのだが、筆者の考えではたとえ古くても彼女とギターはきれいな方が良いと思う。

ボディ・ネックのクリーニング方法だが、使用するクリーナーはGHS社のギターグロスのみで、筆者の経験上これに勝るものは無い。1950～70年代製のくすんだギターを完全に磨くとなれば4オンスボトル1本をすべて使いきってしまうので、複数回使用するのであれば16オンスボトルを勧める（写真⑳）。また、この製品はコンパウンドを含んでいないので数十分程度では絶対に磨き終わらない。中途半端になんとなく磨いてみようという気持ちで使用するとかえってギターに付着したヤニ成分が拡散することにより汚く見えるので、本気でギター1台をクリーニングするのであれば、この作業だけで半日は覚悟した方が良い。

まず、塗装がくすむ要因として一般的な工業製品と違い、オールドギターの場合特殊なケースが存在し木の中の成分が塗膜を通り抜けて表面上に出てきて、外気もしくは手の油分や汚れなどと反応するということが挙げられる。これにタバコのヤニが加わってしまうと筆者のように慣れていても磨き作業に3時間ぐらいかかるので、慣れていない人だと1日仕事になる。ただし1950～60年代のある程度塗装に厚みのあるオールドギブソンであれば、根気よく磨いていくとこれぞビンテージラッカーという半世紀以上経た塗装とは思えない程の仕上がりになる。磨き終えたツヤを文章で説明するのは文字通り筆舌に尽くし難い。上記

1971 年製のフェンダーも写真㉑～㉓のようになり、これはノーワックス・ノーシリコンのギターグロスのみの結果である。

なお、使用するクロスは 3M 社のワイピングクロスで、これも経験上お勧めしたい。本来はキッチン用やパソコンモニター用として売られており製造国や色の違いがあるが基本的に性能は同じである。これを 2 枚用意し 1 枚目は水につけ硬く絞り、全体を拭く。次に 2 枚目にギターグロスを少量クロスにのばし磨いていく。不適切なクロスやティッシュペーパーを使った場合、塗面に傷がつくこともあるので、高価なものでもなく長く使用出来るので 3M のものを 2 枚用意することを勧める（筆者が最初に買ったものは日本製で 1 枚 10 ドル程度したが、現在ではベトナム製が 1～2 ドル程度で購入可能）。

最後に重ねて書いておくが、部品をすべて外した上で根気よく時間かけることこそが唯一のコツである（美しく仕上げることにマジックやシークレットは存在しない）。

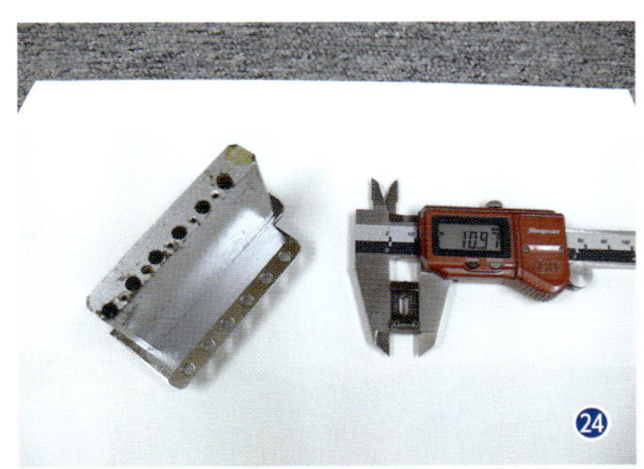

㉔

㉕

次にトレモロブロックのレストア方法だが写真㉔は今回レストア中のもので、1970～71 年製の鉄ブロックはそれ以前と違い角の面取りが角ばっている。さらに写真の通りプレート裏のユニット取り付け穴の面取りが少ない。このブロックについては状態が良かったため、オリジナルのままとしたが、写真㉕のものはレストアの参考例として筆者がペイントしたブロックである。もしオールドのセパレートトレモロブロックをペイントし直すのであれば、現在ではアルミパウダー入りのジンクスプレー缶が入手出来るので、これでペイントするとほぼオリジナル通りになる。方法としては剥離剤＋スチールウールでサビとオリジナルペイントを落とした上で洗浄、脱脂しペイントすれば良い。

ここでレストアを一時中断し、シンクロナイズドトレモロの計測・研究をしてみたい。ストリングピッチについては【図 A】、写真㉔を参照してもらいたい。

その前に、読者の方にテレキャスターとストラトキャスターは似ているかと問うた時に、大抵の方は“ギターとしてまったく別物であると思う”と返ってくると予想出来る。実際に筆者の知人に聞いてもほとんどがこの答えなのだが、これはある意味では正しい。しかしながら 1950 年代のテレキャスターとストラトキャスターから実際に型をとり比べてみると、次ページ【図 B】のようにボディラインの 60% はまったく同じであることが分かる（ストラト

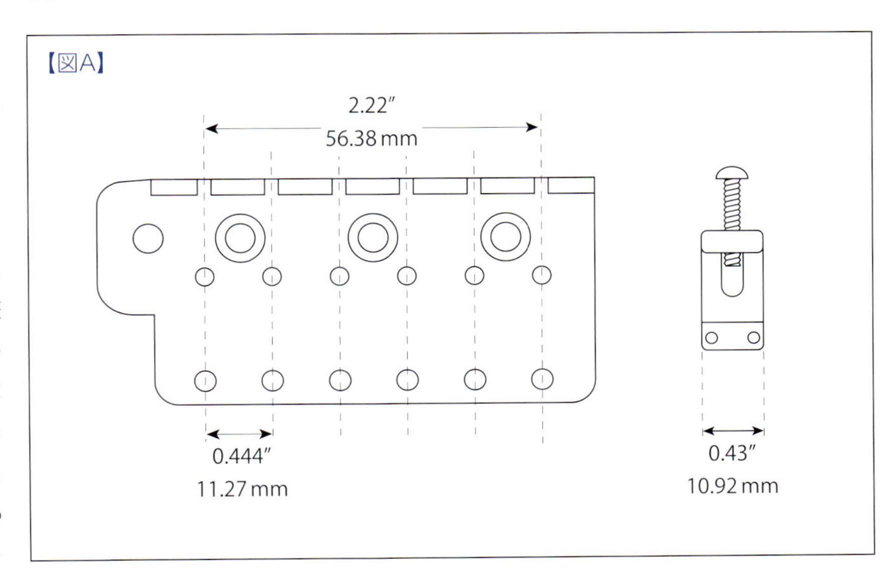

ボディ外周約1516mm、テレキャスターボディ外周約1416mmで重なっている部分は約860mm)。

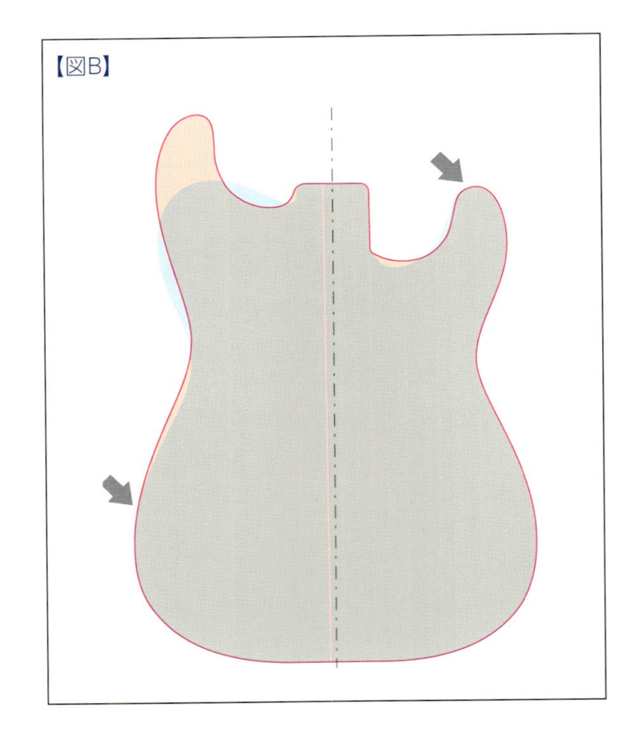
【図B】

さらに興味深い例として、テレキャスターとレスポールの全長はどちらが短いかと聞くと、大抵"レスポールが短い"という答えが返ってくる。結論をシンプルに述べると筆者の現物からの計測では"ほぼ同じ"である。どちらが先に世に出たかはいうまでもないのだが、まったくの偶然だとしてもギブソンにとっては"不都合な真実"ということになりうる(さらにボディデザインと表面積にまで話が及ぶと大変面白い)。

ここでストラトのストリングピッチに話を戻すと、これもまた基本設計はテレキャスターから来ているように思える。テレキャスターのストリングピッチは0.43″(10.922mm)でストラトは0.444″(11.277mm)と広いのだが、実際にストラトのサドルを計測してみるとやはり写真㉔のように0.43″に近い。つまり弦を張ることにより各サドルが内側に引き寄せられ0.444″より狭くなっているわけである。また、アフターマーケットパーツのようにサドル幅を0.44″にしてしまうと弦間が広くなりすぎてネック上で弦落ちしやすくなるために、この部分でもレオ・フェンダー氏がデザインに苦心した跡がうかがえる。

さらに設計の細部を見てみると、アームバーのデザインと取り付けのための加工方法についても強度・精度の両面でかなりの考慮がなされていることが分かる。

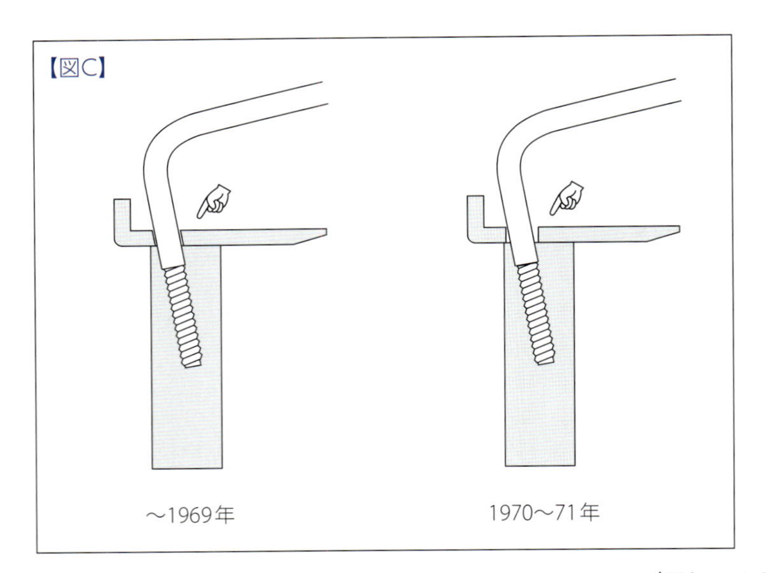
【図C】

【図C】右が1970～1971年のもので、左が1960年代までのアームバー取り付け断面図である。オールドのほうはブリッジプレートに角度をつけて穴あけされており、文字通りプレートの穴とブロックのネジ穴がシンクロしている。もちろんレオ・フェンダー氏の英明な設計によるものであり、製品化する場合かなりの精度が必要となるため、製造方法において高いレベルが要求される。それに比べて、後年の図右の方法であればプレートに広めの穴を垂直にあけると簡単に製品化出来る。これは明らかに退化といわざるをえない。ブロックのみでアームバーネジ部を保持しているために、この部分が金属疲労により折れる場合がある。

恐らくレオ・フェンダー氏はこれを見越した上で、ブリッジプレートでネジ加工をしていないバー部分を受ける設計にしたものと思われるが、シンクロナイズドトレモロが最初から改良のしようがないほど、細部に至るまで完成されているという事実はレオ・フェンダー氏の才能と努力の証明であるように思う。以上の"最初から完成している"という事実から後年のものは退化していると述べたのだが、むしろ"最初の設計をないがしろにした改悪"といった方が正しい。さらにどちらの加工法でも材料費というコストは変わらないということも付け加えておく。レオ・フェンダーデザインのシンクロナイズドトレモロは究極のインダストリアルデザインであり、この機能が後の音楽に影響を与えたことも含め、レオ・フェンダー氏は"研究・信仰の対象たりえる"としか言いようがない。

この1971年製ストラトは、トーンが効くときとまったく効かないときがあるという理由で修理に持ち込まれたものだが、P.G.のネジを外した瞬間にP.G.が6弦側に動いたため不具合の原因が分かった。さらにP.G.を裏返し配線を見たところ何度かやり直された形跡があり、今

㉖

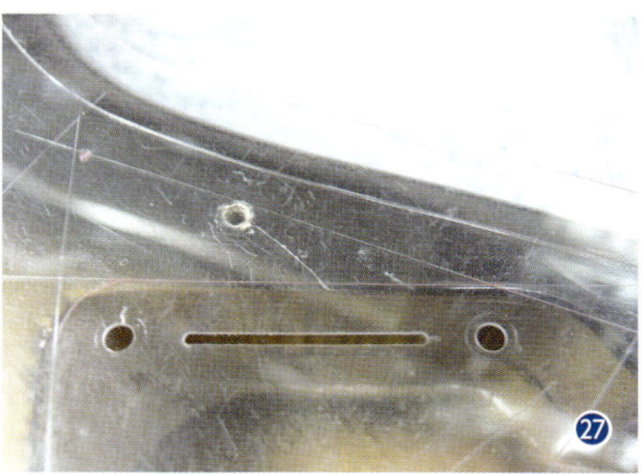
㉗

まで何人のリペアマンがこの問題を解決しようとしたかと思うと同時に、何人のオーナーがあきらめて売り払ったかを想像すると苦笑いするしかなかった。つまりこのギターがオリジナルコンディションで残っている理由にもなるのだが、不具合を抱える不完全な製品ゆえほとんど弾かれていないので、素晴らしいコンディションで生き残ったという誠にアイロニカルな話であった。

まず修理方法を述べる前に写真㉖のコントロールキャビティの位置が設計通りに加工されていないことが一番の原因で、P.G.を取り付けるとキャビティウォールにスイッチが当たって歪み、スイッチ接点に微妙に隙間が出来る。それによりシグナルがトーンポットに送られたり送られなかったりしてトーンが効く場合と効かない場合が出てくるわけである。写真㉗がその証明でジグの線が本来のキャビティ位置となり、このギターではコントロールキャビティが２mm弱６弦側にずれて加工されている。

ここでなぜこのようなことになるのかというと、P.G.とブリッジの取り付けの項で既に述べた通り、筆者のように極少量生産であれば塗装前にP.G.にすべてのパーツを取り付けた上で、そのP.G.の取り付け穴にあわせてボディに穴をあけている。しかし量産という観点から述べると、P.G.がネジ穴も含めてすべて均一な製品という前提があれば、ブリッジ取り付け同様、塗装が終了した時点でジグを使いすべての穴を前もってあけてしまえば手間・時間といったコストが大幅に低減出来るというわけである。

また、事実として1973年初頭までのストラトでこのキャビティ壁面を塗装後にファクトリーでルーターを使い再加工し、適切にP.G.が取り付けされているものも見かける。これは組み込みを担当した者がやり直しを申請した場合で、逆にこれを無視して出荷されたものもここまでの程度ではないにせよ、このギター同様たまに見かけるので製造管理の質の低下がこの頃から始まっているといえる。

ここで実際の修理方法となり（最初からの製造不良なので解決方法といった方が適切なのだが）３つの方法があるので直される方の好みで解決していただきたい。筆者は方法２がベストだと思うが、これもそれぞれの好みの範ちゅうなので選んでいただきたい。

〈方法１〉

写真㉘、㉙はどちらも左がCRL製で右がOak製である。写真のようにOak製のものはスプリングレスで、1980年代のビンテージリイシューの頃からフェンダーに純正品として採用されているものである。

CRL製のものはスプリングがあるので、この分のスペースが必要とされる。つまりこれをOak製のものに交換するだけでコントロールキャ

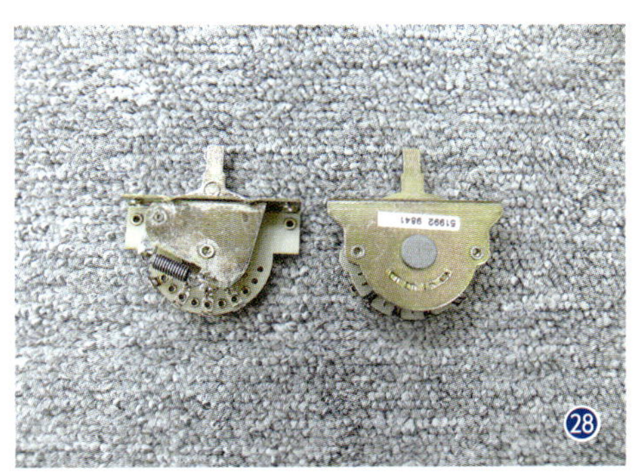
㉘

㉙

ビティを加工せずに済むことになる。しかしながらスプリングレスということは製品としてコストレスということもいえ、スイッチ操作にスプリングが介在しないことにより、その操作に違和感を覚える人も少なくない(CRL製に慣れきっているともいえるのだが、筆者もその一人)。

〈方法 2〉

筆者の考えとして一番のお勧めは、本来あるべきスペースを作ることである。つまりコントロールキャビティを、ジグを使いルーターで再加工するのがベストだと思うのだが、このギターのオーナーは出来ればこれ以外の方法で解決して欲しいとリクエストされたので、次の方法によって直すことにした。

〈方法 3〉

CRL製スイッチを本来とは逆に取り付け、キャビティウォールに干渉するソルダーラグを、エンドニッパーを使いすべてカットする。その上でソルダーラグのアイレット(ハトメ)部に配線を通しハンダ付けする(写真㉚、配線は必ず事前にハンダメッキしておく)。

㉚

㉛

㉜

参考までにポットのデイティングは137-7112で、137はCTS製、7112は1971年第12週製造となり、ピックアップ裏の8022は#8ワインディングマシーンで022は第2週、1972年ということなので、出荷は1972年初頭と考えられる。

最後に配線について2点挙げておく。1点目は各ポット間を配線材でつなぎ、確実にグランドをとる。これによりナットが緩んだ場合のトラブルを防ぐことが出来る。

2点目はスイッチからトーンポットに渡されている配線が何度かやり直されているうちに極度に短くなっているので余裕をもってやり直す(ここでは同年代の同じ配線材を使用した。写真㉛、㉜)。また、まれに内部配線は短ければ短い方が良いという意見の方がいるようだが、ギターの場合、今後のメンテナンスを考慮しなければならないこととギターとアンプをつなぐためのシールド線が数メーター以上必要なので上記の意見は正しいとはいえない。

以上をもって、製造後40数年を経て初めてギターとして完成したということは大変興味深いと思うと同時に、このギターが今後適切なメンテナンスを受け200年は長生きして欲しいと思う。

#2　フレットすり合わせ

2000年代初頭からと記憶しているのだが、アメリカのフレットすり合わせ用の修理工具・方法としてネックに強制的にテンションをかけ弦を張った状態をシミュレートし、長尺のものでストレートにすり合わせるというテクニックとシステムが出てきた。あまり弊害もないのでこの方法に異を唱えるつもりはないのだが、一点気になるのはトラスロッドの効くポイントがギターにより個体差がある点をあまり考慮していないということである。さらにギターにはこの後、弦が張られ弦によるテンションがかかることにより（もし弦が太ければ、もしくはネック剛性が低ければ）ネックは確実に順ゾリとなる。そしてこれらの問題を解決するためにトラスロッドナットを締めバランスをとることになる。もちろんギターを使用する人の好みもあり、かなり順ゾリのネックを好む方もいれば、ほとんどストレートの状態を好む方もいる。また、ローポジションのみを使う方もいれば、全ポジションを使う方もいる。ソリ具合をどのような状態で使ったにしても湿度の変化などもあり、それぞれ問題が出てくる場合もあるのだが、これとて弦高を上げてしまえばかなり解決してしまう。このように多種多様な使い方があり、正否を弁別することは非常に難しいと思える。そこでこの項のフレットすり合わせであるが、説明する方法は筆者の試行錯誤の結果であり、あまり一般的ではないのかもしれないのだが、これがベストな方法だと思うので以下説明する。

㉝

㉞

ローズ指板の場合、フレットを打ち終えエッジをヤスリで処理した後、フレット間木部に保護のためのマスキングテープを貼る。塗装の終わったメイプルワンピースネックの場合であれば、フレットも塗装されているのでスクレイパーや目立てヤスリの角でこれを除去する（写真㉝、㉞）。ストレートな指板に適切にフレットを打ったのであれば、タングがフレットスロットにかむことによりわずかに逆ゾリするので、通常はトラスロッドナットを緩め、指板をストレートにするのだが、筆者はこれを行わない。つまり逆ゾリしたまま小型の平面ガラス板（80 × 170 mm）に#120 と#320 のサンドペーパーを貼り、逆ゾリに応じてすり合わせていく（写真㉟）。実際のところ、適切に打ったフレットはすり合わせなしでそのまま使用したとしても大問題は出ない。問題が出る場合は余程フレット打ちが適切でない場合で、未熟なフレット交換でもすり合わせで無理やりつじつまを合わせている場合もある。こうならないように適切にフレットを打たなくてはならないのだが、指板の種類・堅さの違いもあり、ひいてはこれらによるフレットの打ち込み加減の問題も残るので下記の方法ですり合わせを行う。

コツは軽くサンドペーパーをかけることであり、適切にフレットが打てたのであれば短時間で済む。（力を入れ過ぎるとネックの変形やペーパーによるキズ目が付き過ぎる。また、サンディングブロックが重量のある場合でも同様）。#120 → #320 で弦方向にすり合わせが出来たのであれば、次はこの方法もギター修理の常識外なのだが、ガラスに貼ったままの粒度の落ちた#320 で 1 ↔ 6 弦方向（横方向）にアールにあわ

㉟

せながらペーパーをかけていく（このとき絶対に力をかけず、感覚的にはガラスの自重のみで作業する）。これはペーパー跡を交差させてキズ目を残りにくくするテクニックであると同時に、次の#800のペーパーをかけやすくするためのものである。（弦方向に#320→#800だと#800が#320をトレースするだけなので、どこまで#800をかけたのかが判別しづらいと同時に、微妙なアールの修正の意味合いもある）。弦方向に#800が終わったのであれば最後は横方向で粒度の落ちた#800をそのままかける。

㊱

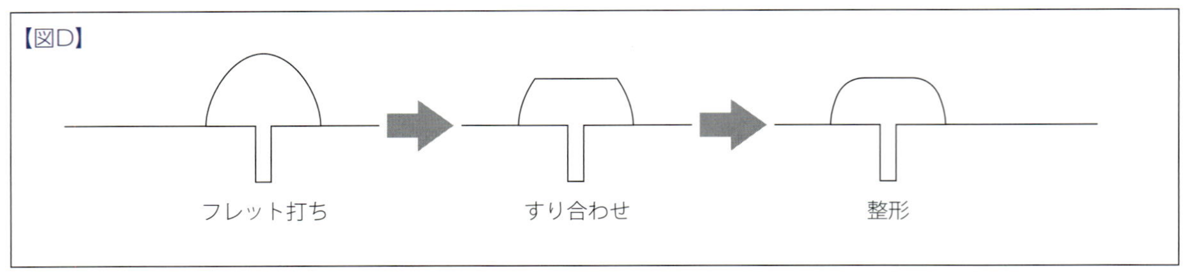

この後で写真㊱のフレットファイルを使い【図D】の整形作業となるが、すり合わせが軽度である場合これも短時間で済む。

㊲

㊳

次にフレットエッジ部の仕上げ作業となり、筆者は写真㊲、㊳のようにドレメルにダイヤモンドホイールのビットを付けて仕上げている。この作業も修理の常識では十中八九、ヤスリを使い時間をかけて作業して

㊴

㊵

いるようだが筆者にはまったくむだな時間と行為に思える。ほとんどの面取りをドレメルで行いフレットと指板の接している部分のみをヤスリがけし、その後サンドペーパーで全体を処理した場合、慣れてしまえばすり合わせから仕上げまで１時間程で終了する。最後にフレット全体に#1000のスチールウールをかけてメタルコンパウンドで仕上げればバフを使用した場合と変わらず美しく仕上がる(写真㊴、㊵)。

#3　ナット製作・交換

㊶

ナットの外し方は第２章#2で述べたので参照いただきたい。ギターの修理ではナット交換といえば一般的な修理なので最初に書かなければならないのだが、レストアの工程上、最後に述べることとなった(写真㊶)。また、最後にこれを述べる理由は実はかなり重要な作業だからであり、一般的に修理としてみるとナット交換は軽視されているといっても過言ではないと思うからである。プロ演奏家向けのオールドバイオリンの修理・調整ではブリッジとナットの調整という作業は音質、演奏性上必須であり、その高価さゆえ、一流のリペアマンにより作業されるため、時間的には短い作業の割に高額であり、そのノウハウが語られることはあまり無い。しかしギター修理(しかもエレクトリック)というとバイオリン修理よりも(金額的にも)低く認識されるものなのだが、実際要求される知識・能力は同等かそれ以上だと筆者は思う。これらはギターを修理する者の適性・修練・思考力の不足により不適切かつ安価に修理されているという現実もある上、消費者のナット交換ぐらい安く出来て当たり前という風潮により、ギター修理の質が向上しないのは誠に残念である。なお、職能ということを考えた場合、今後ギター修理を生業とされる方はこのあたりが問題になると思われる。

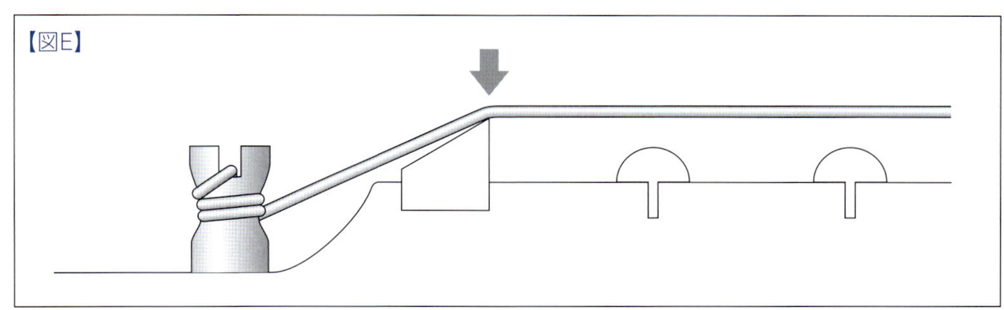
【図E】

トレモロ有りと無しの場合、チューニングの狂いの兼ね合いも存在するのでトレモロ有りの方が(弦溝の中で弦が移動することにより)難しいのであるが、基本的に音質・機能性を重視するという観点では同じである。例として一番安易でよく見かけるナット調整・交換作業の断面図は【図E】の通りとなる。

弦と弦溝の接点が文字通り点接触となっている。これは開放弦で音を出した時の音のビビりの問題を解決するのに一番安易な方法で、ヘッドに向けてかなり角度を付けて溝を切る方法である。以下の写真がその典型例となる。

㊷

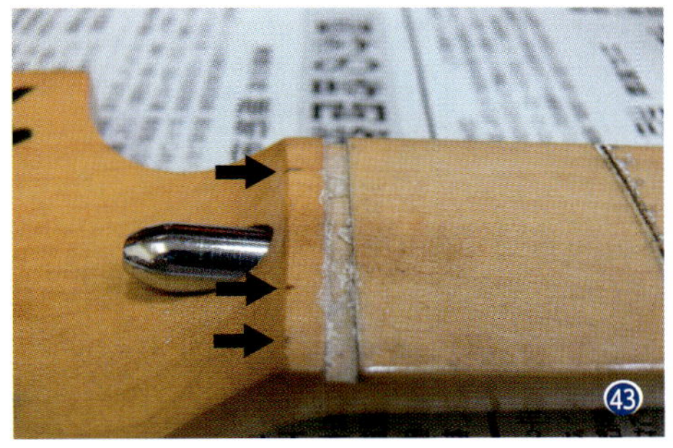
㊸

写真㊷、㊸の矢印部にナットファイルによる傷が入っているのだが、よく考えなくてもこの部分を弦が通るわけはないので完全に失敗・不適切な作業である(ナットスロットに残る瞬間接着剤の量も含めて)。次に、これは語られることはまず無いのだが点接触で弦によるテンションが一点にかかっている場合、ヘッド先端部が指板面側へ引っ張られることとなり、ネック自体に順ゾリになる力がかかる。逆の例として【図F】で説明すると、弦と弦を巻いたチューナーシャフトの角度が弦溝の中で一致している場合、弦がナットに適切に押しつけられることにより弦のテンションがナット底面に分散される。例えていうと、フロイドローズのロックナットはストリングリテーナーを使い強制的に弦を押しつけ結果的に同じことが起こっている。一般的にフロイドローズを取り付けると同じような音・軽いタッチになるといわれるのだが(それが良いか悪いかは別として。筆者は好みなのだが)上記の説明の補足にもなる。さらに決定的な説明として、弾き込んだギターの音、もしくはオリジナルナットのオールドギターは音が良いという説は、長年の使用により弦による摩擦によってこの弦溝内の角度がすり合わされ、多接触になっているととらえることも出来る。点接触の場合、弦溝の減りも早く、角度的に良い頃合いになった時には弦溝が低くなり過ぎて適切な音が出せずに、また要ナット交換になってしまうという欠点もある。

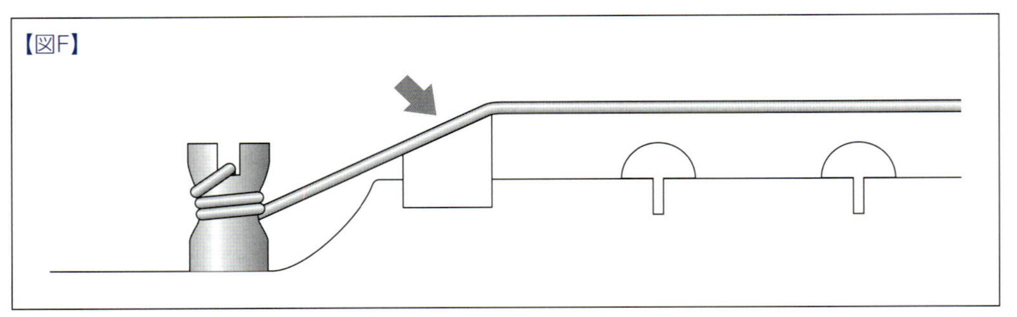

以上が横から見た説明となるが、【図G】は正面から見た弦溝幅の説明である。弦を10-46を使用すると仮定した上での説明となるが、4弦が26の場合、溝の幅も26と同サイズでは話にならない。かといって49で溝幅を切ったのであれば弦の横ブレの問題が起こりまともな音が出ない(いわゆるバズの発生)。ここで弦溝を前述の点接触にするとテンションが一点にかかり横ブレしにくくなるためにバズは出にくくなる。このような理由で未熟なナット交換は点接触にせざるを得ないようなっている。説明の最終的な決定打として、このような点接触のギターでトレモロを動作させるかストリングベンディングしてみると良く分かる。点による抵抗が大きいゆえにチューニングは確実に狂う(つまり弦溝内で弦が滑らかに動かずに引っかかりが生じている)。

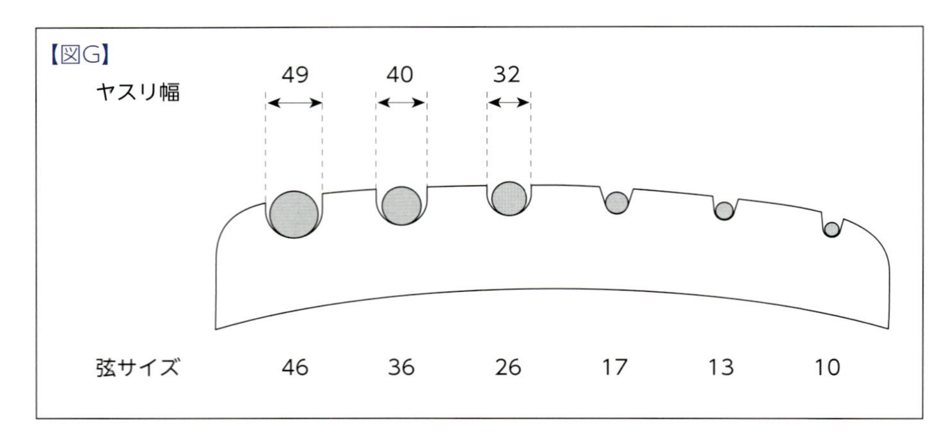

以上がナット製作・交換の理論的説明であり、次は筆者の実作業の説明となる。

写真㊹がフェンダー用で使用するブランクナット(牛骨・無漂白)で、まず底面のアールを指板を利用して整形し直す。フェンダーの場合、指板アールとナットスロットのアールは

同一であるため、指板面に#320のサンドペーパーを貼り、ナット底面をあて垂直を保ちながら整形する(写真㊺)。

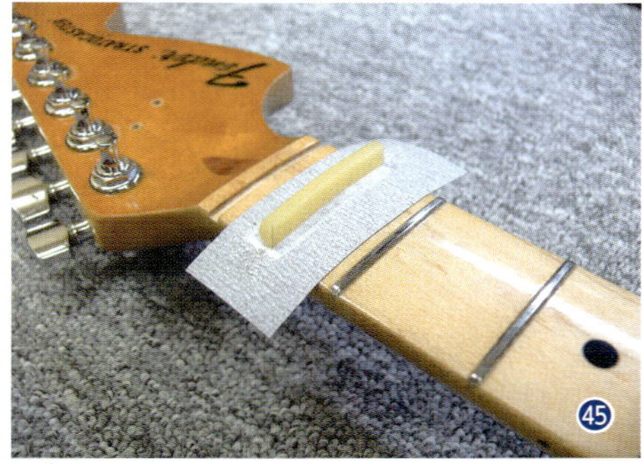

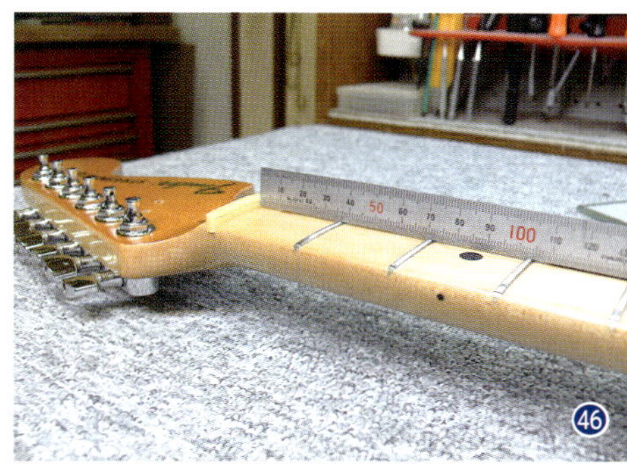

高さを決定するため、スケールを目安として使う

日立工機グラインダーBGM-50

ナットの厚みをきつくも緩くもない程度に整形し、ナットとナットスロットのあたり具合を確認した上でトップ面の線を引きグラインダーで大まかに削る(写真㊻、ナットサイドも同様)。目安としては６～４弦はナット上面から弦が少し見える程度で、３～１弦は弦がナットに埋まる程度にし、接着前にパーツクリーナーで接着面を脱脂する。なお、写真㊼、㊽のグラインダーについてはメーカー様からお叱りを受けてもおかしくない改造を施してあるので、皆様方はあまり真似されないように。

タイトボンドをナットに薄く塗布し、ナットスロット底面とすり合わせた上で接着するのだが、クランプはせず弦を張り、この力によって接着する(写真㊾)。圧着によりはみ出たボンドは水分を含ませたティッシュペーパーなどで除去し30分放置する。ナットトップ面を仕上げてから弦溝を切る方法もあるが、筆者はこの作業が終わってから仕上げている(弦を外す二度手間となるのだが)。

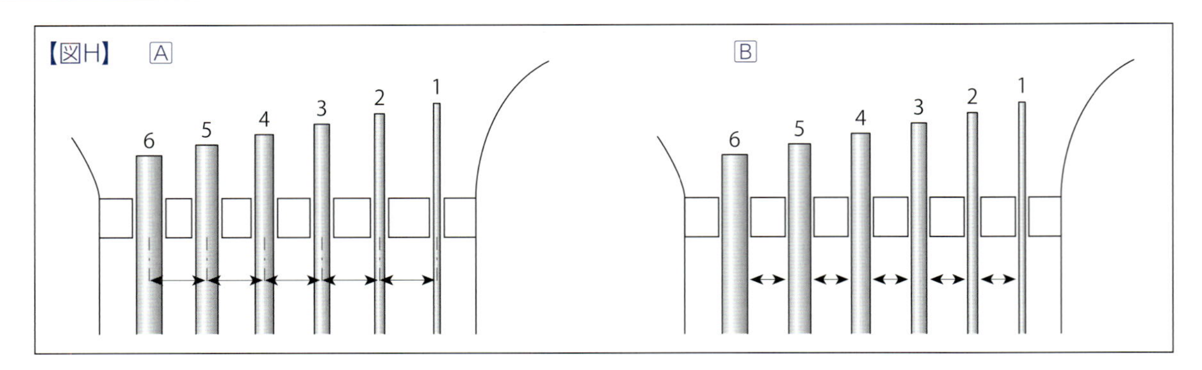

ここで弦間の説明であるが、一般的には3種類が理論として挙げられる【図H】。

1. A弦のセンターを中心とし均等に切る方法。6→1弦に行くにしたがって弦間が広くなりローポジションのコードを押さえやすい。

2. B弦間が均等になるように切る方法。2～1弦に比べ、6～5弦センター間が広くなる。

3. ベースで考えてみるとよく分かるのだが、ギター弦より太いためAとBがそれぞれより極端に特徴が出るように見える。結局これも好みの問題が大きいため、ベースに限っては弦も4本と少ないこともあり見た目で切ることが多い。

50

51

結論として筆者はAを基本的に採用し、弦の太さに応じて見た目を加味した上でAとBをブレンドした形で切っている(写真50、51)。

基本となる弦間ジグに関してはクリアーの塩ビ板で自作すると使い勝手が良い。フェンダー用であれば①6.6mm(1→6弦センター33mm)②6.75mm(33.75mm)③6.9mm(34.5mm)④7mm(35mm)⑤7.1mm(35.5mm)の5種類を横に並べ一枚にまとめて作れば十分である(写真52)。

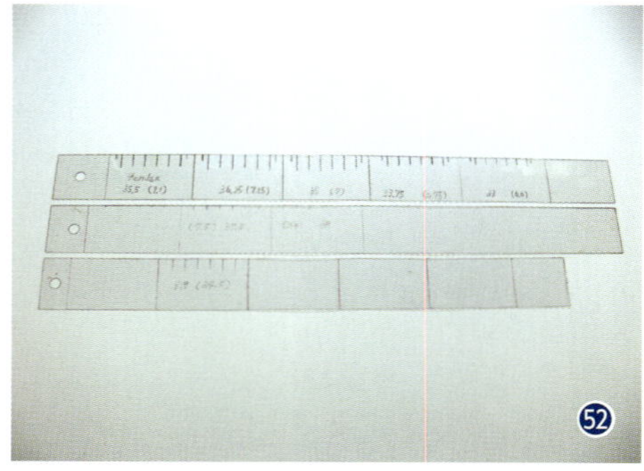
52

弦間ジグ

53

ナットファイル

54

目立てヤスリ

実際の弦溝の切り方としてまず最初に1･6弦をナット上に乗せ、弦落ちしない場所が確定したらジグをあてマーキングする。その上でナッ

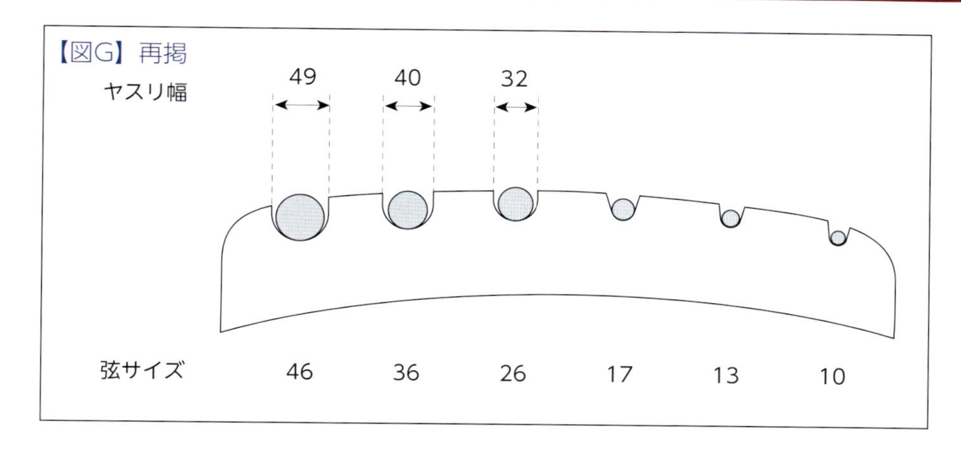

トファイルのガイドとなる目立てヤスリでマーキング上を削っていく(写真53、54)。幅については10-46を例に【図G】で再度説明すると、大まかな幅は前述のように弦より多少オーバーサイズのナットファイルで削り、1〜3弦は目立てヤスリでV字状に切っていく。その際に【図I】のように弦を2Fと3Fの中間で押さえ、1Fと弦の隙間を見つつ正面から弦間を確認しながら削るのだが、弦間が理想通りでない場合は、この時点で修正していく。前述のように角度を適切にし、大まかに削り終えたのであれば最終的に弦と同サイズのナットファイルで微調整をする。

注意点として2Fと3Fの中間を軽く押さえ、最終的には1F と弦の

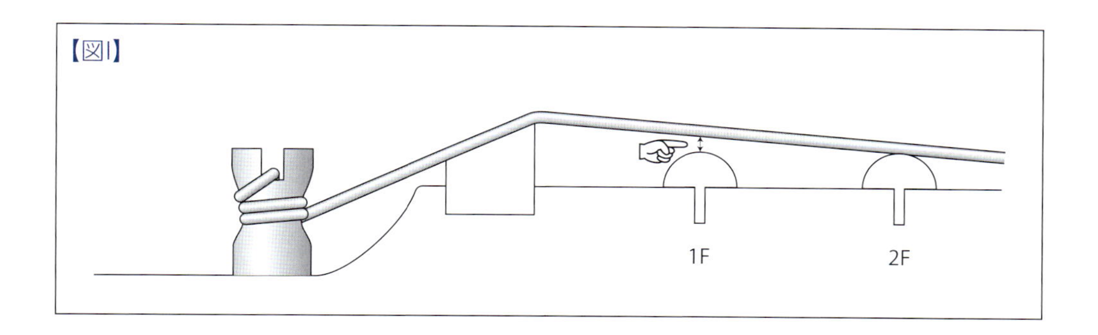

隙間が多少存在しなければならないのだが、接触スレスレということは避けるべきである。理由としては極度に弦高を下げ、指板をかなりストレートに調整した場合(そのような依頼も多い)どうしても開放弦の時にバズが出る。高めの弦高を好む方もしくはネックをかなり順ゾリで使う方であれば支障はあまり出ないのであるが、現在主流となっている弦は昔より細く、低めの弦高を好む方が多い上、トレモロを使用することを考慮するとギリギリの隙間は避けた方が賢明である。いずれにせよ厳密な数値というものが存在するのであろうが、計測の難しさもありこれも経験に基づく部類であると思う。

最後に弦を外し、ナット全体をヤスリで整形後、ペーパーをかけコンパウンドで磨く。

補　記

この項で使用したギターは1979〜80年製のアニバーサリーシルバーである(写真55)。その出来ゆえ、ネックのレストアのみで終了するはずもなく、P.G.取り付け直しとブリッジレストアも含めて行った。写真56の通り、P.G.取り付け位置がかなりネックよりにずれていたことが分かると同時に、ネジ類はすべてステンレス製に交換した。アニバーサリーについては、かなりの台数をレストアしたが、このような作業を

55

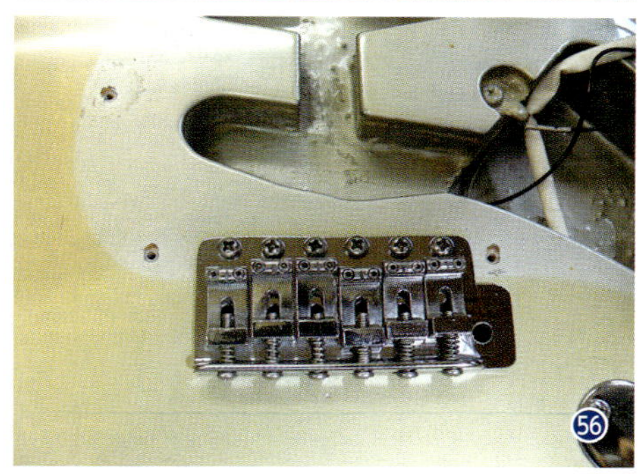
56

最低限施さないと、出荷時の状態ではフレットがポリエステルに埋まっていることも含めてまるで使いものにならないと思う。レストアの結果は写真57、58の通りである（なお、新規塗装部分は時間の経過とともに変化してなじんでいくので心配は不要である）。

最後にこの項の趣旨としてナット材の説明をするが、漂白済のまっ白

な牛骨ナット材は使用しない方が良いと思う。また、1960年代中頃以降の純正品であるプラスチック製は質感的に論外で、交換する場合は無漂白のものをお勧めする。

理由としては、この仕事を始めた20年前、漂白済のナットはねばりがなく、もろいということに気がついた。ではなぜ部材メーカーは漂白した上で出荷するのかというと、ナットブランクを製造する際に加工する刃物が痛むのを防ぐため、カッティングオイルを注ぎながら母材から削り出す方法をとっていることが理由に挙げられる（つまり加工時のオイルが染み込んでいる。Oiledという点で好都合なのだが）。

次に母材があまりにも生々しく部位によっては漂白せざるを得ないほど、生きていた質感があるためである。例を挙げると、16年程前漂白済のナットに疑問を抱いた筆者は行きつけの焼き肉屋のおばさんに「除去した骨はどうしているんですか」と聞いてみたところ「廃棄」と返ってきたので、ある程度の量を譲り受けて持ち帰ったところ、かなり生々しく、全部はナット材として使用出来なかった。そこで部材メーカーに特注すべく問い合わせたのだが、無漂白で作った方が高いとの返答が来たので理由を問うと、やはり上記の問題があり選別するコストを含めると価格的に高くなってしまうとの回答であった。耐摩耗性ひいてはサウンドの良否という観点から当然のように発注したが、一人でリペアショップをやっているのにもかかわらずフェンダー用、ギブソン用含めてトータル数千個を発注することになった（こういうオーダーをしないと1個あたりのコストがかなり高くなるため）。

それ以降ナット交換の結果には大満足だったが、数年後アメリカのギター部品販売会社が同様の商品を発表し、日本国内でも販売する業者が相次いだ。ステンレスのネックセットプレートを始め、人の考えたものをパクって売るのは勝手なのだが、おひとりを除いて販売前に相談すら無かったのは楽器業界特有の問題なのだろう（筆者もレオ・フェンダー氏の偉業にのっかっているともいえるので当然文句は言えない。もしレオ・フェンダー氏が御存命で、この本を読まれても笑って済ましてくださるだろう。つくづく故レオ・フェンダー氏と創業時のスタッフの功績に感謝するのみである←こう書くと一応謙虚に見えるが本当にそう思っている）。

#4　トラスロッド・弦高・オクターブ調整

トラスロッド・弦高・オクターブ調整はそれぞれが関係して初めて機能するものなのだが、説明としては一つずつ分けて述べざるを得ないので、この点をまず理解していただきたい。また、極論になってしまうがリペアマンとしては使用する人の意見を聞いてこれらを調整することは出来るのだが、温度・湿度の変化によるネックの状態の変化などを考慮すると、使用する人それぞれが自分で好みに合うように調整出来るということが重要であると思う（ネック剛性の問題も存在する）。さらに弦の太さや弦高・トラスロッドの調整具合は、人により好みと使用方法の違いによって変わり、何よりも弦を押さえる力が違うということが挙げられる（一般論として奏法上、うまい人ほど弦を押さえる力が必要最小限であると思う）。

まず、これらを行う上で重要なことが２点ある。１点目は良質の弦を使用することであり、これが質の悪いものであれば調整すら出来ないので、なるべく手の届く範囲で質の良いものを使用する。別にメーカーから提供されているわけでもなくプロモーション用のギャラをもらっているわけでもないのだが、筆者はGHS社のプログレッシブかディーンマークレー社の弦を使っていて、この２社のものはクオリティが高いと思う。

２点目は適切な工具を使用し調整することで、これが質の悪いものだとパーツを傷めてしまうので、文中で写真とともに説明する。また、ホームセンターで売られているものだけでなく、現在はインターネットにより様々な工具を入手出来るようになったので、プロの使用に耐えうる良質のものをお勧めする（残念ながら電動工具と違い、これればかりはアメリカ・ヨーロッパ製になる）。

59

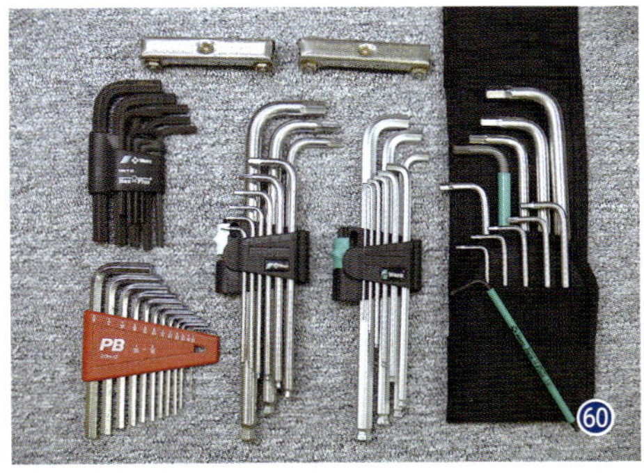

60

写真59はブレットナット用の工具でドイツ・ウエラ社製の1/8″六角レンチ。柄の部分が120 mm程で通常のものよりも長く、六角部も多接触となる（商品名Hex-Plus）。長年の修理歴の中で、このメーカーのものはベストだと思うので六角レンチはウエラ社を勧めたい。なお、現在ではステンレス製のものもメトリック・インチともに入手可能である（写真60）。

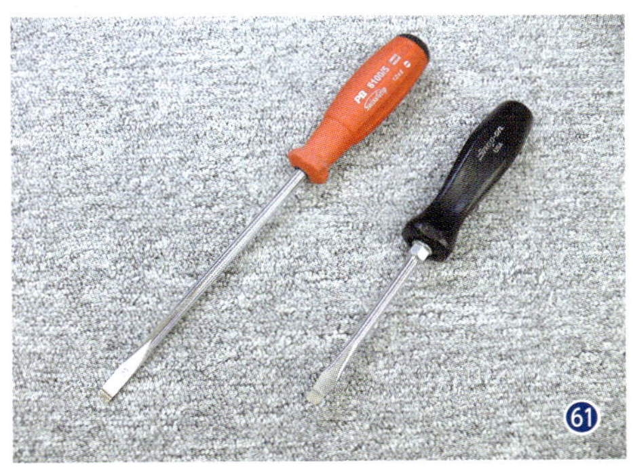
61

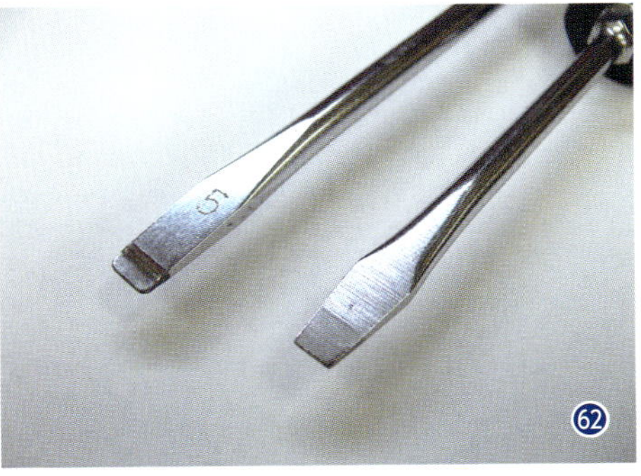
62

次はネックエンド用のトラスロッドナットを回すためのドライバーで写真61、62は２枚とも左がスイス・PB社製#5で右はアメリカ・スナップオン社製#4。拡大写真62のように先端形状が異なっており、トラスロッドを調整するのであれば左のPB社のものをお勧めする。標準的なマイナス形状のスナップオンのものであればトラスロッドナットの（＋）溝の外側寄りに力がかかるのだが、PB社のものは溝の中で作用するので、この場合はPB社がベストである(つまりドライバーがカムアウトしにくい)。なお、スナップオンのものはかなりの強度があるのでプライバーの代用として非常に便利なのだが、タテマエではこのような使用方法はメーカーサイドでは厳禁となっている(自己責任において使用)。

1. トラスロッド調整

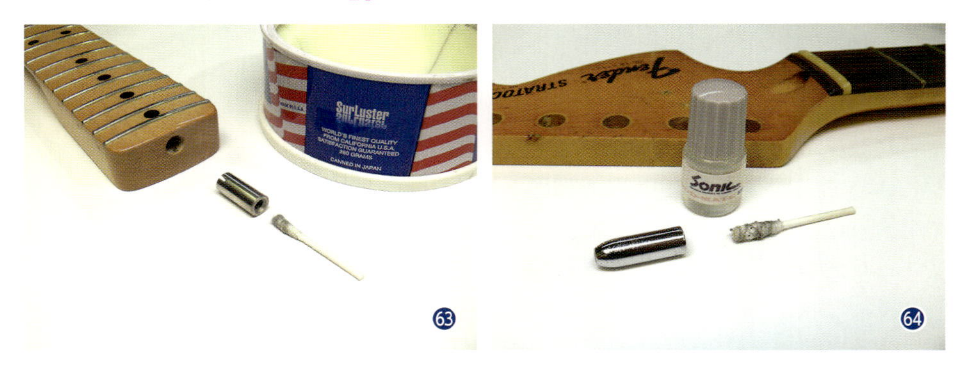

63　64

長年トラスロッドナットを外したことがない場合、中のグリスが劣化しているのでまずナットを緩め取り外す。ナットの中を綿棒でクリーニングした後はカーワックスをナット底面と内部に微量塗布する。なお、粘度の低いグリスを使用するとグリスが木部に染み込んでしまうので、筆者はカーワックスを使用している(写真63)。同等のものであればパラフィンでも何でも良いといいたいのだが、このためだけにこれらを購入すると量が多すぎるので、一般的には写真64のトラスロッドナット専用グリスが売られており、これをお勧めする(重ねて書くが前述の通り微量塗布する。商品名ロッドメイト・発売元ソニック)。

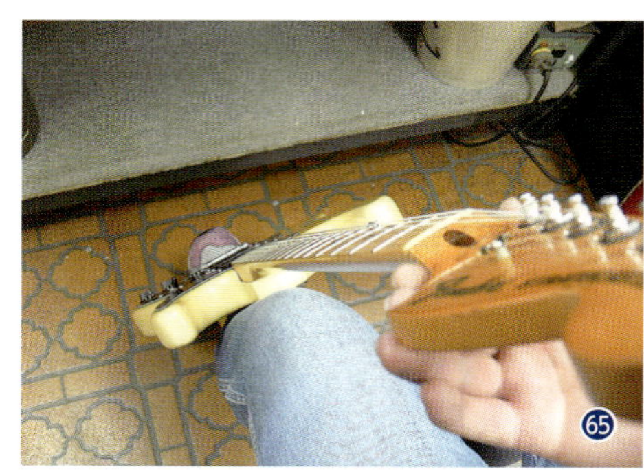
65

66

実際のネックのソリ具合をみるためには写真65のようにヘッド側から利き目でネックサイドを直線的にみるという方法があるが、この方法より詳しくみるテクニックとしてチューニング後の弦を使用する方法をお勧めする。写真66のように左手で1フレットを押さえ、右手小指でネックエンドを押さえた上で右手親指で弦を押さえ、弦とフレットの隙間をみる。チューニング後の弦であれば必ずストレートなのでこれを利用した方法となる。さらにこの方法で各弦をそれぞれ細かく区切って行うとネックの状態を完全に把握出来る。

理想的なソリ具合は弦とフレットの間にわずかな隙間があるということであり、これがゼロであれば逆ゾリ状態となっているのでトラスロッドナットを緩める。これとは逆に隙間があり過ぎる場合はナットを締める。注意点として締めすぎるとトラスロッドが折れることもあるので締め過ぎは厳禁であることと、元々ネックの出来が最初から良くない可能性が高いので、これで調整出来ない場合は要修理となる。逆に緩めきってもまだ逆ゾリしている場合はトラスロッドナットを完全に緩めた上で弦を張り、ネックにテンションをかけたまま数日状態をみる。それでも逆ゾリしている場合はこれもまた要修理となる。

最後に慣れてしまえば何でもないのだが、初めてこの調整を行った場合は数日後にもう一度、ソリ具合をみることを勧める。ネック強度によっては弦のテンションにより順ゾリする場合があるので、これもまた経験に負う部分が大きい。

2. 弦高調整

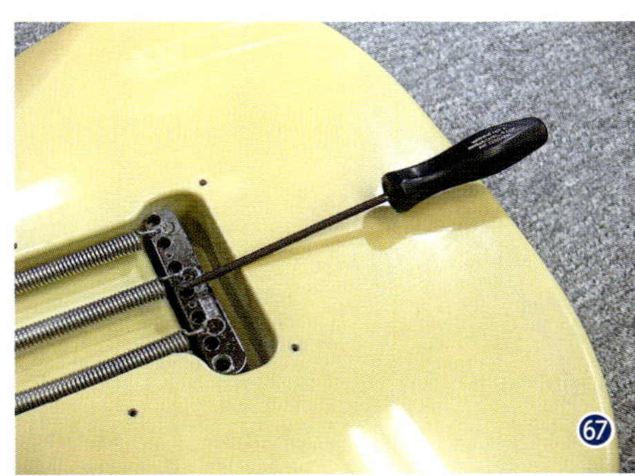
67

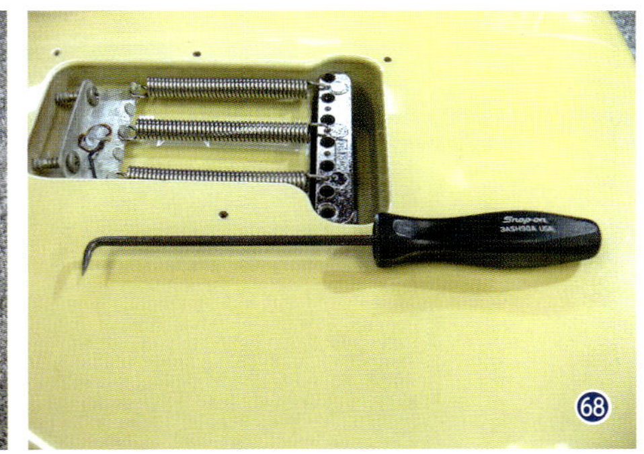
68

次に弦高調整の説明である。ストラトの場合、トレモロスプリングを外さないとユニット自体の高さ調整が出来ないので、まず写真67、68のような工具を使いスプリングを外す。筆者が使用しているものはスナップオン社製のピックツールで、何かを引っかけるための工具で写真のようにブロック側から脱着すると安全で失敗もない。なお、念のため書いておくが、弦とアームバーを外した上でギターを裏返して作業することは必須かつ常識である。

【図J】

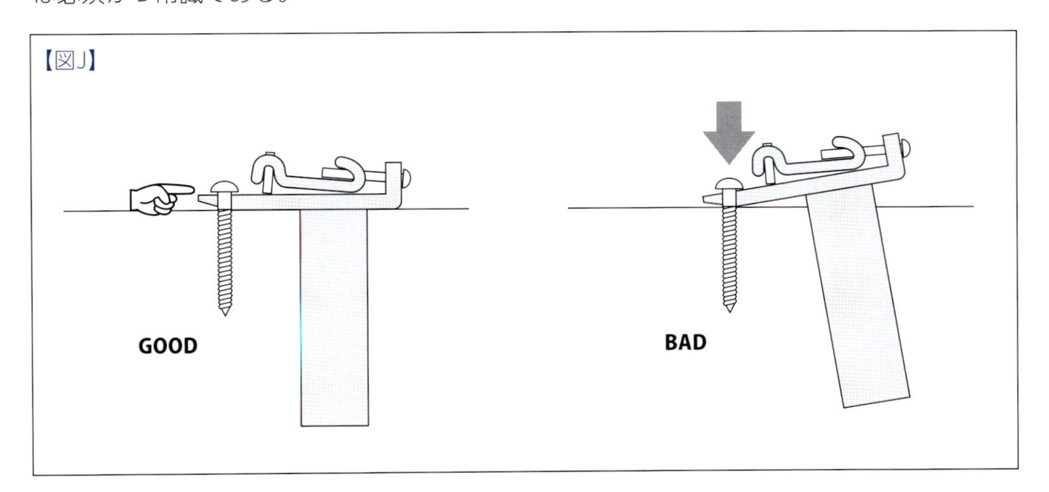

今までの修理歴の中で意外に多い調整ミスが【図J】のユニット取り付けであり、新品であろうが調整済となっていようが、これが正しく行えていないものがかなり存在するので自分のストラトで確認していただきたい。

正しい状態は、図左のようにユニット取り付けネジの頭とブリッジプレートの間の隙間をゼロに近くすることであり（ゼロではない）、つまり非接触ということである。図右はこの木ネジを締め込み過ぎた結果であり、これはフローティングとはいわない失敗例となる。つまりトレモロスプリングを外し、木ネジを締めている段階でプレート後部がわずかでも浮いてしまうと機能的に不完全となるので、まず１弦側と６弦側の２

本を取り付け、フルストロークすることを確認した上で2〜5弦部のネジを取り付ける。なお、フルストロークしないのであれば、ブリッジの取り付け位置が間違っているためにブロックがキャビティウォールにあたっているか、ブロックキャビティがずれて加工されている可能性があるのでチェックした上で、これを修正する。

さらにこれ以外の可能性としてプレートの6つの穴とボディのネジ穴位置がずれていることがあり、この場合ストローク動作がスムーズに行えないということが多々ある。本来、スプリング無しでユニットを適切に取り付けた場合、平面上で前後左右にわずかに動かなければならない(ネジ径はプレートの穴より小さいため)のだが、この取り付け精度が悪い場合、取り付けネジとプレートがきしみあうので、ブリッジ取り付けやり直しとなる(第4章#3参照)。

69

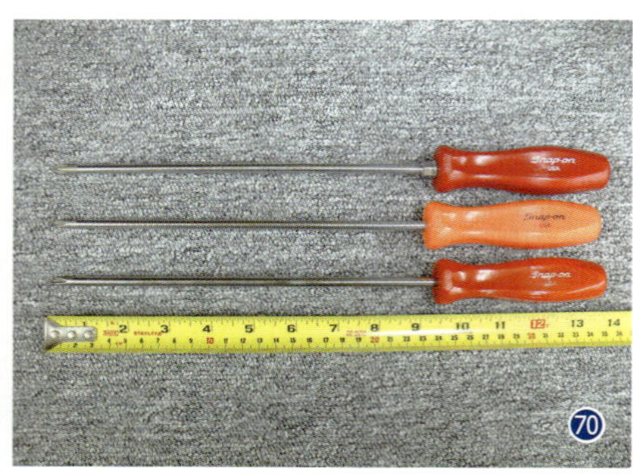
70

アームダウンのみで使用する場合は上記作業の後スプリングを取り付け、スプリングホルダーを適切に締め込み調整する。一方、フローティングの場合はスプリングホルダーを緩め弦のテンションとのバランスを取りユニット後部を少し浮かすのだが、使用する工具は写真69、70と同等のものを勧める。スナップオン社製で全長350mm(ハンドル含)#2フィリップス(+)。

フローティングの目安としては写真71の通り2〜3mm程度で十分である。シンクロナイズドトレモロはフロイドローズのように大幅にアームアップさせるものではないので、これ以上フロートさせてしまうとアームダウン時に可変幅が狭くなってしまう上、動作する上でボディ木部に負荷がかかり過ぎることなどもあり弊害の方が大きい。

サドル高を調整するホーローネジのための六角レンチは締め付けトルクがあまり必要とされないため、作業しやすいPB製のハンドル付を勧める(写真72)。インチであれば0.05″(1.27mm)で日本規格のものであれば1.5mmが一般的に使われている。

弦高の目安としては、ネックのソリ具合プラス好みによるとしかいい

71

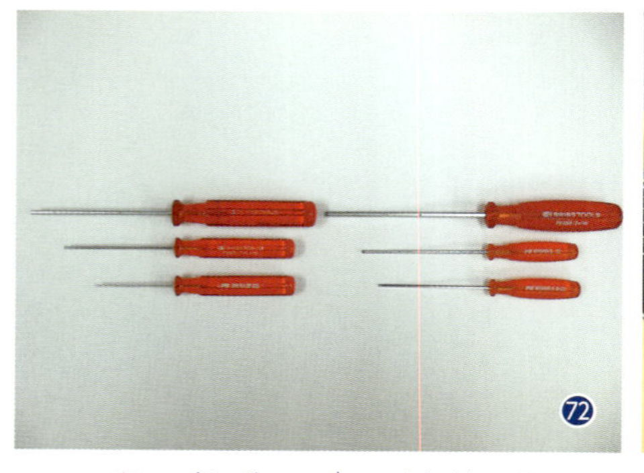
72

左　インチ　　右　メトリック

73

74

ようがないが、ストラトの場合は最終フレット上で１～６弦にかけて1.6～２mm程度(写真㉓、㉔)。

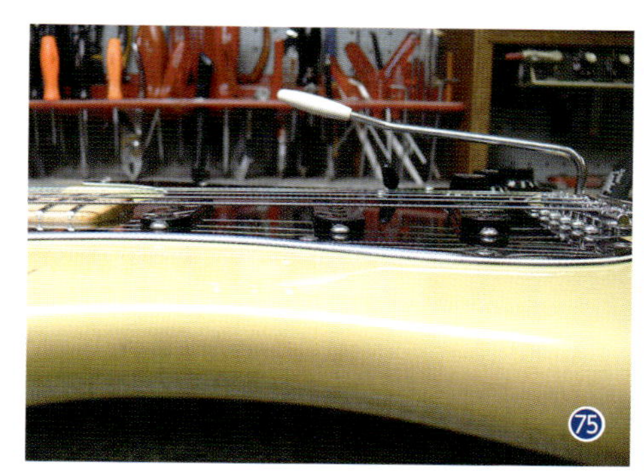
㉕

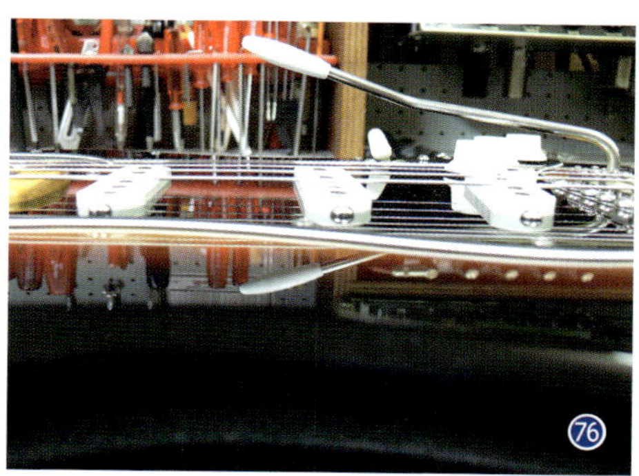
㉖

㉗

弦高が決まったのであればピックアップの高さ調整となり、これもまた好みによる部分も大きいのだが、低過ぎると音が小さくなり、高過ぎるとポールピースの磁力により弦振動が不安定となるため、アンプから音を出し目で弦振動を確認して決定することが重要となる。また、人によってはピッキングの際にピックアップにあたるため、下げる人もいるのでこのあたりは完全に好みだと思う。

写真㉕～㉗は参考例としてのピックアップの高さで、一応の目安である。

3. オクターブ調整

オクターブについて大変興味深い話を述べたい。フェンダーとは関係のないことだがエレクトリックギターの歴史とそれに付随する謎の考察でもあるので是非、読んでいただきたい。

正直にいうと理論的になぜオクターブポイントというものが存在するのかを理解しているとはいい難いのだが、長年仕事として調整しているとチューニングメーターに頼らずとも分かるようになる。方法としては全弦同じなので６弦を例にとると、まず開放Ｅの音と12フレットハーモニクス音をメーターで合わせる。次に12フレットを押さえメーターで確認し、ピッチが高ければサドルをボディエンド側に動かす。逆に低ければネック側に動かすという非常に簡単な作業(写真㉘)なのだが、実際には12平均律音階などの難しい理論が存在し筆者の頭では到底理解出来ない(アカデミックなことや数学的なことが非常に苦手なため。この辺は読者の大多数も賛同されると思う)。

㉘

ここでシンプルに結論を述べると、使用弦・弦高・弦の太さ・弦を押さえる力などが人それぞれである以上、ピアノなどと違い自分自身で好みに合わせることが必須となるのだが、以下オクターブとハイポジションのピッチについて面白い話を述べる(一般論としてピアノを挙げたが、高名なピアニストの中には調律師に指示して自分好みの音に調律し直す方もいるようなので、鍵盤数を考えるといくら仕事とはいえ調律師の方に同情する。ピアノの場合は弦数＝鍵盤数×３)。

19年程前、まだあまり修理の仕事が忙しくなかった頃、筆者にはギターを練習する時間的余裕があった(金銭的にそんなことをしている場合ではないと後で気づくのだが)。そこであるギタリストの曲をかけながらコピーをしていたところ(能天気というにも程がある)22フレットのストリングベンディングやハイポジションのソロ部分で、自分のギターと比べてピッチが微妙に違うことに気がついた。もちろん自分のギターで自分で調整してあるのでオクターブを含め正しいはずなのだが、自分の出している音が下がり気味で狂っているように思えた(チューニングメーターでは正しい)。

なぜそうなるのかと1年程考えていたところ、ついにそのギタリストが使用していたギターと同年式・同モデルのギターが筆者のリペアショップに持ち込まれる幸運がやってきた。1950年代後半のオリジナルPAFギブソンレスポールである。現在では30～50万ドル程度とフェラーリやランボルギーニと同等かそれ以上の価格になってしまったため、気安く計測出来なくなってしまったのだが(当時は3～6万ドル)この時オーナーの許可をもらい細部にまで渡り計測・型どりしたところ以下の事実が分かった。文章のみでは分かりづらいかもしれないので右ページのスケール表を参照の上、読んでいただきたい。

まずフレットの位置出しの方法だが、序文でも書いた通り弦長を17.817で割り、0～1F間を算出し、それを除いた分をさらに17.817で割っていくと12Fの位置が弦長の半分となる(計算上、わずかなずれが生じるので表は12Fの位置で弦長を半分にしてリセットし、13F以降を計算してある)。

さらに振動数という点で述べると6弦3FのGと15FのGを比べると15Fでは弦長が短くなることにより振動数が多くなる。つまり音が高くなるわけで、これを数式で述べると6弦開放Eを1とした場合、1.059463をかけていくと2Fが1.122461848になり結果として12Fが1.999997854とほぼ倍の2となり、振動数は2倍で弦長は2分の1倍となる。

ここで1950年代のギブソンのスケールについて述べると当時からカタログでも24-3/4″(弦長628.65mm、0～12F314.325mm)と書いてあるのだが、実際に計測すると0～12Fが約312.3mm程度しかなくカタログ値より2mm短い。これが長らくギブソンの謎とされてきたのだが、結論として筆者の計測では本当に24-3/4″となっている。ただし12～22Fまで。では0～12Fはどうなっているかというと24-19/32″で24.59375″(弦長624.681mm、0～12F312.34mm)というスケールが適用されている。つまり2種類のスケールが1本のギターに使われているので筆者はこれをコンパウンドスケールと呼んでいるのだが、0～12Fまでは短いスケールが適用されていて12～22Fはそれより長いスケールが適用されていることになり、本来の17.817で割るという理論から逸脱しているのでハイポジションのピッチが理論値よりわずかに高くなるということになる。

ここで筆者の私見を述べるとオーケストラではコンサートピッチという方法があり、A=440Hzではなく A=442もしくは443Hzを基準とすると音に張りがあるように感じられるともいわれているので、恐らく1950年代のギブソンのスケールはこれと関連性があると推測出来る。

上記のような例もあるので単なる開放弦・ハーモニクスと12フレットの音のみでオクターブを調整するのではなく、やはり自分自身でハイポジションとの兼ね合いを考慮した上で調整することを勧めるというのが結論となる。

最後にどのような理論で当時のギブソンがこの方法を割り出したのかは今となっては確かめようがないのだが、ギブソン社史を見てみるとあることに気付く。それはテッド・マッカーティ氏の在籍時にこの方法が

オールドギブソン・スケール表

単位：mm

フレット	24-19/32"=624.681 mm 12F 312.34 mm		24-3/4"=628.65 mm 12F 314.325 mm	
	ナットからの距離	フレット間	フレット間	ナットからの距離
1F	35.060	←	→	35.283
2F	68.153	33.093	33.303	68.586
3F	99.388	31.235	31.434	100.020
4F	128.870	29.482	29.669	129.689
5F	156.697	27.827	28.004	157.693
6F	182.963	26.266	26.433	184.126
7F	207.754	24.791	24.949	209.075
8F	231.154	23.400	23.549	232.624
9F	253.241	22.087	22.227	254.851
10F	274.088	20.847	20.979	275.830
11F	293.765	19.677	19.802	295.632
12F	312.338	18.573	18.691	314.323
13F	329.870	17.530	17.641 (329.981)	331.966
14F	346.416	16.546	16.651 (346.632)	348.617
15F	362.033	15.617	15.717 (362.349)	364.334
16F	376.774	14.741	14.835 (377.184)	379.169
17F	390.688	13.914	14.002 (391.186)	393.171
18F	403.821	13.133	13.216 (404.402)	406.387
19F	416.216	12.395	12.474 (416.876)	418.861
20F	427.916	11.700	11.774 (428.650)	430.635
21F	438.959	11.043	11.113 (439.763)	441.748
22F	449.382	10.423	10.490 (450.253)	452.238

- 24 - 9/16"　= 623.87 mm　0～12F : 311.93
- 24 - 19/32"= 624.68 mm　0～12F : 312.34
- 24 - 5/8"　= 625.47 mm　0～12F : 312.73
- 24 - 3/4"　= 628.65 mm　0～12F : 314.32

24 - 3 / 4" スケールがギブソンのカタログ値。表のオレンジ部分が 1960 年代中頃までのスケールで、24 - 19/32" と 24 - 3/4" スケールが組み合わされてあり、オールドギブソン特有のものとなっている。

※(　)内はオールドギブソンのナットからの距離。

採用されているという事実である（1948年にゼネラルマネージャーとして入社する前の職歴や生前の発言等を考慮すると、多かれ少なかれ関係があったと判断せざるを得ない）。むしろ世間的にはレス・ポール氏の功績にのみスポットライトがあてられるようだが、筆者のような立場では当時の社長であるテッド・マッカーティ氏や工場長始め従業員の方々の努力の結果ということを重視したい。

なお、以上のことは17.817で割ったスケールがこれより劣っているということではない。ギブソンのゴールデンエイジを特徴づけるものであり、素晴らしい研究の成果であることは確かだが、何事も調整が重要であるということだと思う。

補　記

この項で使用したギターは1979～80年製のアニバーサリーパールホワイト。アニバーサリーの修理依頼がある度にいつも同じようにあきれるのが出来の悪さ（ネックポケットの深さ、組み込みなど）とオクターブ調整用ネジのナンセンスさである。写真79の通り1～3弦の弦穴が塞

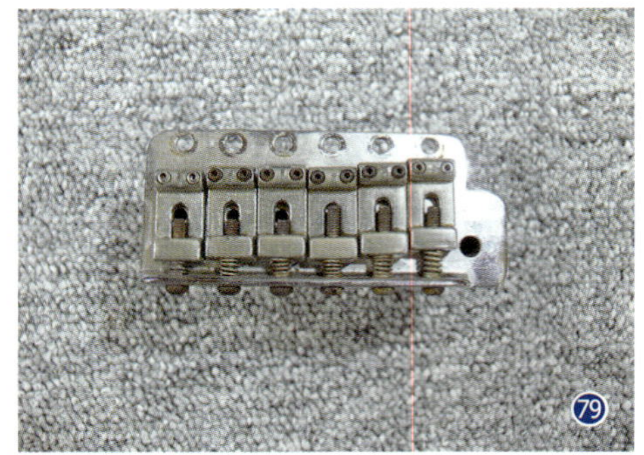

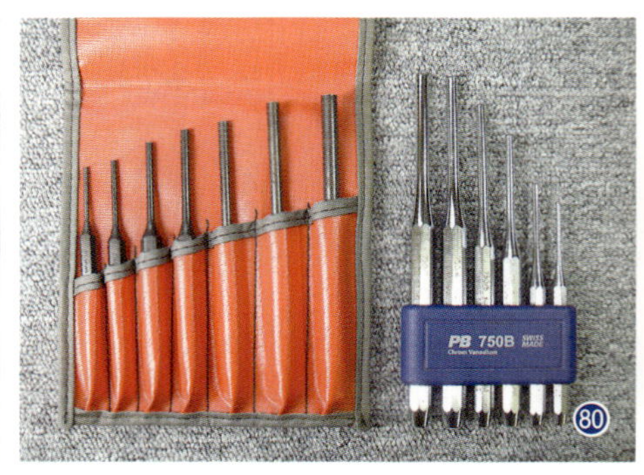

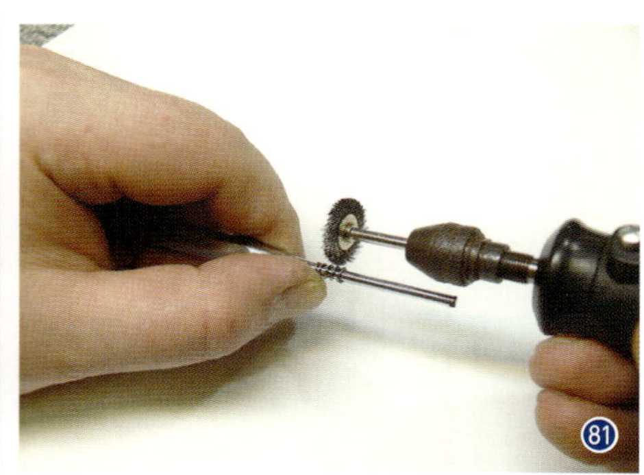

ポンチ各種　左. インチ　右. メトリック

がるぐらいの長さ（#4-40 レングス 3/4″約19 mm）を使用している。本来なら6本とも5/8″（約15.87 mm）の長さで十分なので、ステンレス製に交換した。また、サドル高調整用ホーローネジも六角部をナメてあるものが1本あったので、ドリルで穴をあけタップを切り直し、これもまたステンレス製に交換して以下作業は続く。

オクターブ調整用スプリングがさびていたのと同時にハムバッキングP.U.の高さ調整用スプリングをカットして取り付けてあったものもあり正しいものに交換した。さびたスプリングは写真81のようにポンチに通した上で磨くと作業しやすい。さらにP.G.・ジャックプレートの取り

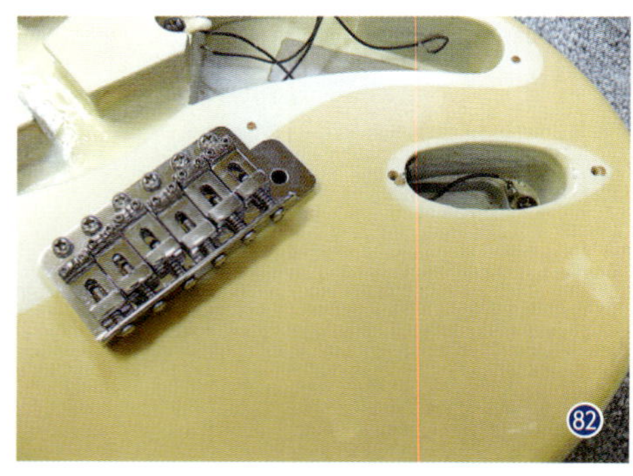

付けも写真82の通りまったく信用出来ない。また、不思議なことにブリッジ取り付け穴も1か所のみ不適切だったので修正した。通常この穴はジグを通してあけてあるはずなので1か所だけずれることはまれなのだが、これもアニバーサリーの出来の悪さということなのだろう。

P.G.とストリングリテーナーを取り付け直してレストア完成となった（写真❽❸、❽❹）。最後にこの本で使用したフレットについて補足説明をして終了とする。

写真❽❺が使用したニッケルシルバーフレットで硬度HV225の特注品である。一般的にニッケルシルバーのフレットで硬いとされているものはHV200程度であり、アメリカのギターメーカーが使用しているものはHV180程度（日本製のギターはHV160程度）。ここでなぜ"程度"と書かざるを得ないかというと実は製造ロットによってかなりバラツキが認められることと、一般的にあまり理解されていない点としてフレットはHV200が製造前の母材としての基準であり、HV180もしくは160はそこから硬度を落としてあるということである。つまりアメリカ製のフレット（HV200）は硬度を上げているわけではないということであり、現在ではヨーロッパのメーカーでさらに硬いものもあるようであるが、筆者は16年程前にこの硬度のバラツキの問題と、もっと耐摩耗性のあるものにしたいという希望や、ラウンド指板にも打てるもの（タングが短い）という点からフレットメーカーに特注した。

85

結果としてフレットの打ち換え需要が減ることになったので筆者はこのフレットを"リペアショップ殺し"と呼んでいる（自分で自分の首を締めているともいえる）。

#5　完　成

ついに完成の時を迎えたが、サウンドや演奏性まで伝わらないことが残念である。しかしながら写真を注意深く見ると、改善の一例としてネックをセットしているポケット１弦側ボディ部が、３台ともネックと揃っていることが分かると思う。塗装をやり直すということはコンター部も含めて不出来な部分を再加工出来るという利点もあるので参考にしていただきたい。

1．1977年　ナチュラル　ローズ指板（写真❽❻、❽❼）

このギターについては本文中の解説で多用したので説明はいらないと思う。オリジナルはハードテイル（トレモロレス）で記念すべきフルレストア第１号。

86

87

2. 1976年　サンバースト　メイプルワンピース（写真88〜93）

オリジナルは1976年製のみに見られる黒ピックガード＋白プラスチックパーツ。状態があまり良くなかったため、ブリッジ、チューナーも含めて交換した。

3. 1976年　サンバースト　ローズ指板(写真94～99)

　オリジナルはサンバーストの上にオリンピックホワイトで、バースト塗装を失敗しファクトリーでオリンピックホワイトに変更されたもの。40年の歳月を経て世界中どこを探しても同等のものは無いというクオリティに仕上がった。ヘッドにMADE IN USAと残っているが、内容はMADE IN ZAMAといったところだと思う。

インチ・メトリック対照表

■インチ・ミリ換算表

サイズ（インチ）			mm	"
		1/32	0.79375	0.03125
	1/16		1.58750	.0625
		3/32	2.38125	.09375
1/8			3.17500	.125
		5/32	3.96875	.15625
	3/16		4.76250	.1875
		7/32	5.55625	.21875
1/4			6.35000	.25
		9/32	7.14375	.28125
	5/16		7.93750	.3125
		11/32	8.73125	.34375
3/8			9.52500	.375
		13/32	10.31875	.40625
	7/16		11.11250	.4375
		15/32	11.90625	.46875
1/2			12.70000	.5
		17/32	13.49375	.53125
	9/16		14.28750	.5625
		19/32	15.08125	.59375
5/8			15.87500	.625
		21/32	16.66875	.65625
	11/16		17.46250	.6875
		23/32	18.25625	.71875
3/4			19.05000	.75
		25/32	19.84375	.78125
	13/16		20.63750	.8125
		27/32	21.43125	.84375
7/8			22.22500	.875
		29/32	23.01875	.90625
	15/16		23.81250	.9375
		31/32	24.60625	.96875
1			25.40000	1

■ストリングゲージ

	"	mm
Guitar	0.009	0.228
	10	0.254
	11	0.279
	13	0.330
	14	0.355
	16	0.406
	17	0.431
	18	0.457
	24	0.609
	26	0.660
	28	0.711
	32	0.812
	36	0.914
	38	0.965
	42	1.066
	46	1.168
	48	1.219
	52	1.320
	54	1.371
Bass	0.045	1.143
	50	1.270
	65	1.651
	70	1.778
	80	2.032
	85	2.159
	100	2.540
	105	2.667
	110	2.794
	125	3.175

■ネジ表 インチ・ミリ

サイズ	インチ	mm	ピッチ	用途	他ピッチ
3	.099	2.5	48 UNC	ハムバッカーP.U.高調整	56 UNF
4	.112	2.8	40 UNC	ブリッジサドル高調整 オクターブ調整	48 UNF
M3		3.0	0.5 並目	メトリック　ブリッジサドル高調整 オクターブ調整	0.35 細目
5	.125	3.1	40 UNC	ハムバッカーアジャスタブルポールピース	44 UNF
6	.138	3.5	32 UNC	シングルコイルP.U.高調整 セレクタースイッチ取り付け　ABR-1ポスト	40 UNF
M4		4.0	0.7 並目	メトリック　ABR-1ポスト	0.5 細目
8	.164	4.1	32 UNC	トラスロッド調整（1960年代初期 ）	36 UNF
10	.190	4.8	32 UNF	トラスロッド調整（1960年代初期は除く） トレモロアーム　マイクロティルト	24 UNC
M5		5.0	0.8 並目	メトリック　トラスロッド調整　トレモロアーム ナッシュビルTOMスタッド	0.5 細目
12	.216	5.4	24 UNC	ベースチューナー・ギアホールド	28 UNF
M6		6.0	1.0 並目	メトリック　ギターでの使用はほぼ無し	0.75 細目
1/4	.250	6.3	28 UNF	3点留ネックセットボルト	20 UNC
5/16	.313	7.9	24 UNF	ストップテールピース・スタッド	18 UNC
M8		8.0	1.25 並目	メトリック　ストップテールピース・スタッド	1.0 細目

・M:メートルネジ
・インチネジの#7、9、11については規格として存在しない
・木ネジは#11がない

上記は規格でネジの実測は少し細い

・UNC：Unified coarse thread　コーススレッド（粗目）
・UNF：Unified fine thread　ファインスレッド（細目）
・インチネジのピッチは1インチあたりのネジ山数
・メトリックに関しては、日本・ドイツ製造の物でピッチはミリ単位
M5は#10とネジ径・ピッチ数も似ている為、要注意

索引・用語解説

本書は1970年代のストラトキャスターの説明がメインなので、本文中では記述出来なかったことや工具について詳述した。

ア行

●**赤味**(あかみ；heart wood)：97

樹木の内側の心材部分で、外側(白太・しらた)より色が濃く堅い部分。赤太ともいう。写真は厚さ2インチのメイプル集成材。赤味と白太が7/8インチの幅で無選別に接着されており、タイガーストライプやフレイムと呼ばれる虎斑(とらふ)もみられる。

●**アセテートテープ**(acetate tape)：46

絶縁用の化繊テープ。ギターでは主にハムバッキングピックアップの内部配線の絶縁用部材やカバーを外し、オープンで使用する場合のコイル保護として使われる。

●**アッシュ**(ash)：36, 87

1954年からの初期ストラトでは軽いスワンプアッシュがボディ材に使われ、1970年代では重いアッシュ(ホワイトアッシュ)が採用されている。写真はスワンプアッシュでワンピースのボディ用材。

●**アッセンブリー**(assembly)：57　パーツを組み合わせた集合体。ピックアップやスイッチ、ポットをピックガードに取り付けた物をピックガードアッセンブリーと呼ぶ。

●**アニバーサリー**(anniversary)：34, 119, 128

記念日の意味。フェンダーでは1979年にストラトキャスター25周年記念としてパールホワイトとシルバーを発売した(製造における諸事情により1980年まで作られた。詳細は静電塗装を参照)。なお、写真のセットプレート下のスペーサーは出荷時より付属。

●**アルダー**(alder)：5, 36

塗装の前処理やボディ材としての加工性がアッシュより良いことからストラトキャスターでは1956年から74年頃に使われた。古くから家具の材料として使われ、現行のストラトキャスターにも使用されている。

●**色押さえ**(色止め)：91

●**インチ**(″；inch)：132　長さの単位で、1″＝25.4mm＝1/12foot。

●**ウエラ**(Wera)：121　1936年創業のドイツの工具メーカー。写真左のドライバーのハンドルはスナップオン製だが、ブレードはウエラのOEMでチェコ製。六角レンチ等も含めてヨーロッパの自動車メーカーや時計メーカーにおいても使用されている高品質な工具を製造している。

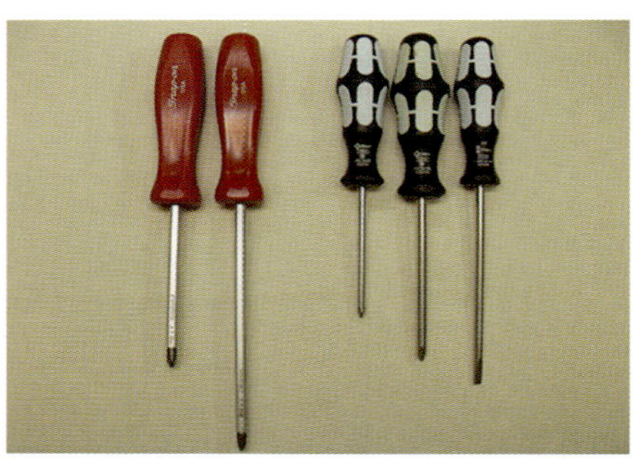

●**ウッドシーラー**(wood sealer)：86

●**ABSプラスチック**(acrylonitrile butadiene styrene)：93　自動車の内装部品や家電に使用される熱可塑性樹脂の代表的な物。1954年にUSラバー社が製品化した。つまり1954年にスタートしたストラトキャスターのピックアップカバー等のパーツがABSプラスチックでない理由はこのことによる。

●**HV**(ビッカース硬さ；Vickers Hardness)：20, 129　硬度を測る為の方法・単位。フレットの場合、製造方法やサイズからHVで表記される。ギター・ベースで使用される一般的なニッケルシルバーのフレットの硬度はHV160～200。

●**NC**(＝numerical control)：34　数値制御のことで、プログラムによりルーターを動かす工作機械をNCルーターと呼ぶ(CNCを参照)。

●**Fキー**(F key)：22

●**エポキシ**(epoxy)：58

●**MDF**(＝medium density fiberboard)：43　木質繊維を原料とし樹脂で固めた成型板。似た物にチップボードと呼ばれる板材があり、家具やスピーカーキャビネット等の材料として使われる。その他、建材としてOSBと呼ばれる物があり、これらを総称としてエンジニアードウッドと呼ぶ。

●**エンドミル**(endmill)：34, 45, 64, 96

コバルトハイスで作られた金属加工用のビットで2枚刃と仕上げ用の4枚刃があ

る。本来はフライス加工用なのだが、スピードコントロール付のハンドルーターであれば低回転にし、金属やプラスチックも加工出来る。送り速度は木工用ルータービットと異なり低速で送る。

●塩ビ(塩化ビニール;PVC;polyvinyl chloride):8, 44

●オイルフィニッシュ(oil finish):65 木材の内部に浸透し、塗膜を形成しない塗料。天然素材から作られた代表的な物に亜麻仁油があるが、近年ではアルキド樹脂等を原料とした化学系の重合反応の物もオイルフィニッシュと呼ぶようになっている。

●OEM(=original equipment manufacturing/manufacturer):33 相手先ブランドによる受託生産・製造(社)。

●オーバーホール(O/H;overhaul):99, 104 パーツやアッセンブリーを分解し、清掃・点検を行った上で補修後に再組み立てすること。

●オンス(oz;ounce):107, 108 重さの単位で1オンス=28.3495グラム。1ポンドは16オンスで0.45359キログラム。分かりやすく述べると1970年代シンクロナイズドトレモロのステンレス製アームバーの重さは約1オンスである。

カ 行

●カウンターシンク(counter sink):57 木ネジを参照。

●顔料(pigment):89, 92

●木裏(きうら;pith side):28 板材において樹木の中心部側が木裏で、樹皮側を木表と呼ぶ。1950年代のストラトでは製造後の反り(これによりネックポケット幅がわずかに狭まる)を考慮し、ボディトップ面が木裏となるように製造している。

●木表(きおもて;bark side):28, 73 家具等の場合、木目の美しさから樹皮側の木表面を見えるように製作するが、1950年代のストラトでは前述の通りボディバック面となる。

●ギターアンプ(guitar amplifier):79

写真の物は1960年代初頭のフェンダー・コンサートで筆者によるレストア済みのギターアンプ。ゼネラルタイヤ社製のブラウントーレックスが貼られた物で、初期のツイードアンプ同様に真空管式アンプとしてサウンドのみならず設計も素晴らしい製品である。

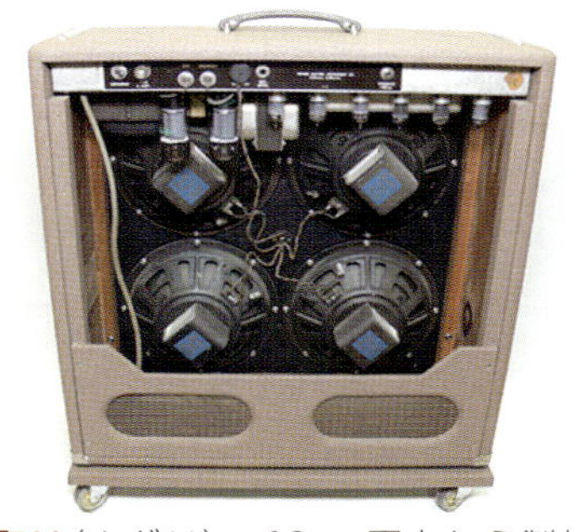

●木取り(きどり):63 原木から製材する時の切り出し方法で、木目や必要とされるサイズを考慮しカットすること。ネック材の場合は材料となる板材からどの部分をとるのかを指す。この際にむだになる部分が多い場合を歩留まり(ぶどまり)が悪いという。

●キャビティ(cavity):5, 8 本来は空洞という意味で、ギターの場合はピックアップやパーツの納まる部分。

●クイックブライト(Quick'n Brite):52 アメリカ製の多目的クリーナーで、生物分解可能とうたえるほどの被洗浄物や人体に対する攻撃性の少ない製品。

●クニペックス(Knipex):15

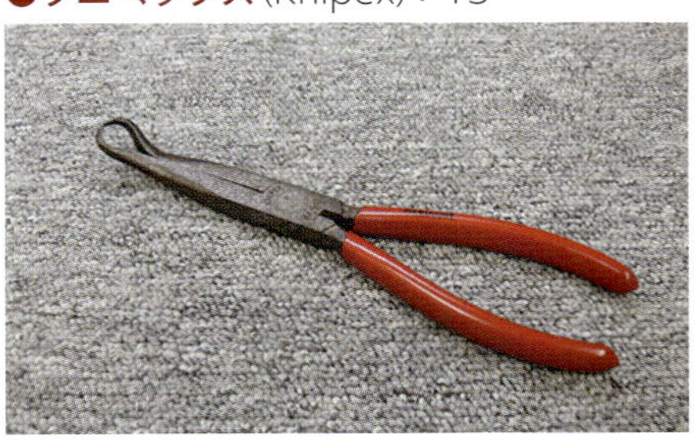

1882年創業のドイツの工具メーカーで、主にプライヤーやニッパー等を製造している。写真はトグルスイッチのナットを締める工具として非常に有用であり、このメーカーの製品はおしなべて高品質である(本来は自動車修理用工具)。

●クラック(crack):71, 73

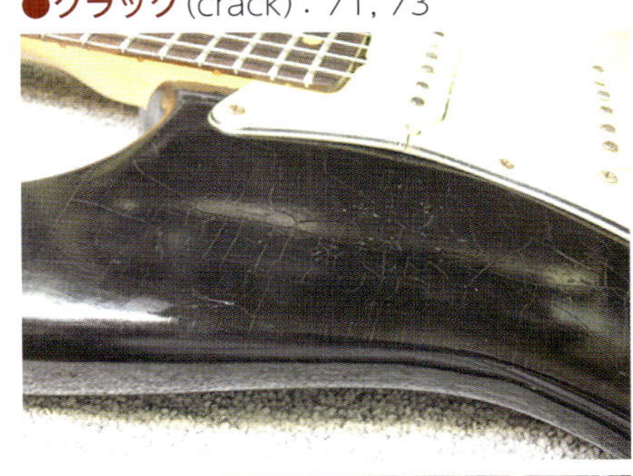

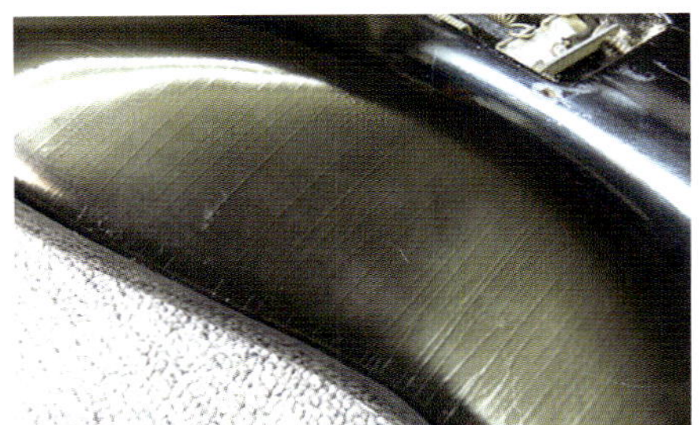

塗膜割れの事で、写真は1963年のメーカーリフィニッシュのブラック。

●コースシャフト(coarse shaft):54

coarse:目の粗いという意味で対義語はfine。写真は先端にスロットがあるスプリットシャフトと呼ばれるポットで、コントロールノブを保持する部分が18山(18 spline)のメトリック仕様の物。なお、このスプラインなしの物はソリッドシャフトと呼ばれ材質についてはアルミ・ブラス・プラスチックの3種類がある。

●木口(こぐち;end grain):28 樹木・原木をカットした際の面。板材となった後もこの側を木口面といいcross section faceとも呼ぶ。初期乾燥、人工乾燥中に割れが生じやすい部分で、割れた所を木口割れという。ギターで説明するとストラトの場合はストラップボタンの取り付け面。

●コンター(contour):32 トップコンターを参照。

サ 行

●サドル(saddle):125

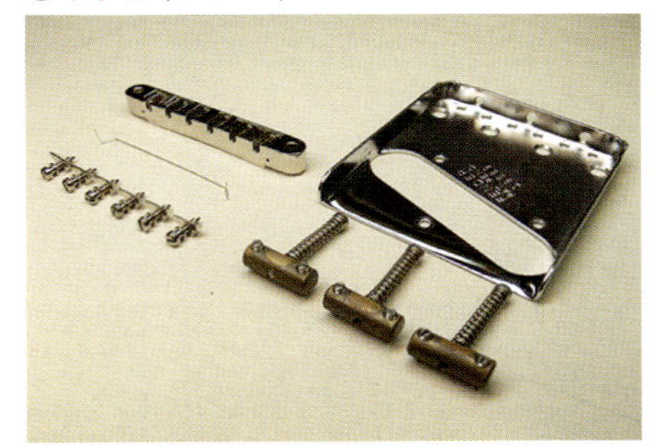

自転車や乗馬用が一般的な名称だが、ギターではブリッジ上の弦を乗せるパーツを意味する。フェンダーの場合、ストラトでもテレキャスターブリッジの構造によりbarと呼んでいたが、現在ではサドルが一般的名称である。写真左はギブソンの物で右はテレキャスター用。

●サンディングシーラー(sanding sealer):19, 88

●CNC(=computerized numerical control):28 1970年代から80年代にかけてのNC工作機械は、さん孔テープによる動作で、このプログラムの入ったリール状のテープでは書き換え(上書き)が困難な上に保管場所も必要であった。そこに登場したのがコンピューターで、この進化も相まって1980年代中頃にCNC工作機械となった(NCを参照)。ギターの製造ではルータービットが移動して加工するのではなく、被加工物が固定されたベッドが動きルーティングを行う物がほとんどだったが、近年ではビット側が移動する高性能なCNCマシンを使用しているメーカーもある。また、木工用に限らず産業用として2000年頃から3次元CAD(コンピューターによる設計システム)を用いて平面と上下の3軸のみならず2方向の回転軸を加えた5軸加工が出来るマシン・システムも登場している。

●CBSフェンダー(CBS Fender)：96　フェンダー創業者のレオ・フェンダー氏は個人的な理由により1965年1月に会社をメディアグループColumbia Broad casting Systemsに1320万ドルで売却した。この時期CBSはニューヨーク・ヤンキースも買収しており、その額は1100万ドルだったので、いかにフェンダーの企業価値が高かったのか分かる。この事から1965年以前のフェンダー製品はPre CBSと呼ばれるようになった。

●ジェニュインパーツ(genuine parts)：10　メーカー純正のパーツという意味で、社外品のパーツはアフターマーケットパーツと呼ばれる。

●ジグ(jig)：8　治具とも呼ばれる物で、製品を製造・加工する際に使用される型もしくはそれにともなうシステム。

●自在錐(じざいぎり；adjustable circle cutter)：46　薄板に真円をあける為の先端工具で、任意に直径が変えられる物。なお、本来の使用方法ではないが加工後に残った内側の木材を埋め木として使える。

●指板(しばん；finger board)：13, 15, 17

フィンガーボードやフレッドボードと呼ばれる物で、ネックに貼られた後にアール加工されフレットが打たれる板(製造工程として逆のパターンもある。スラブボード指板とメイプルワンピースを参照)。写真はハカランダやブラジリアンローズウッドと呼ばれる指板材料で、1960年代中頃までのフェンダー製品に採用されていた材。なお、出荷時に乾燥による木口割れを防止する為に材料両端部をロウ引きしてある(木口；こぐち参照)

●ジャック(jack)：56

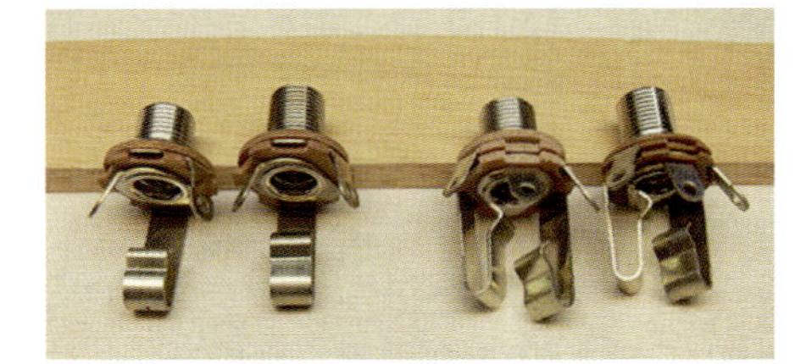

ギターの信号を出力する為のパーツで、ギターアンプにつなぐシールド線のプラグの受け部分。写真はスイッチクラフトのジャック各種で、左から#11モノラル、#L11ロングモノラル、#12Bステレオ、#L12Bロングステレオとなり、フェンダーでは#11が取り付けられている。なお、ロングの物は主に木部取り付け用としてギブソンのSGやファイヤーバード等に使われている。

●白太(しらた；sapwood)：97　樹木の外側の辺材部分で色の淡い部分。赤味に比べ軟らかい(赤味を参照)。

●ジンクスプレー(zinc spray)：109　zinc：亜鉛でこれが配合されている事により金属の防さび塗料として適している。ストラトでは1971年までのセパレートトレモロブロックにペイントされている。なお、1972年からのシンクロナイズドトレモロは亜鉛ダイキャストの成型品となりクロームメッキされている。

●シングルコイルピックアップ(single coil pickup；本文中シングルコイルP.U.)：51

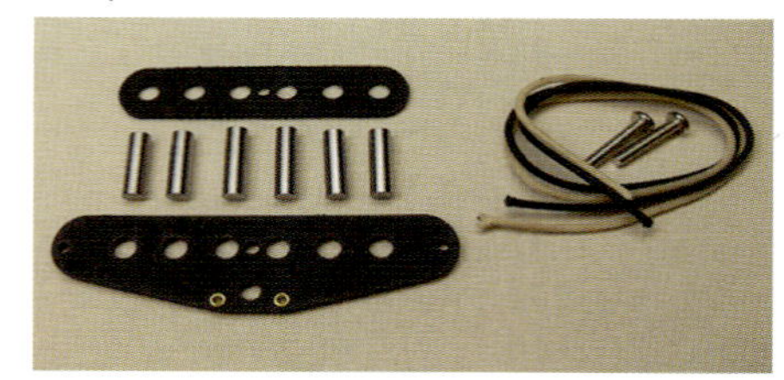

ラッカーコーティングされたアルニコのポールピース(磁石)に直接ワイヤーが巻いてありコイル状になっているギターパーツ。弦(磁性体)の振動により信号を出力することからマイクと呼ばれることもある。なお、写真は組み立て前のアフターマーケットパーツ(ハムバッキングピックアップを参照)。

●シンクロナイズドトレモロ(synchronized tremolo)：48, 109　ブリッジ、トレモロ、アーム等とも呼ばれるギターパーツ。レオ・フェンダー氏による設計で1954年8月30日パテントファイルド。ギブソンのチューン　オー　マチック同様、究極のインダストリアルデザインである(テッド・マッカーティ参照)。

●スイッチ(switch)：54　ピックアップを切り替えるためのパーツで、セレクタースイッチと呼ばれる。ストラトでは3ポジション(3 way)が採用されていたが、1975年に5ポジション(5 way)となり、これによりネック+ミドル、ミドル+ブリッジピックアップのミックスされたいわゆるハーフトーンの位置が追加で設けられた。なお、日本ではピックアップ(位置)をネック側からフロント、センター、リアと呼ぶが、アメリカではネック、ミドル、ブリッジピックアップと呼ぶのが一般的である。

●ストリングリテーナー・ガイド(retainer; string guide)：11, 26　ストリングガイドとも呼ばれるヘッド上にあるパーツで、主に1・2弦のナット弦溝に対するプレッシャー不足を補う目的で取り付けられている。その形状から近年ではストリングツリーとも呼ばれ、フェンダーでは単にリテーナーと呼んでいる。ストラトでは1972年に3・4弦用が追加されたが、ナット弦溝を適切に加工出来れば3・4弦はあまり必要ない。

●スナップオン(Snap-on Incorporated)：121　1920年創業のアメリカ・ウィスコンシン州に本社のある工具メーカー。1990年代までは、ほぼ北米生産(カナダ含)だったが、現在ではM&A(企業の合併・買収)により世界中で製造している。ハンドツールのみならずツールストレージ(移動可能な大型の工具箱)も含め筆者にとっては一生をともにするに値する工具である。

●スプリングホルダー(spring holder)：49, 124

スプリングハンガーとも呼ばれるトレモロ動作用のスプリングを掛けるパーツ。2〜5本が任意で取り付けられ、この部品もレオ・フェンダー氏の設計能力の高さを表している。

●スラブボード指板(slab fingerboard)：16, 24

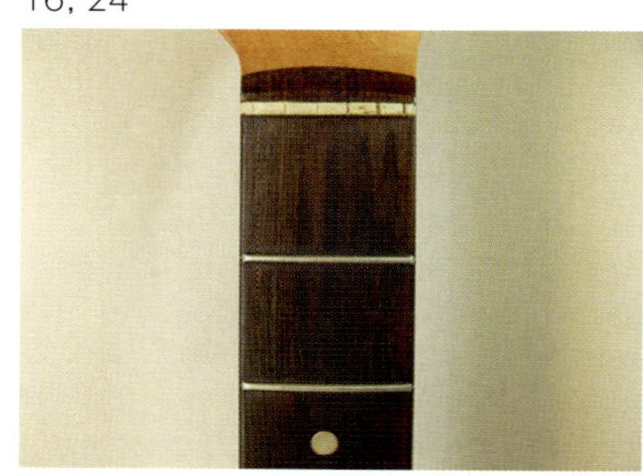

slab：厚板・背板の意味でローズ指板とメイプルが平面で接着されているネックを指す。この方法をフラット貼りとも呼び、ストラトでは1959〜62年頃に採用されている(ミュージックマスターⅡ等の例外が

あるので24ページを参照)。

サウンド的にはメイプルワンピースネックとの違いが顕著に出るため、レオ・フェンダー氏の意図したところと違い、異なるサウンドが得られ結果的に後のストラトのセールスに寄与したといえる。なお、ヘッドトップ面のローズ指板エンドの形状についてスラブボードはラウンドボードの逆ととらえる方がいるが、これは加工後のサンディング方法の違いで、削切加工時にはローズ指板とメイプルの接着面はストレートになっている(ラウンドボード指板を参照)。

●**3M**(スリーエム):17, 98, 109
1902年、アメリカ・ミネソタ州でMinnesota Mining & Mfg. Co.として創業(この社名によりスリーエムとなった)。主に業務用として自動車産業向けのテープ・コンパウンド類や一般向けの研磨剤(キッチン用スポンジ等)を製造しているグローバル企業。

●**3ボルト**(three bolts):104　実際にネック取り付けに使用されているのは2スクリュー+1ボルトなので適切な表現とはいい難いのだが、1971年以前の4ボルトも同様に4スクリューとよばなくてはならないので、この名称のまま本文中の表記となった。

スクリューとボルトの違いを述べると、ボルトには相手としてナットもしくはナット部が存在するが、ネック側をナットととらえると上記の表現が間違っているとはいい切れない部分もある。ただし、日本語で3点止(め)と表記されるのは3点留(め)が正しい気がする(ピックガードも同様)。

●**スワンプアッシュ**(swamp ash):36
アメリカ南部に生育するアッシュでライトアッシュとも呼ばれる(アッシュ参照)。

●**静電塗装**(electrostatic painting ; spraying):69　高圧トランスを介し、放電極のあるスプレー側をマイナスとし被塗装物をプラスにすることでコロナ放電が起こり、塗料が被塗装物に引き寄せられるという塗装システムで電着とも呼ばれる。これによりオーバースプレーミストとしてむだになっていた塗料が減り、塗着効率が改善され使用塗料量が抑えられる。開発当初は金属塗装に用いられていたが前処理として通電剤を塗布する事によりプラスチック等も塗装可能となった。ギターの場合は天然木による含有水分により可能となる。

フェンダーでは1979年のアニバーサリー・パールホワイトの製造で導入されたが、不良品の発生により次のシルバーで通常の塗装方法に戻されたといわれている。これは当然の結果でギターのボディの場合、一般的な平面の塗装と異なりキャビティ部のようなくぼんだ部分は帯電しにくくトップ面がかなり厚く塗装され、均一な塗膜厚に仕上げるのが難しいことが挙げられる。(実際に塗装を全剥離するとキャビティ部はトップ面に比べてかなり薄い)。また、塗着効率を高めるために塗料粘度を低くしすぎたことにより硬化・乾燥後にクラックが入る不良が多くなったと推測出来る(静電塗料用シンナーの添加過多)。

写真は本文中で解説に使用した1980年パールホワイトで、ポットデイトは1979年第49週、ピックアップデイトは1980年第8週、ネックデイトは1980年第9週のもの。つまり一般的にいわれているようにパールホワイトの後がシルバーではなくシルバーの製造中にパールホワイトがあったことが分かるだけでなく、塗装不良によりアニバーサリーの製造現場は非常に混乱していたことも分かる(アニバーサリーの完成度が著しく低いのはこのためだろう)。

●**セルロイド**(celluloid):94

●**染料**(dye):89

●**ソルダーラグ**(solder lug):112
solder:ハンダのことでlug:端子の意味。ポットやスイッチにある端子で配線をハンダ付けする部分。ちなみにハンダゴテはsoldering ironである。

タ　行

●**タップ&ダイス**(tap & die): 128

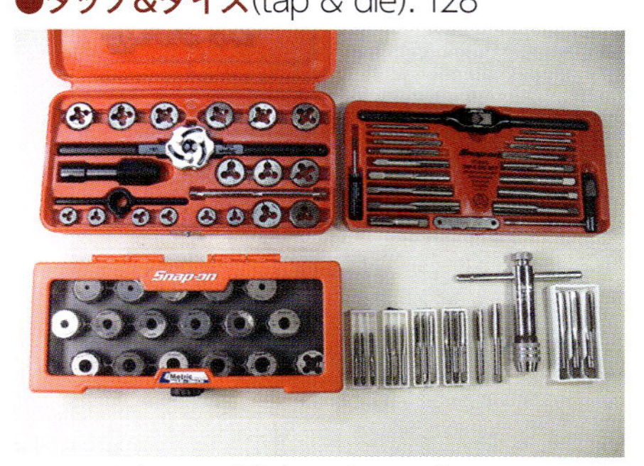

ナット側のネジ溝部を加工・修正する工具がタップで、ネジ・ボルトはダイスを使用する。写真上のインチ用と下のメトリック用があり3本セットのタップは組タップと呼ばれる。使用する順に先・中・仕上げタップとなるが、溝をさらって修正する程度であれば中タップか仕上げタップ1本で十分である(使用方法は54ページのコントロール・スイッチノブを参照)。

●**タイトボンド**(Titebond):58, 100
1935年創業のアメリカ・オハイオ州にあるFranklin International社の製品。木工用ボンドとして数種類の酢酸ビニル系の接着剤を製造・販売している。

●**チャック**(chuck):38

ボール盤・ルーター・ドレメル等に装着される加工用の先端工具(ドリルビット等)を保持するためのもの。三つ爪やコレット式があり写真は医療機器用としても使えるステンレス製チャックで、三つ爪の代表例。

●**チューナー**(tuner): 22　弦を巻いてチューニングする為のパーツ。本書冒頭のパーツ名称の記述通り複数の呼び名が存在し、チューニングのための機械(チューニングメーター・チューニングマシーン・チューナー)と重なることもあるが、表記上チューナーで統一した。

●**ツイードアンプ**(tweed amp):79

1950年代末まで製造されていたフェンダーの真空管アンプ。ツイードが貼られていたことから総称ツイードアンプと呼ばれる。写真は1955～57年頃のベースマンで(回路は5E6で、スピーカーに12インチ×2を純正でマウントしようとした形跡があったりすることなどから、恐らく研究・開発用のものだったと思われる。出荷は1957年)開発時のレオ・フェンダー氏は多忙だったため、このアンプはフレディ・タバレス氏がほとんどの設計を行ったといわれている。

なお、レオ・フェンダー氏はギターとアンプをハムとタマゴに例えていることからギターサウンドにおいて両方が重要であることが分かる(ギターアンプを参照)。

●ツメ付ナット(tee；t nut)：64

板等にボルト用の貫通穴をあけ、取り付ける際に爪が食い込むことにより回転せずナットとして機能するもの。オフィスチェアのクッション材の下のある座面ベースや家具等の見えない所に取り付けられている。

なお、フェンダーのギターアンプのハンドルはキャビネット天板下のツメ付ナットとボルトにより取り付けられている。

●テッド・マッカーティ(Theodore M. McCarty)：126　1948年、ギブソンにゼネラルマネージャーとして入社し1950年に社長就任。1966年の退社後はビグスビーのオーナーとなった。単なる敏腕会社経営者ではなく、ABR-1(チューン　オーマチック)等の開発者でもある(1952年8月パテントファイルドでシンクロナイズドトレモロより2年早い)。一般的にレオ・フェンダー氏ほどの評価は受けていないが筆者にとっては同等の御仁である。2001年4月没、享年91歳。

●鉄ブロック(iron block；steel block)：106　弦のボールエンドを受けるためのパーツで正式名称はトレモロブロック。sustain blockや慣性という意味からinertia barとも呼ばれる。日本だけでなくワールドワイドにsteel blockと表記されることもあるが、材質からするとironが正しいのではないかと思うがアメリカではスティールということなのだろう。なお、ハードテイル(ノントレモロ)の場合のボールエンドの受けパーツはテレキャスター用も含めて一般的にferrule(フェラル；フェルール；金輪の意味)と呼ばれている。

●デビルビス(DEVILBISS)：81　1907年にアメリカ・オハイオ州で創業した塗装に使用するスプレーガンのメーカー。1888年、アレン・デビルビス氏の開発した噴霧式霧化技術により均一な塗料付着が可能となった。現在の主な製造国はアメリカ、イギリス、日本でパーツについては一部、中国製造のものもある。

●テンプレート(template；templet)：43　ジグの意味と重なる部分もあるが、ジグには固定するという意味やシステムとしての働きもあるので同一という訳ではない。日本語に訳すと型が一番しっくりすると思われるがジグの一種であるともいえる。なお、ルーター加工の場合は型のほうをテンプレートと呼び、ルーターに取り付けるパーツはテンプレートガイドと呼ぶのが一般的である。

●トップコンター(top contour)：32　contour：輪郭の意味で肘の当たる部分を切削したことによりエルボーコンターとも呼ばれる。ボディバックはバックコンターもしくはウエストコンターである。

●ドラフティングテープ(drafting tape)：53

●トラスロッドナット(trussrod nut)：62, 121

トラストロッドを調整するためのナットで、写真左からネックエンド用(#10-32)、ネックエンド用(#8-32)、ヘッドトップ用(#10-32)。なお、ヘッドアジャストのものはその形状からブレットナット(bullet：弾丸)と呼ばれる。ネジ径の規格については本文中62ページを参照。

●ドレメル(dremel)：8, 38　1932年、アメリカ・ウィスコンシン州でアルバート・J・ドレメル氏により創業された電動工具メーカー。開発者・会社名が工具名を指す程のロングセラーの電動工具となった。元々はモトツールという製品名だったが、現在はマルチプロとなっている。1990年頃にドイツ・ボッシュ社の傘下となった。

●トレモロブロック(tremolo block)：46, 96,109　鉄ブロックを参照。

ナ　行

●ナット(nut)：14, 115　ネックのゼロフレットの位置に取り付けられる弦受けのパーツ。不思議なことに1967年のストラトのパーツリストでは、このパーツとフレットが図ナンバーもなければパーツナンバーも存在しない。これはテレキャスターでも同様となり、弦のパーツナンバーは1～6弦それぞれ表記があるにもかかわらず、ナットはMISCELLANEOUS PARTS(その他のパーツ)の欄にも出てこない。また、1960年代の中頃に牛骨製からプラスチックの成型品に変わり、同様にストリングガイド下のスペーサーも金属製からナイロン製へと変更された。今となってはなぜ？　としかいいようがないがCBSによるコスト削減のための見直しがあったのかもしれないと推測する他ない(注：上記のナット材とスペーサーの変更時期についてはネックデイトから判断するしかないので、実際に何年何月からかは断定出来ない上にこれがレオ・フェンダー氏の指示だったかどうかも不明である)。

ナットとフレットのパーツナンバーが存在しなかったことについて唯一考えられることとしては修理交換用のネックにナットブランクが接着された上で塗装し、キー付きアッセンブリーとして販売されたからと思いつくが、ナット交換修理を考えるとかなりの疑問符が付くので1950～60年代当時のアメリカの修理事情と、どのように部材調達していたのかを含めてギター修理工としては知りたいところである。

●ニカワ(hide glue)：58

●ネックグリップ(neck grip)：73

●ネックセットプレート(neck plate)：40, 48, 105

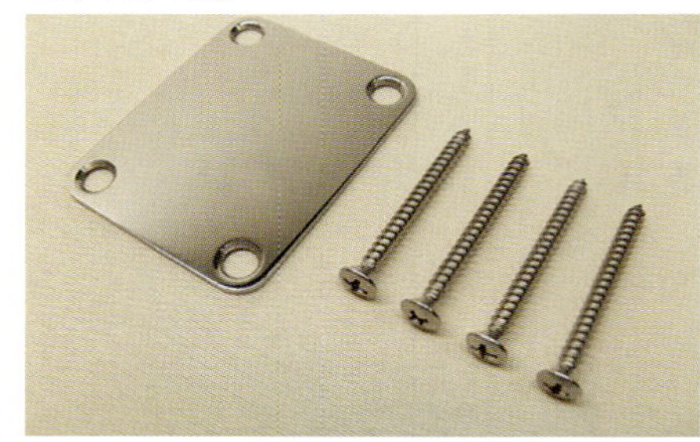

フェンダーではネックプレートと呼ばれるネックを取り付けるためのパーツ。写真は筆者監修の4ボルト(4点留め)用ステンレス製でフェンダーのジェニュインパーツではない。

●ノミ(chisel)：31

ある程度の価格帯の日本製のノミについては述べるまでもなく高品質なのだが、アメリカ製品にも優れたものがある。写真はDOCKYARD社のマイクロカービングツールズで4種類の幅があり、ナット交換時のナットスロットの接着剤を除去するのに非常に使いやすい。

ハ　行

●ハードテイル(hardtail)：42

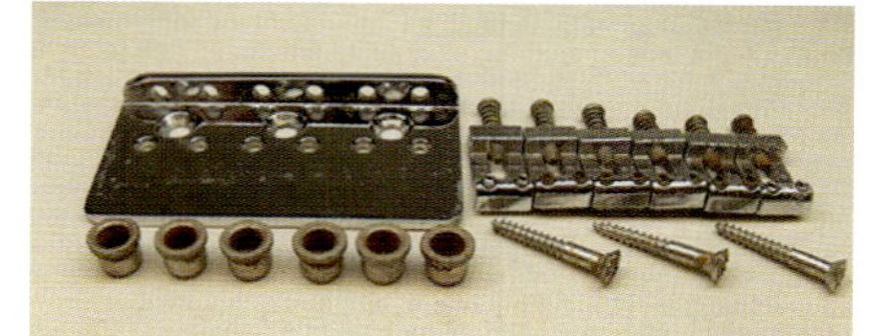

シンクロナイズドトレモロが取り付けられていないストラトで、ノントレモロまたはトレモロレスとも呼ばれる。写真上は1977年製のブリッジで、下は弦のボールエンドを受けるフェラルと呼ばれるパーツである。なお、1970年代中頃にブリッジ下に弦アース用の穴があるハードテイル用ボディをファクトリーで再加工し、トレモロ付きに変更したものがある。ハードテイルの販売数が想定より少なかったということだろう。フェラルとブリッジプレートを参照。

●**バーモントアメリカン**(Vermont American Tool Company):49

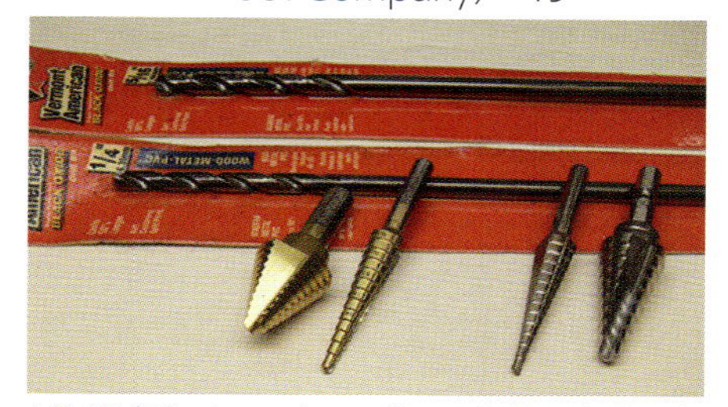

1947年にAmerican Saw & Tool Co.として創業。主に木工用ルータービット等の先端工具を製造している。写真下左は一般材用のステップドリルビットで、右は難削材用のコバルトハイス製。ドレメル社と同様に1990年頃にドイツ・ボッシュ社の傘下となった。

●**HVLP**(= high volume low pressure):81, 90　標準型スプレーガンの改良型で、大容量・低圧のエアによりスプレーすることから日本では低圧スプレーと呼ばれる。通常はエア圧が低いと吐出塗料の粒が粗くなりすぎるので、これを大容量のエアで補って塗肌と塗着効率が良くなるように設計してある。難点はエア消費量が多いため、エアコンプレッサーのタンク容量の大きいものが必要とされることであり、この問題に対処した方式がLVMPなので参照していただきたい。

●**バフ**(羽布；buff):101　buff：革製の研磨物の意味で、本来は金属を研磨するために使われていた。産業革命の頃にこれを木製のホイールに貼り、回転させながら研磨するようになったのが現代のバフの始まりといわれている。

●**ハムバッキングピックアップ**(humbucking pickup):51

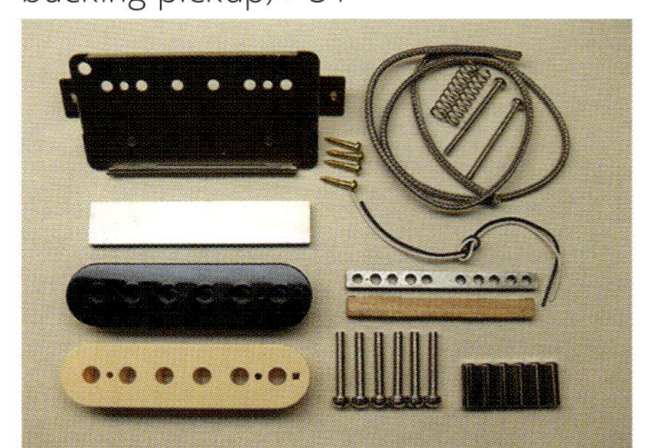

ギブソンのセス・ラヴァー氏が開発したダブルコイルのピックアップ。Hum buck：ハム ノイズを突破する、抵抗する意味でハムバッカーとも呼ばれる。また、改造としてテレキャスターのネックピックアップやストラトのブリッジピックアップとして取り付けることもある(PAFを参照。なお、写真は組み立て前のアフターマーケットパーツである)。

●**パラフィン**(paraffin):51

原油から抽出される成分・製品というと聞こえがいいが、実際は脱ロウという工程があることから分かるようにその他の製品(ガソリン等)を精製した後の余り物に近い。パラフィンワックスとも呼ばれ身近なものではロウソクの原料となるものでピックアップのワックス含浸に使用する。溶解方法は湯せんが原則で直火は厳禁である。そのため本書ではIHヒーターを使用している(ビーズワックスを参照)。

●**貼りメイプル**(メイプル指板；maple fingerboard):107　ラウンドローズ指板の代わりにラウンドメイプル指板が接着されているネック。1967〜70年頃にオプションとして発売されメイプルキャップやメイプルフレットボードとも呼ばれる。

●**バルカンファイバー**(vulcanized fiber):51, 93　パルプ等を塩化亜鉛で処理して作られるファイバー材。フェンダーでは現在でもピックアップのボビン材料として使っており、1980年代中頃までの真空管ギターアンプの基板材料としても使っていた。また、色は異なるがローズ指板初期のポジションマーカーの材料でもある。

●**バローベ**(Vallorbe):21, 33　1899年創業のスイスのヤスリメーカー。このメーカーのものを購入すれば間違いはないと言い切れる程の高品質なヤスリである。

●**PAF**(= patent applied for):43, 126

1957年からレスポールに取り付けられるようになったハムバッキングピックアップ。1955年6月22日パテントファイルドのため、1957年の製品化の際に"特許申請済"の表記になったと思われる(認可は1958年7月28日)。ボビンカラーの違いによる出力差など、諸説あるがサウンドは素晴らしいの一言に尽きる。ただし、アジャスタブルポールピースのネジ規格が#5-40になっていることも含めてすべてが開発者であるセス・ラヴァー氏の設計なのかは不明である。

●**P90**:43　ギブソンのシングルコイルピックアップでPAF同様に素晴らしいサウンドが出力される。現在のものと比較した場合、コイルの巻き方やマグネットの着磁方法などが異なるのはもちろんだが、ワイヤーの質も関係していると思われる(オールドといわれるものについては、リサイクルの概念が無い時代で、リサイクルドマテリアルといったものが存在しない)。

なお、この用語解説を書くにあたり名称の由来を調べたのだが、ついぞ分からずじまいであった。コイルターン数を指しているのかと推測したがセス・ラヴァー氏の発言では1万ターンとのことなので1940年代のものを多角的に調べるしかなさそうである(ギブソンにセス・ラヴァー氏が入社したのは1945年だが、1952年に復職するまでの間に不在だった時期があるため、初期P90の由来についてはPAFのポールピースと同様に不明である)。

●**ビーズワックス**(bees wax；蜜ろう):51

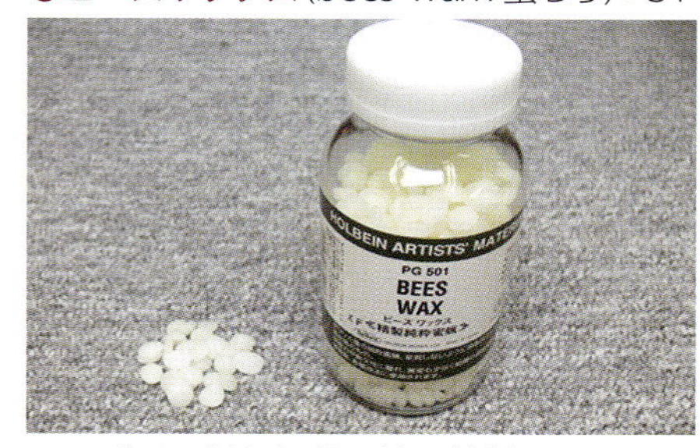

ミツバチの巣を加熱圧搾し精製したワックス。

●**ヒートガン**(heat gun):31　ヘアドライヤーのような工具で風量こそないが吐出温度は400〜500℃に達し、包装用シュリンクフィルムの過熱等に使用される。

●**Bネック**(B neck):106　ネックエンドにBとスタンプがあるもので1960年代製ネックのナット幅を表す。ストラトでは標準的な42mm前後のものがBで、その他幅の狭いAがある。また、より広いCとDもわずかに存在するといわれている。

●**PB SWISS TOOLS**:121

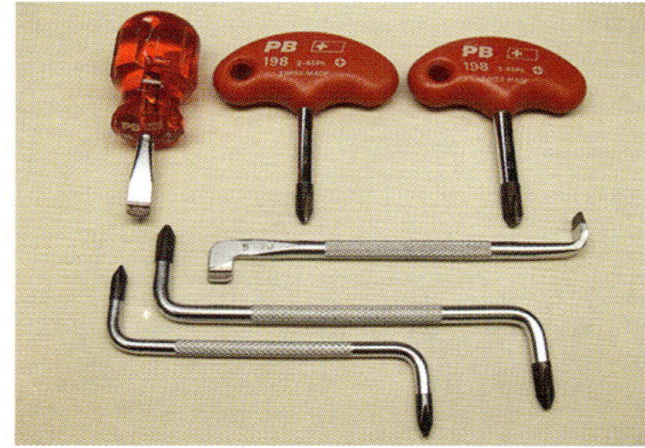

1878年創業のスイスの工具メーカー。20年程前は品質の割にリーズナブルな価格だったが、近年のスイスの物価上昇により品質同様のお値段となった。六角レンチや

ドライバーの製造に特化しており、他メーカーと競合する以前は六角レンチといえばPBだった(写真は特殊用途のドライバー各種)。

●P.G.→ピックガード

●P.U.→ピックアップ

●ピックアップ(pickup；本文中P.U.)：51　シングルコイルP.U.とハムバッキングP.U.を参照。

●ピックアップワイヤー(pickup wire)：51　ピックアップ製造の際にボビンに巻かれるワイヤーでAWG(アメリカンワイヤーゲージ)という規格の#42が使用されることが多い。この直径は0.0025インチ(0.0635 mm)で髪の毛の0.09～0.05 mmと比べるといかに細いのか分かる。標準的なシングルコイルの巻き数は7600～7800ターンで年式により異なる。同様に絶縁被膜も年代により異なりフォームバー、エナメル、ウレタン等でコーティングされていることなどから膜厚と硬度が異なり、それによりサウンドの違いがあるといわれている(約8000回転も巻かれているので、わずかな膜厚差といえども影響がある。また、回転速度によるワイヤーの伸びも無視出来ない)。

●ピックガード(pickguard；本文中P.G.)：56

●ファイル(file)：114, 118　ヤスリの意味でフレットのすり合わせをフレットファイリングという。ヤスリがけの基本は押して作業することで引いても意味はない(工業用ダイヤモンドでコーティングされたものは除く)。ちなみにファイルには書類を整理する、文章を推こうするといった意味もある。

●ファインシャフト(fine shaft)：54

fine：目の細かいという意味で対義語はcoarse。写真は先端にスロットのあるスプリットシャフトと呼ばれるポットで、コントロールノブを保持する部分が24山(24 spline)のインチ仕様のもの。

●フェラル(fer(r)le)：46

弦のボールエンド受けのパーツでギターの場合、テレキャスターとストラトのハードテイルに取り付けられている。オリジナルは写真右のニッケルメッキのみだったが、現在では2種類が入手可能(ハードテイルと鉄ブロックを参照)。

●4ボルト(four bolts)：104　3ボルトとネックセットプレートを参照。

●フックアップワイヤー(hook up wire)：52　hook up：接続・結合という意味でギターの内部配線に使われる配線材・コード。現在では22AWGのPVC被膜のものが一般的だが、1960年代後半までのストラトでは布製の被覆のものが使われている。

●プライバー(prybar)：122

pry：てこで動かすという意味で、先端にわずかに角度のついた大型のマイナスドライバーのような工具。写真はハンドルエンドをハンマーで打てる貫通仕様でストライキングハンドルと呼ばれるもの。主に自動車整備・修理で使用される。

●ブラックアンドデッカー(BLACK & DECKER)：53

1910年創業の電動工具メーカー。1963年にNASAに採用され、月で使用された初めての電動工具・コードレスドライバーを製造したといわれている(人類は実は月に行っていないという説(?)もある)。現在は一般向けの電動ドライバー等を製造し、業務用・プロ仕様のものは傘下のDEWALTが担っている。写真下のストリングワインダーは筆者による改造で、アーニーボールの製品を分解し1/4インチのヘックスビット仕様に変更したもの(これにより電池交換の必要がなくなった。なお、2段目の電動ドライバーはブラックの特別仕様)。

●ブラッドポイントドリルビット(brad point)：50

●フランジナット(serrated hex flange locknut)：82

緩み防止のナットはギターアンプでは主に写真の2種類が使われている。写真右は本文中82ページで説明したフランジナット。左は1950～60年代製アンプにみら

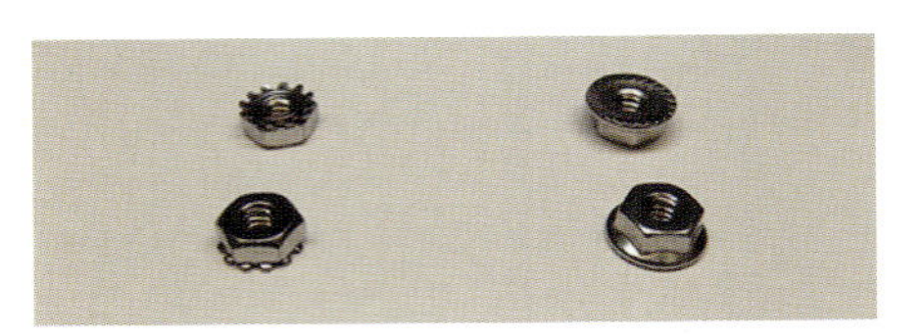

れる外歯組込六角ナットで正式名称はK-Locknut。これは取り付け部の面積に制限のあるリミテッドクリアランス用としても使える。ともにフェンダーの鉄製ジェニュインパーツではなくステンレス製で#6-32のもの。また、余談ではあるがM4のフランジナットではなくKロックナットが必要となった時に日本ではこれのみ製造していないことが分かった。取り付け面積の問題がありどうしても必要としていたので探したところステンレス製を販売している国が見つかった。結局、届いたものはメトリックにもかかわらずアメリカ製であった(国力の違いを思い知らされたと同時に日本のものづくりとは？ と考えざるを得なかった。)

●ブリッジ(bridge)：9　シンクロナイズドトレモロを参照。

●ブリッジプレート(bridge plate)：110, 123　1971年以前のシンクロナイズドトレモロはブリッジプレートをトレモロブロックに取り付けるが、ハードテイルの場合は木ネジ3本によりボディに直接取り付ける。なお、1960年代中頃のブリッジプレートを諸事情により加工したことがあるが、歯(刃)が立たないほど、硬質であった。材質はもちろん加工後の処理工程もあるのだろうが、現在のものとは比べものにならないことからも当時のものは部品の強度を考慮していたことがうかがえる。

●フレット(fret)：14

●フロイドローズ(Floyd Rose)：66, 116

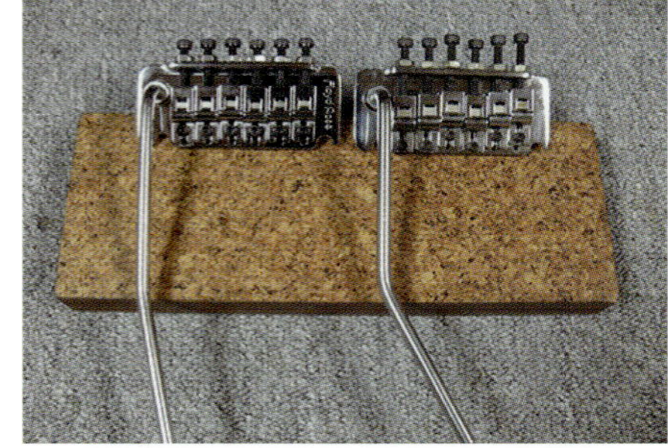

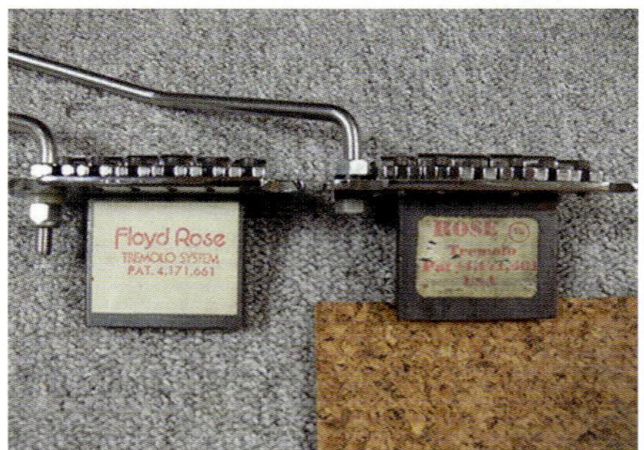

1980年代から90年代前半にかけて全盛を誇ったトレモロユニット。シンクロナイ

ズドトレモロとの相違点はサドルとナット部で弦をロックすることによりチューニングの安定を図ったことである。さらにチューニングの微調整はFRT originalの発売によりブリッジ側のファインチューナーで可能となった。写真は２枚とも右が初期アメリカ製とされるもので、左は後期型のドイツ製。ともにFRT-3と呼ばれていた（ロックナットを参照）。

●**ブローガン**（blow gun）：80

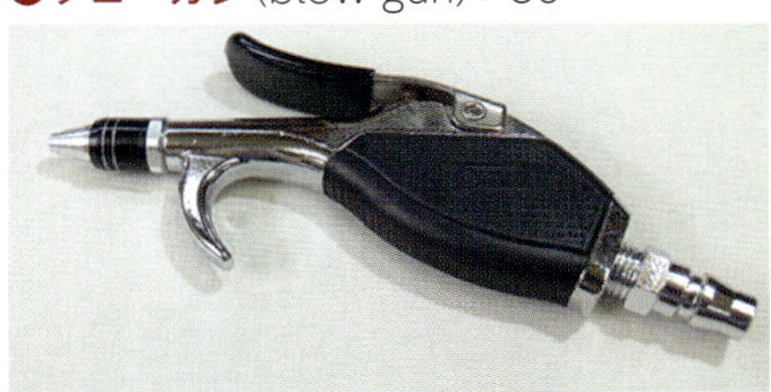

エアコンプレッサーの圧縮空気により清掃に使用出来ることからエアダスターとも呼ばれる。使用目的によってエア量調節付きのものや先端の長いものなど多種がある。写真は非制限型（ベント無し）の代表的なものでアメリカ・COILHOUSE社のチップレス。

●**ヘッドストック**（head stock）：24

●**ヘンドリ**（ジミ・ヘンドリックス；Jimi Hendrix）：110

本書で記述されるミュージシャンは、唯一この不世出のギタリストだけである。日本では通称ジミヘンと呼ばれるが、通の間ではヘンドリなので上記のタイトルは誤植ではない。110ページの“後の音楽”とはヘンドリックス氏の成し遂げた偉業のことで、ストラトがあったからこその偉業といえるし、この偉業があったからストラトの評価が突出しているともいえる。写真は左から1967年モンタレーポップフェスティバル（VHS）、1969年ウッドストック（２枚組DVD）、1970年ワイト島（レーザーディスク！）。この３公演を収録したものは必聴・必見である。筆者（ヘンドリ原理主義）の私見では2017年の時点でこれを超えるギタリストは現れておらず、今後も出てこないように思える。余談としてノーベル文学賞を受賞したボブ・ディラン氏はアルバムHIGHWAY 61 REVISITEDに収録されている“Like A Rolling Stone”や自らが作曲したにもかかわらず後にヘンドリックスバージョンで演奏した“All Along The Watchtower”に関して「確かに自分が書いたが、曲の権利の半分はジミ・ヘンドリックスのものだ」との発言をされている（つまり生涯を通じて演奏した“Hey Joe”も含め、アレンジ能力も尋常のレベルではない。なお、この曲についてはオリジナルはビリー・ロバーツの作曲だが、ティム・ローズバージョンをアレンジしたといわれている）。1970年９月没、享年27歳。

●**ボール盤**（drill press）：41

●**ポールピース**（polepiece）：51　シングルコイルピックアップ参照。

●**ホーローネジ**（socket head set screw）：56, 124

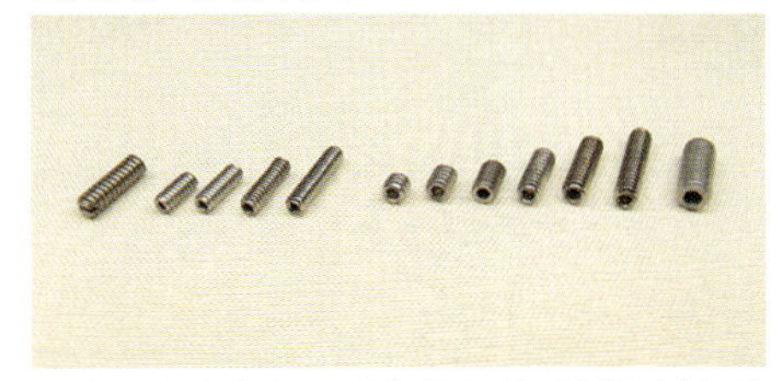

日本では六角レンチを入れるくぼみがあることからホーローネジと呼ばれる。その他ムシネジやイモネジと呼ばれるが、これは本来マイナスドライバー用のスロットがあるものを指す。正式な名称はソケットヘッドセットスクリューで、総称セットスクリューである。

1967年のストラトのパーツリストにはサドル高調整用ネジとしてScrew-Set. SOC. OV. PT. #4-40X5/16 STL. NKL. PLT.と書いてあり、これは先端が楕円のニッケルメッキされたスティール製という意味である。ちなみにテレキャスターの場合はSET. Hd. less Slotted6-32となり、ネジ頭のないスロット加工されたとの意味になる。また、ストラト、テレキャスターともにこのネジの図ナンバーは32となっているのでこのパーツリストはスプリングの図を除けば良く出来ていると思う（108ページを参照）。ちなみに３ボルトネックのマイクロティルト調整用ネジは#10-32でこれもセットスクリューである。

●**ポジションマーカー**（position marker）：93

●**ポリウレタン塗装・塗料**（polyurethane finish/paint）：68　ポリエステル樹脂とポリイソシアネート樹脂を反応させてつくられる高分子樹脂（ウレタン樹脂）塗料。ポリエステルと区別するために一般的にはウレタンと呼ぶ場合が多い（ポリエステルの場合はポリ）。１・２液型のみならず用途により様々な種類が存在する。本来は木工用として主に使用されていたが、改良された結果、金属用や建築用にも用途が広がった。近年、楽器製造においても環境・人体に対する配慮からポリエステル塗装が一部規制されたため、ポリウレタン塗料が用いられるようになっている。

●**ポリエステル塗装・塗料**（polyester finish/paint）：68

正式名称は不飽和ポリエステル樹脂塗料で木工用として開発されたが、その肉やせの少なさから自動車の板金塗装修理の下地処理剤・ポリエステルパテ（ポリパテ）として用途が広がった。写真は1977年製プレシジョンベースでポリエステル塗装の経年劣化の代表的なものである。変質によりケース内のライニングが付着するほどの劣化となり、こうなってしまうと塗装を全剥離し再塗装するしかない。

●**ポンチ**（punch）：21,128

マ　行

●**マイクロティルト**（micro tilt）：13, 16

●**マイターボックス**（mitre ; miter box）：67

留め継ぎの意味で、写真のものはアメリカ・スタンレー社のマイターボックス。木材を45°、90°、22.5°（八角形用）でカット出来るだけでなく、のこぎり自体を45°に傾けて切るフェイスカットも可能なアメリカでは一般的な工具。アメリカ製ののこぎりは日本製と異なり押して切るものが普通だが、筆者により引いて切れるように改造してある。なお、本文中67ページのマイターボックスは新規にフレットスロットを切るための専用工具でアメリカの通販で購入可能（これも筆者による改造済）。

●**マキタ**（株式会社マキタ；Makita）：41

1915年創業の電動工具メーカーで本社は愛知県。日本だけでなく世界各国で高品質な電動工具を製造している。写真の物は筆

者の使用している20年前のオービタルサンダーで、アメリカ製。現在でも電動ドライバーやレシプロソー等をアメリカ工場で生産している。

●マックツール(Mac Tools)：44　前身は1938年創設のMechanics Tool and Forge Companyで1963年に名称変更しマックツールズとなった。主に自動車産業向けの高品質な工具を製造している。親会社のスタンレーはアメリカではハンマーやメジャー等の建築用工具で有名(マイターボックスを参照)。

●メイプル(maple)：4, 107

ロックメイプルやハードメイプルとも呼ばれるフェンダーのネック材。産地は北米でプレーンな木目がほとんどだが、写真左のタイガーストライプや右のバーズアイと呼ばれる特殊な杢(もく)のものもある。バーズアイメイプルについては5万本に1本といわれるように希少価値があり、スライスした突板・化粧板としての需要が多いために近年、価格も上昇している(筆者の経験では20年前は流通量も多く、価格も現在のように高騰していなかったので実際は5万本に1本より多い気がする)。

●メイプルワンピース(maple one piece neck)：107　レオ・フェンダー氏による画期的なネック製造方法で、それまでのネックのように指板を貼る製法ではなく一枚のメイプルの板を削り出して製造したネック。Billet(削り出しの意味で棒切れの意味ではない)neckということから革命的ネック製造法といえる(サウンド面含む)。

●メタリック塗装(metallic finish paint)：85

金属粉・片を混合した塗装で、この片の大きいものはスパークルフィニッシュと呼ばれる。写真は1965年製のジャズベースで非常に珍しいマッチングヘッドのキャン

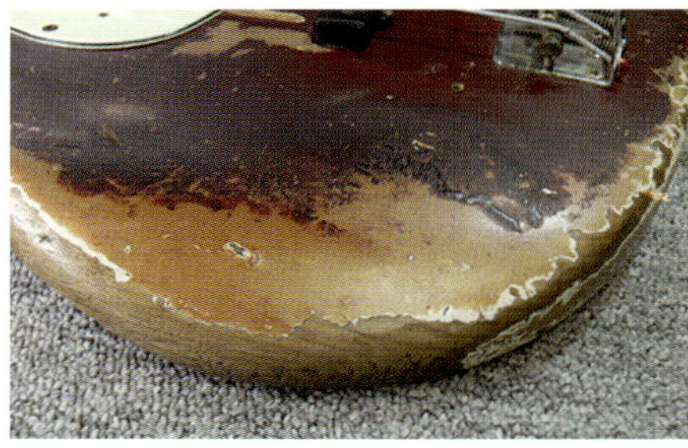

ディアップルレッドメタリック。本文中85ページの1967年製テレキャスターと違い、下地として白の上にゴールドが塗装されていることから塗装方法は色々あったようである。

一説によるとメタリック・スパークル塗装用のノズル径の大きいスプレーガンがフェンダーにはなかったので自動車の板金塗装工場へ外注していたといわれているが、これは専用のスプレーガンを1台購入すればよいだけの話なので信ぴょう性のある説とは思えない。筆者の推測では使用する金属粉・片で塗装ブースが汚染されるのを避けるため(他の塗装中のギターに悪影響が出る)というのが理由で、3～4社の外注先があったと考えるのが妥当だろう。

なお、このベースは10年程前に見た時には素晴らしいコンディションだったのだが、本文中の記述通り酸化によって劣化しプロユースということも相まって写真の通りのコンディションとなった(ヘッドトップのデカール下はこれにより外気と遮断されているため、劣化を免れている)。とはいえネック剛性と作りの良さは現在製造されているものがコピー品としか思えない程の素晴らしい出来であった。理由としては現在のオーナーが10年以上に渡りベース弦を張ったままにもかかわらず、トラスロッドナットはほんのわずかに締められた程度で出荷時のコンディションを完全に保っていたことである(恐らく製造後、一度もトラスロッド調整をされていないし、する必要もない。現時点で製造後52年が経過しており、プロユースという事も含めここまで高品質・高信頼性を有する製品というものは世の中を見渡してもそうはないだろう)。

●メトリック(metric)：43, 132～133　メートル法のことで、10進法に基づいた"メートル・リットル・キログラム"で測(量)る方法・単位。

●木ネジ(もくねじ；wood screw)：10　ネジには小ネジ、ボルトだけではなくスクリューもあり、頭部の形状も様々な上に、インチとメトリックの規格の違いがある。さらにこれに旧規格のものや材質の違いも存在し、説明が非常に難しいので写真を追って説明したい。

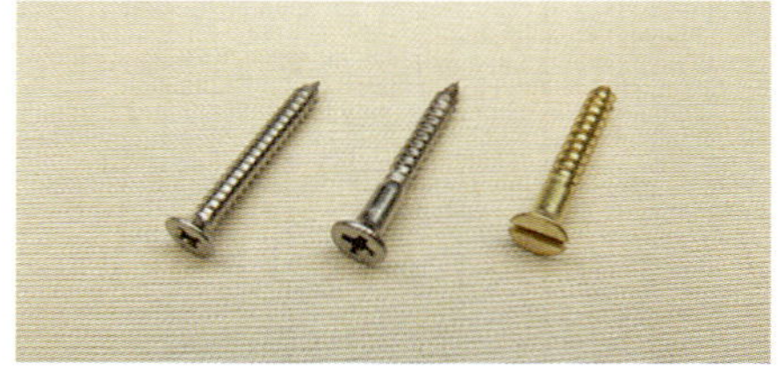

1.(写真左)タッピングネジ

本来は鉄板等に使用されるネジで、らせん部分が全ネジになっているもの。日本製の3mmの規格で、頭部が平らな皿ネジと呼ばれるステンレス製。もちろん鉄板に使用出来るぐらいなので木にも使える。

2.(写真中央)木ネジ

らせん部分が半ネジとなっているもので木部専用のネジ。日本製の3.1mmという規格のステンレス製。タッピングネジと比べてその用途から先端が少し細いものが本来の形状だが、現在では混在している。

3.(写真右)wood screw

正式にはslotted flat countersunk head wood screwで、sunkはsink(沈む)の過去分詞形で木の中にネジ頭部が入り込むことを指す。頭部形状が平らなものは皿(flat head)と呼び、ドーム状のものは丸皿(oval head)と呼ぶ。

写真のものは頭部がマイナスドライバー用のスロットが加工されている木ネジで、材質は真ちゅうのアメリカ製。インチの#5(3.1mm)という規格で鉄やステンレス製と違い、木工製品・内装等の意匠を凝らしたものに使用されることが多くアンティークなイメージとなる。

上記の説明の通り木ネジの場合、日本もアメリカも規格が同じであることがお分かりいただけたと思うが、これは日本の木ネジの規格がインチから来ているということであり、以下がその対比である。#2＝2.1mm、#3＝2.4mm、#4＝2.7mm、#5＝3.1mm、#6＝3.5mm、#8＝4.1mm。

以上が一般的に使用される木ネジで、#7については使用されることがほとんど無いに等しいので抜けている。

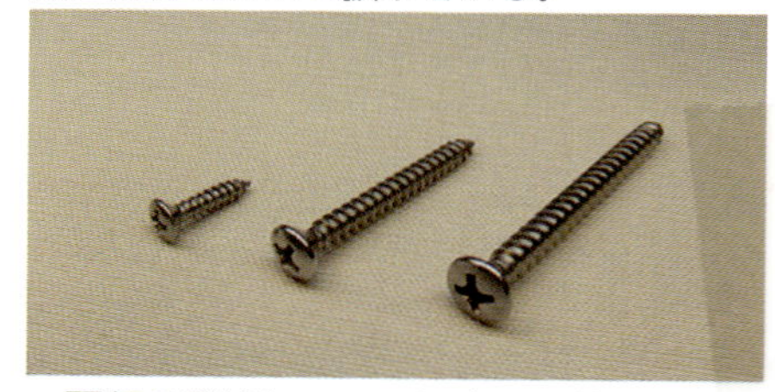

頭部の形状については楽器に使用する場合、デザイン・見た目により皿ネジではな

く丸皿のものがほとんどである（ギブソンの一部を除く）。材質については、フェンダー用は鉄ネジだが、レオ・フェンダー氏が退社後に設立したミュージックマンではアンプも含めてステンレス製のものも用いられるようになった。写真は左から#4ピックガード・ジャックプレート用、#6ストラップボタン用、#8ネックセット・スプリングホルダー用の丸皿タッピングネジですべてアフターマーケットのステンレス製である（小ネジ・ボルトについては133ページを参照）。

木ネジの冒頭でsinkの意味を述べたが、写真下のものはネジ穴の面取りに使用する工具でカウンターシンクと呼ばれるもの。説明通り本来はネジ頭部を木部に沈める加工をするための工具だが、面取り用も含め数種類購入しておくことをお勧めする。理由としてはインチの皿ネジ頭部のテーパー角度は80°程度で日本製の90°とは異なるからである。また、このことにより日本製とアメリカ製の木ネジは規格が同じでもまったく同仕様という訳ではないのでこれをご理解いただきたい。

ヤ　行

●UV（ultraviolet rays；紫外線）：65

ラ　行

●ラウンドボード（round fingerboard）：19　1962年の途中でそれまでのスラブボード指板にとって代わった指板の形状・接着方法でラウンド貼りとも呼ばれる。7.25″R（184R）のメイプル凸部に逆の凹アールをつけた指板下部を接着した後にトップ面をもう一度アール加工をして仕上げる。これにより指板が薄くなりフレット交換時には指板修正も含め細心の注意を払う必要がある。なお、変更された理由は諸説あるが、製品の優劣をつけるものでもなくサウンドの違いによる好みだと思う。

●リイシュー（リイッシュー；re-issue）：111　本来は切手や本等を再発行するという意味でギターの場合は昔のスペックで再生産することを指す。

●リフィニッシュ（re-finish）：32　再塗装の意味。既にある塗装を全剥離した後に塗装する場合と、塗装を残したまま軽く研磨し、その上から塗装することを指す。後者はオーバースプレーやオーバーフィニッシュと呼ばれる。

●リペアマン（repair man）：15　修理する人の意味で、現在ではPC（ポリティカルコレクトネス）の観点からギターリペアパーソンと書かなければならないが、表記上リペアマンと統一させていただいた。なお、筆者自身を指す場合は修理工と表記している。

●リム（rim）：84, 90　縁・へり・枠の意味でアコースティックギターなどの側板を指す。本書ではボディサイド面をリムと表記している。

●ルーター（router）：41

●レオ・フェンダー（Leo Fender；Clarence Leonadis Fender）：11, 110

フェンダー創設者で、一言で表すのなら天才だが不断の努力のエンジニアでもある。逝去の際は共同通信社の配信により日本の新聞の訃報欄に掲載されたほどのエレクトリックギター・アンプにおける大功労者である。1991年3月没、享年81歳。

●LVMP（＝low volume medium pressure）：81, 90　HVLPスプレーガンの進化形で、その名の通りエアを低容量・中圧でスプレーする低エア流速型のスプレーガン。HVLPと異なる点はエアの消費量を抑えた上で、塗着効率の改善が図られている。ただし、塗料の種類や塗装条件によっては適さない場合があるとメーカーでも喚起しているので、標準形もしくはHVLPのほうがよい場合もある。筆者の使用した上での感想は確かに低飛散ではあるが、パス回数（塗装回数）の問題もあるのでラッカー塗装の場合はエアキャップを選ばないといけないという結論である（HVLPを参照）。

●ロックナット（locking nut）：66, 116

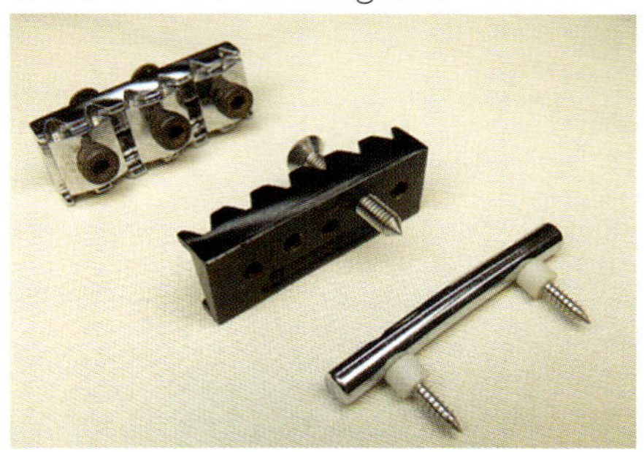

フロイドローズトレモロのナットで、弦をロックすることによりチューニングの不安定さを解消した画期的なパーツ。写真左はドイツ・シャーラー社製のR2・クロームでナット幅・弦間・色の違いにより多種がラインナップされている。1990年代以降は取り付け方法が2パターン選択可能となりナットトップからのネジ留めと従来のヘッドバックからのボタンキャップボルト取り付けのどちらでも可能なパーツとなっている。なお、写真中央・右は筆者が取り付け作業で使用している自作ジグ。これがあればguess work（あて推量による作業）をせずに正確な取り付け位置が割り出せるので参考にしていただきたい。

ワ　行

●ワシントン条約（CITES; Convention on International Trade in Endangered Species）：29　絶滅の恐れのある野生動植物の取引を規制するための条約。1973年にワシントンD.C.で採択されたことによりワシントン条約と呼ばれる。ギター用材料としてはブラジリアンローズウッドやホンジュラスマホガニーが代表的な規制材料だったが、近年では指板等に使用する材料も規制されるようになってきている。

●ワックス含浸（wax potting）：51

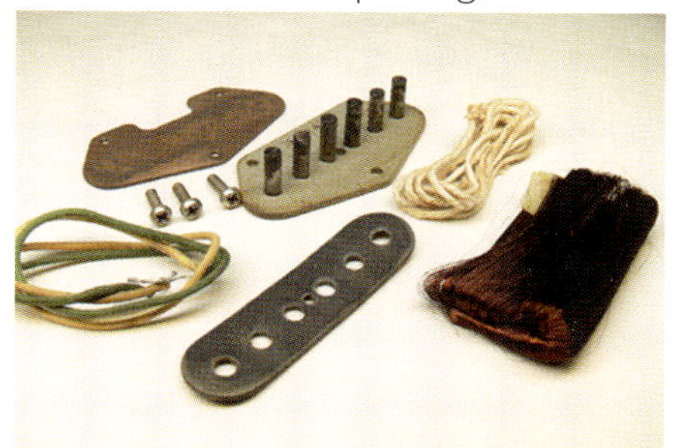

意味と方法については本文中51ページに詳述してあるので参照いただきたい。写真のピックアップは1967年製テレキャスターのブリッジピックアップで断線してしまったもの（1967年6月19日製造）。1965年のCBS買収後のコスト削減の代表例で数年間ワックス含浸を行っていない。そのことによりボビントップの変形もあり2000年頃に断線し使用不能となった（レオ・フェンダー氏の意図・設計をないがしろにしたCBSによる改悪の第一歩といってもよいだろう）。

●ワッシャー（tooth lock washer）：11

日本では歯付座金と呼ばれるポットやジャックの緩み防止のためのパーツ。ギターでは内歯（internal tooth）のものが使われるが、1950～60年代のギターアンプでは外歯（external tooth）のものも使われている。写真のものは3/8″のステンレス製でジェニュインパーツではない。

［参考文献］

A. R. Duchossoir, 1994. *The Fender Stratocaster*, Hal Leonard Pub. Co.

——,1991. *The Fender Telecaster*, Hal Leonard Pub. Co.

あとがき

まずこの本を購入し、読んでいただいた方々に感謝したい。出版不況といわれる現在、価格に見合う価値のある本であったと満足していただけるのであれば筆者としても幸いに思う。なお、この本が他の出版物と比べて高くなっている理由としては、出版コストを下げるための広告が入っていないことによる。そもそも楽器関連の本を書く前提として広告主であるスポンサーのご意向を“忖度”することが筆者にはまったく不可能で、大ギターメーカーにとって不都合なことでも書くべきは書くといった性格ゆえにこの価格となった。

次にヴィンテージギターズ代表・高野順氏ならびにラムトリックカンパニー代表・竹田豊氏、この御二人には感謝の一言では足らないほど、最大の感謝を致したい。私がこの仕事を始めた20年前からのご指導・ご鞭撻をいただいたおかげでこの本が書けたといっても過言ではない。

また、この本の執筆にあたり、術後の私を経済的に支えて下さった市川学氏、横地秀戸氏、ご両人の度量の大きさには一生頭が上がらない。このことによりアメリカの法学者ブルース・アッカーマン氏らの唱えるベーシックキャピタルの重要性を嫌というほど思い知った。

最後にこの本の出版元である海青社代表・宮内久氏に感謝あるのみである。前述した出版不況、出版業界お先まっ暗といわれるまっただ中に出版において、何の実績もない私に対して即出版可として下さった上に、装丁から印税に至るまで私のわがままを聞いていただいた。本を出版する意義・出版社の担う重要な役割に敬意を表し、宮内氏に心より御礼申し上げたい。

さらに、出版が無事決定した次の著作Electric Guitar Restore II (Highly skilled Technique & Woodworking：仮題)に乞御期待。

2018年1月　　中野 伸司

【著者略歴】 1969年生まれ、経済学部卒。ギターの修理・レストア・塗装・製作についてはほぼ独学。クレジットカード、貯金、健康保険、年金、PC、携帯電話はおろか財布すら持ちあわせていないナチュラルボーンアウトサイダー。

文・写真・作図・校正
中野伸司

制作協力
吉川亘　水口貴之

作図指導・修整
須藤訓行

Thanks To
横地秀戸　鈴木智孝　井上祐介　鈴木直人
中村隆文　松川馨　油井昭宏　市川学

Special Thanks To
有限会社ヴィンテージギターズ　高野順
有限会社　三和鋲螺　石井健友
矢田眼科医院　堀江英司
後藤ガット有限会社　後藤いつ子
株式会社ラムトリックカンパニー　竹田豊

デザイン　Design

企画

レイアウト

(敬称略)

Electric Guitar Restore: Rebuilding 70s Stratocaster by Shinji NAKANO

エレクトリック・ギター・レストア

本書のHP

発行日 ———— 2018年2月22日　初版第1刷
定　価 ———— カバーに表示してあります
著　者 ———— 中野伸司
発行者 ———— 宮内　久

〒520-0112　大津市日吉台2丁目16-4
Tel. (077) 577-2677　Fax (077) 577-2688
http://www.kaiseisha-press.ne.jp/
郵便振替　01090-1-17991